本书得到国家自然科学基金项目“西安市文化娱乐业空间结构适应性与优化模拟研究”（41971204）和2025年陕西师范大学优秀学术著作出版资助

文化娱乐业空间结构的嬗变与居民出行时空特征

薛东前　李雨欣　袁　鑫　王怡婕　著

科 学 出 版 社
北　京

内 容 简 介

本书以西安市为研究对象，从文化娱乐业空间结构的嬗变和居民出行时空间特征两个方面，研究文化娱乐业的空间结构特征及其演化规律，测度其与城市要素的空间关联特征，并揭示其空间结构图谱演化的形成机制。在测度西安市文化娱乐业与城市居民连通的可达性格局基础上，本书提取出基于可达性的文化娱乐业空间模式图谱，提出对城市居民休闲娱乐出行行为的识别和提取方法，通过分析居民的出行轨迹，从时间过程和空间分布两个方面解析居民出行行为特征。同时，从居民休闲娱乐出行的主要时间断面和空间节点入手，基于空间约束谱聚类探究居住-休闲功能的空间联系格局。本书深化了微观尺度下文化产业空间结构理论与区位选择理论，为文化娱乐业合理布局提供了科学依据。

本书可供高等学校、研究机构、规划部门从事地理学、经济学、社会学、规划学等相关领域的教师、科研人员和研究生使用，也可供从事城市规划、管理和建设的人员参考。

审图号：西 S(2025)006 号

图书在版编目(CIP)数据

文化娱乐业空间结构的嬗变与居民出行时空间特征 / 薛东前等著．北京 ：科学出版社，2025．8．-- ISBN 978-7-03-082698-5

Ⅰ．TU984．14；F572．884．11

中国国家版本馆 CIP 数据核字第 2025J8S740 号

责任编辑：刘　超 / 责任校对：樊雅琼

责任印制：徐晓晨 / 封面设计：无极书装

科学出版社出版

北京东黄城根北街 16 号

邮政编码：100717

http://www.sciencep.com

北京九州迅驰传媒文化有限公司印刷

科学出版社发行　各地新华书店经销

*

2025 年 8 月第　一　版　开本：720×1000　1/16

2025 年 8 月第一次印刷　印张：14 3/4

字数：300 000

定价：180.00 元

（如有印装质量问题，我社负责调换）

前　言

随着经济社会的发展和人们生活水平的提高，文化娱乐业在第三产业中的地位愈发凸显，文化娱乐消费在总体消费结构中的占比不断提升，已成为国民经济的第四大消费支出。伴随城市扩张、结构分化和功能完善，在城市空间结构及功能区的形成过程中，文化娱乐业在城市地区（特别是大城市）逐步形成了不同规模、不同等级、不同业态的功能类型，进而形成具有一定空间属性的结构型式。与城市空间结构和空间功能的演化过程相契合，文化娱乐业的空间结构也呈现出独特的特征、演化路径及成长规律。文化娱乐业空间结构的演化与发展高度依赖城市居民的出行行为，而出行行为特征又与空间可达性密切相关。因此，对城市居民出行行为的时空间特征分析，既是研究城市文化娱乐业空间结构的基础，又是衡量城市文化娱乐业布局效率和居民文化娱乐消费便利性的重要前提。基于此，对不同等级、规模、类型的文化娱乐业节点的分析，与城市文化娱乐业空间结构研究紧密联系，其空间模式成为文化娱乐业空间结构和居民出行行为的重要纽带。在这一交互作用下，不仅能推动产业发展、城市结构功能演化，还能提升居民文化娱乐消费水平和消费效率，进而引领城市发展演化的趋势，助力城市高质量发展。

西安是世界著名古都和历史文化名城，是我国北方中西部地区的特大城市，也是西北地区的经济中心、文化中心、科教中心和重要旅游目的地。文化娱乐业的发展已成为西安建设国家中心城市的重要标志，从文化资源禀赋、历史传统积淀、消费习惯特征、产业结构优化等维度出发，对西安文化娱乐业空间结构和居民出行行为的研究，具有典型性和代表性。

本书由背景篇、结构篇、出行篇、结论篇四部分组成。背景篇重点介绍文化娱乐业发展及理论演进和现实需求，以及文化娱乐业空间结构和居民出行的分析框架与方法；结构篇重点研究西安市文化娱乐业的空间结构特征、演化过程及成长原理，以及文化娱乐业空间可达性与空间模式；出行篇主要分析西安市居民休闲娱乐出行行为的识别、出行行为时空特征、出行主要时空间节点分析；结论篇包括主要结论、有关讨论、政策建议、特色创新和未来展望。本书由薛东前组织策划，薛东前、李雨欣、袁鑫、王怡婕共同撰写完成：第一章由薛东前撰写；第二章由薛东前、李雨欣、袁鑫、王怡婕撰写；第三章和第六章由李雨欣、薛东前撰写；第四章和第五章由王怡婕、薛东前撰写；第七章至第九章由袁鑫、薛东前撰写；第十章由薛东前撰写。

本书的完成得到了国家自然科学基金项目和陕西师范大学优秀学术著作出版基金的资助和支持。在书稿统合、数据校核、文字校对等工作中，罗卿云、郑彬凯、刘丽凡和李丽容付出了大量努力。科学出版社的刘超老师也给予了诸多帮助并倾注了大量心血。在此，谨向上述单位和个人致以诚挚的谢意。

在文化娱乐业研究领域，无论是经济学界、社会学界，还是地理学界、规划学界，相关成果还不够丰富，特别是针对空间结构背景下休闲娱乐出行时空间特征的研究，国内外的探索相对薄弱。本书仅在这一领域进行了初步尝试，难免存在挂一漏万之处，书中定有诸多不完善的地方，恳请广大读者批评指正。

薛东前

2025 年 6 月于西安

目　录

背 景 篇

结 构 篇

出 行 篇

结 论 篇

背　景　篇

第一章 基于结构和出行视角的文化娱乐业概述

一、文化娱乐业发展理论与现实背景

（一）理论与现实背景

文化产业作为全球经济转型和现代产业发展的新动力，其发展规模及水平是衡量国家、地区和城市综合竞争力的重要标志（Banks et al.，2000；Scott，1997）。中国城市化进程在经历了高速增长阶段后，正逐步趋向于增速放缓、稳定提升的态势（陈甬军，2012）。经济转型迅速带动社会转型，中国社会的主要矛盾已经从“人民日益增长的物质文化需要同落后的社会生产之间的矛盾”，转化为“人民日益增长的美好生活需要和不平衡不充分的发展之间的矛盾”。随着时代的进步，城市居民的消费需求、方式和结构也发生了重大转变，人们对生活的需求逐渐从“温饱型”过渡到“品质型”，文教、休闲、康体、游艺等关乎自我身份和自我实现的服务与场所，越来越受到城市居民的青睐。截至 2018 年，全国居民文教娱乐人均消费支出 2225.7 元，占人均消费支出的比重为 11.21%，已成为国民经济第四大消费支出。文化娱乐休闲服务业（以下简称“文化娱乐业”）不仅关系着城市居民对美好生活的需求，同样也是刺激第三产业发展的重要动力。

在新型城市化背景下，文化娱乐业的发展日趋大众化和多元化。随着“新城市主义”理念的出现，城市空间结构的发展使文化娱乐业处于大众化的转型期。文化娱乐空间为城市居民提供了更丰富的生活休闲场所，也极大地改变了居民的消费感知、消费行为和消费模式，成为现代生活方式重要的空间载体。同时，文化娱乐业质量的提升和业态的多元化也成为城市更新的重要环节，既反映不同社会经济属性的城市居民在不同阶段的消费需求，也因这些需求日益呈现出个性化和定制化的趋势，成为社会经济转型的真实写照。

作为以城市消费者为主体的场所，合理的空间区位不仅是促进文化娱乐资源流动的前提，更对文化娱乐业的经济效益起着决定性作用。科学的区位理论可以有效地指导文化娱乐场所的选址和布局，既可以提升文化娱乐场所的利用效率，又可以兼顾居民接近文化娱乐场所的机会均衡水平。传统商娱场所的区位理论已不完全适用于现代文化娱乐业的功能定位、用户偏好和消费结构，并且文化娱乐业“面向用户”的市场定位使其在空间建设中需要始终秉持“以人为中心”的布局理念。随着传统区位因素的内涵式演变以及新兴区位因素的大量涌现，以人为本的城市空间结构也将发生巨大变化。因此，有必要对城市文化娱乐业空间结构的相关理论进行再思考和再定义，从而科学有效地指导城市空间的可持续发展。

与文化娱乐业空间结构嬗变紧密联系的是居民出行的时空特征。文化娱乐业的空间区位应最大限度地满足不同群体的消费需求，因此交通可达性作为影响消费者行为的重要因素，是文化娱乐业区位选址时必须考虑的因素。可达性是消费者出行难易程度的重要体现，也是文化娱乐业区位优势的衡量指标（浩飞龙等，2017）。城市文化娱乐业的可达性既反映了居民消费的便捷程度，也体现着交通基础设施对文化娱乐业辐射能力的支撑作用。同时，城市居民活动空间，即城市居民日常行为活动所占用的空间，是一个包含居住空间、就业空间、消费空间和休闲娱乐空间等多重内容的复杂空间体系（闫晴等，2018）。文化娱乐业的迅速崛起、零售与非零售业态的融合转换，以及城市休闲活动及娱乐空间的多样化、休闲化、个性化趋势，对文化娱乐业的居民出行时空特征产生了新的影响。

随着进入大数据时代，基于时空的大数据为研究城市空间与居民行为开拓了新方向，对丰富和拓展城市地理学科理论、指导城市规划与建设实施等都具有重要意义（秦萧等，2013）。例如，手机信令数据、公交车刷卡数据、出租车出行数据、社交媒体签到数据等包含定位信息的时空轨迹数据，都能在时空维度下记录个体的空间位置变化，研究者能更有效地挖掘出居民出行行为特征和活动时空分布模式，进一步反映区域承担的城市功能（李婷等，2014）。目前对城市居民出行行为时空特征及行为模式的研究正处于发展阶段，基于定位数据开展对城市空间和居民行为的研究多从定位点和轨迹链的空间分布特征展开，在城市出行热点区域挖掘（郑林江等，2018）、城市网络结（王录仓等，2021）、城市交通管理及预测（刘云舒等，2021）、居民通勤行为研究（周作江，2020）等方面取得了一定成果，但关于城市居民活动空间中居民休闲娱乐出行行为等的研究缺乏较为完善的方法和框架，基于大数据从居民感知视角对城市文化娱乐业空间结构嬗变的研究有待进一步深入。

西安市作为历史文化名城和古丝绸之路的起点城市，第三产业日益成为其经济增长的主要推力，并且随着城市宣传力度的不断加大，“网红城市”已经成为西安的代名词。自 1980 年以来，西安市城市空间的开发已经逐渐转向空间功能的提升与空间结构的优化。2018 年，西安市城镇居民人均可支配收入为 38 729 元，文化娱乐人均消费支出为 1637.1 元，文化娱乐支出随着城市居民的消费意识和消费能力的提升而逐步增加，人群消费模式也由单一门店消费转为一站式消费、由传统低端消费转为中高端消费。当前，文化娱乐业已成为西安市产业转型发展、经济持续增长和对外开放交流的新引擎，其空间结构与组织模式具有典型性和代表性（薛东前，2018），居民休闲娱乐出行行为及时空间特征也具有重要的参考价值。因此，本书将以西安市为例，从结构篇与出行篇两个维度出发，分别探讨西安市文化娱乐业空间结构的嬗变与居民出行时空间特征。

（二）发展趋势展望

随着城市化的不断推进，文化娱乐业作为城市发展的重要组成部分，其空间结构与演化规律备受关注。下面将从地理学空间结构视角出发，结合地学信息图谱理论与方法，对文化娱乐业研究的发展趋势作简要展望。

从地理学空间结构视角出发，学界的相关研究基于地学信息图谱理论与方法，从精细格网尺度上探讨了城市文化产业的空间对称结构和等级规模结构及其演化规律，将城市文化产业空间结构的研究由宏观推向微观，在横向上拓宽了城市文化产业空间分布的研究领域，在纵向上深化了城市文化产业空间分布规律的研究，进而揭示城市文化产业空间结构的发育机制。也有部分研究基于大数据，结合时空地理加权回归（geographically and temporally weighted regression，GTWR）模型，将影响因素的分析聚焦于精细格网尺度，以解决数据的时空异质性问题，并在此基础上总结文化娱乐业空间结构的发育机制，推动了微观尺度下城市文化产业空间结构影响因素的定量研究。

学界也有相关研究认为，以城市产业空间结构作为表现形式的经济空间格局是城市空间格局的重要组成部分，产业活动的区位选择与再区位过程是分析城市空间结构问题的突破口（邵晖，2011）。例如，以克里斯塔勒的中心地理论为基础，城市产业活动的空间区位一直是地理学研究的重要课题，而部分研究则将城市文化娱乐业作为研究对象，基于适宜的格网尺度，验证在新型城镇化背景下中心地理论的适用性及其可能的发展趋势，拓展和深化了城市文化产业空间结构的研究。而在居民出行时空间特征方面，基于手机信令数据，研究提出了“行为识别与提取–出行行为时空间特征分析–主要时空间节点分析”的城市居民休闲娱乐出行行为的研究思路，加强了空间–行为互动理论在城市交通小区尺度下对城市居民日常休闲娱乐出行行为研究的理论验证，并基于行为地理学研究方法提取居民时空轨迹并分析西安市居民休闲娱乐出行行为，推动流空间理论在城市居民休闲娱乐出行研究方面的应用。同时，研究基于时空轨迹流场、时间地理计算等时间地理学方法论，对居民“出行流”流量、主要时空节点进行提取和量化分析，丰富空间-行为互动理论的研究对象及研究内容，并验证流空间理论在居民出行行为时空间特征研究中的适用性。

在可达性研究方面，部分学者以经过市场选择后相对稳定的文化娱乐业作为研究对象，选取主导文化娱乐业的交通因素作为影响因子。可达性作为评价指标，可以模拟在不同交通方式下不同等级文化娱乐业辐射范围的空间规律，为今后城市文化娱乐业空间结构优化和文化娱乐业的区位选址提供实践指导。在居民出行时空间特征方面，基于手机信令数据，研究得到西安市居民休闲娱乐出行行为的时空分布特征和城市居住-休闲功能空间联系的空间分布格局，有助于决策部门对西安市居民休闲娱乐出行行为特征形成初步认知，对政府从居民出行视角开展城市产业规划、优化城市公共基础设施布局具有重要的现实意义。此外，对城市居民到各类休闲娱乐场所出行偏好的研究结果，为相同类型和规模城市的休闲娱乐产业发展提供实证参考。

二、西安市文化娱乐业发展概况

本研究以陕西省省会西安市为例，该市是国家中心城市和历史文化名城。2019 年，西安市常住人口达到 1.02×10^7 人，其中城镇人口为 7.61×10^6 人，城镇化率达 74.61%，城镇居民人均可支配收入为 41 850 元，同比增长 8.06%，城镇居民人均消费支出为 28 140.40 元，同比增长 8.40%，其中文化娱乐业人均消费为 1637.10 元，同比增长 6.20%，占比达到 5.82%，文化娱乐业消费比重逐年提高，已成为西安市居民满足美好生活需要的消费热点。同时，GDP 总量达到 9321.19 亿元，其中第三产业增加值为 5874.62 亿元，比上年增长了 6.80%，对经济增长的贡献率保持在 60% 以上，拉动作用显著；规模以上文化娱乐业实现营业收入 36.06 亿元，同比增长了近 5 倍，文化娱乐业发展势头强劲。目前，全市文化娱乐业已迈入高质量发展的加速转型期，主城区内文化娱乐企业数量与规模快速扩张，对城市保持社会经济稳定、高效、可持续发展尤为重要。

鉴于长安区新纳入西安市主城区，大部分街道文化娱乐场所较少，因此通过实地调研分析，界定雁塔区、碑林区、新城区、莲湖区、灞桥区和未央区全部，以及长安区的郭杜、韦曲、王寺、斗门、细柳、王曲、杜曲、黄良、兴隆、大兆等街道，共 63 个街道为研究区域。该研究区域的总面积为 1239.27km^2，占西安市行政区域的 11.53%；2018 年常住人口 5.93×10^6 人，占全市总人口的 59.28%（图 1-1）。在综合考虑城市扩展过程与格局的基础上，本研究将明城墙内区域划定为老城区；二环内基础设施完善、人口密集、服务业发达，是西安市的城市中心区。此外，西安市以开发区为主要产业载体，全市的优势产业、优势企业和优势资源不断向园区集聚，文化产业的集聚态势初步形成，对全市文化产业发展起到带动作用。

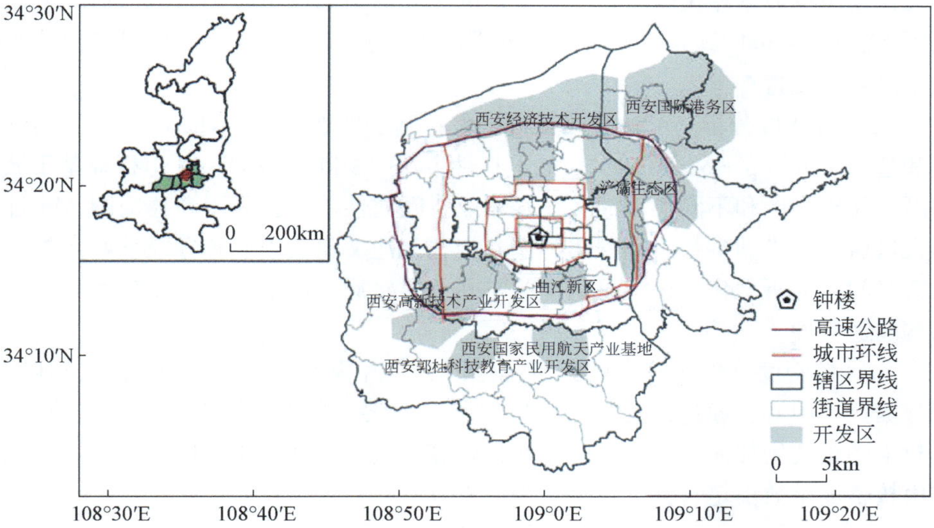

图 1-1 研究区域地理位置

交通小区（TAZ）作为交通地理学中交通规划和控制研究的基本单元，以区域分割理念简化城市的路网与组织结构，学者多在交通出行需求预测（Shi and Jian，2001）、土地使用与城市功能区（Lin et al.，2010）等领域以交通小区作为研究单元。已有研究中，交通小区划分面积多为 0.99 ~ 18km^2，划分指标相对单一，学者通常以道路或住宅为划分界线，不同数据源及算法下的交通小区划分模型并未得到普遍使用（孙超，2021）。同时，受移动信号基站分布密度差异影响，交通小区划分面积不宜过小，每个交通小区单元应包含数个基站。中心城区信号基站数量多，交通小区面积可相应减小；城市外围区域的基站分布密度较小，交通小区面积可相应增加。因此，出行篇依据西安市移动信号基站分布密度、人口密度和路网密度自城市中心向外围逐渐降低的规律，以主次干道、行政区划、居住生活小区范围围合为划分原则，将研究区域划分为 261 个交通小区，平均面积为 4.75km^2，符合前人研究中交通小区的划分标准。

三、认识文化娱乐业的新视角

在认识文化娱乐业方面，出现了许多基于现代地理学理论的新方法，这些方法为了解文化娱乐业提供了新视角。

（1）格网化。在 ArcGIS 10.2 软件的支持下，选择适宜格网尺度（1000m×1000m）将研究区域转变为空间化的格网单元，并利用空间连接功能将格网图层和文化娱乐业数据相关联，在为各个格网单元的指标赋予属性观测值后，采用自然断点法（natural break）进行分级处理，为西安市文化娱乐业空间结构分析提供格网数据支持。

（2）可达性分析。可达性测算方法包括基于地点（place-based）的可达性方法和基于个人（personal-based）的可达性方法（Miller，2007）。出行篇基于城市路网、住宅小区和不同类型的文化娱乐业空间属性数据，利用高德地图 API 计算出人口居住点借助步行、小汽车和公共交通到达文化娱乐业各等级核心点的最短出行时间，分析文化娱乐业可达性的空间分异格局，揭示西安市文化娱乐业空间结构的适应性。

（3）核密度分析。核密度分析是空间分析中常用的一种聚类方法，其以任意数据点为中心，通过设置的带宽进行范围搜索，在该数据点处权重赋值最大，且权重随距离增加而衰减，当距离达到带宽距离时权重为 0。权重的具体衰减方式由核密度函数决定，其计算公式为（Silverman，1986）

$$f(x,y)=\frac{1}{nh^2\pi}\sum_{i=1}^{n}k\left\{\left[1-\frac{(x-x_i)^2+(y-y_i)^2}{h^2}\right]\right\}^2 \tag{1-1}$$

式中，$f(x, y)$ 为估算数据点 (x, y) 的核密度值；h 为带宽；n 为带宽范围内的样本点数；k 为核密度函数。

（4）密度场热点探测模型。密度场热点探测模型又称基于密度表面的热点探测方法，是用于热点探测和热点模式分析的定量化模型，能够基于核密度算法生成的连续密度场表面，进一步提取获得确切的热点区域和热点峰值（张海平等，2020）。结构篇基于 ArcGIS 10.2 软件，按照具体实现过程（图 1-2）进行可视化建模，提取各时间节点的西安市文化娱乐业及其各业态不同等级的热点，探讨文化娱乐业及其各业态热点的时空演化格局。

（5）地学信息图谱。地学信息图谱是一种综合的空间异质性定量研究方法（陈述彭，2001），该方法充分利用图形的抽象概括能力，对复杂地理现象及问题进行简洁表达，从而揭示其内在规律与机理。地学信息图谱涉及领域广泛，具有多种表达方式，结构篇选择广义对称结构图谱和等级层次结构图谱作为主要方法，对西安市文化娱乐业热点所表现出的空间结构进行定量识别与表达，进一步揭示西安市文化娱乐业热点的横向空间分布特征与纵向规模等级结构及其演化过程。

广义对称结构图谱常用于挖掘地理现象的空间分布特征，揭示地理对象之间存在的空间对称规律（陈述彭，2001），具体包括 8 种类型（图 1-3），这 8 种对称类型的概念将在第二章中进行探讨。

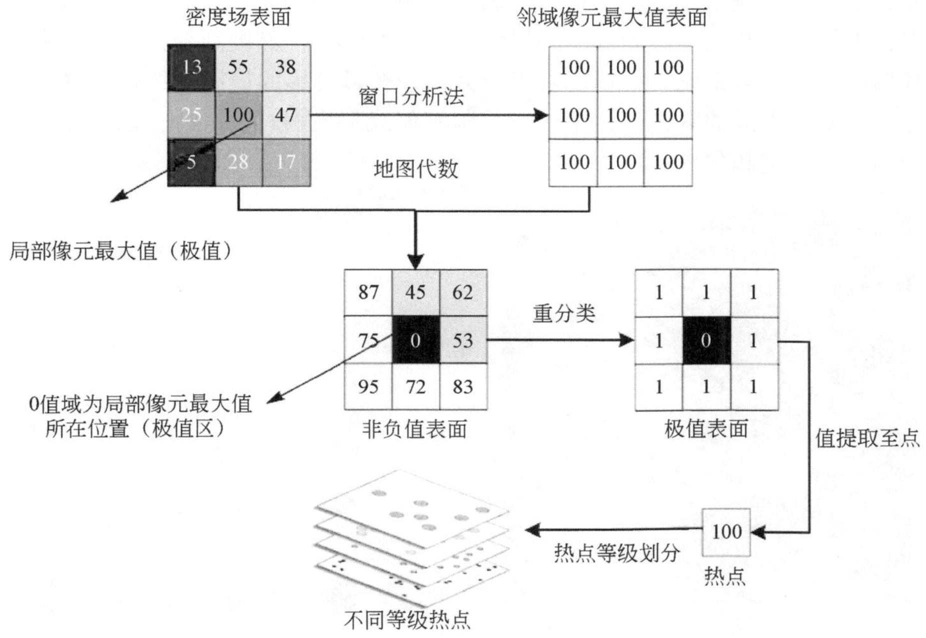

图 1-2　密度场热点探测模型

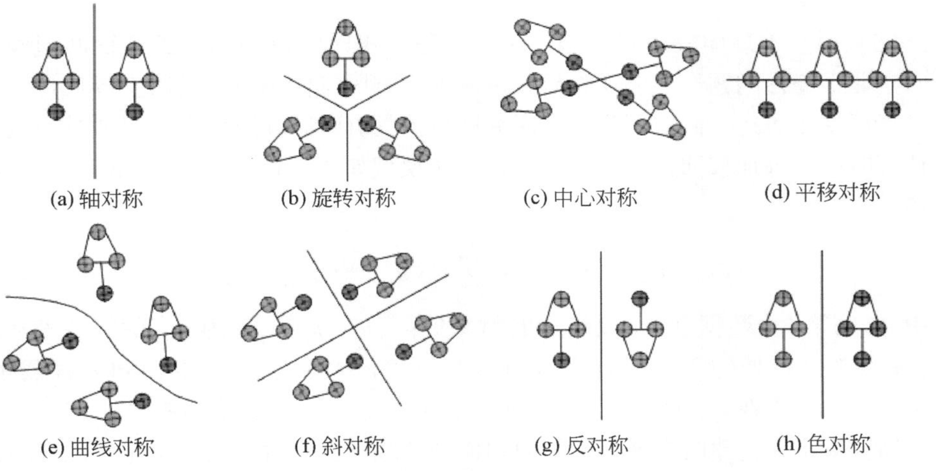

图 1-3　广义对称结构图谱

等级层次结构图谱常用于提取地理现象中具有层级关系的规模属性特征，揭示地理对象属性的规模在空间上的等级规律（陈述彭，2001）。其构建步骤为：首先，根据文化娱乐业场所的数量规模与空间分布建立连续场模型，即热点区；其次，根据上述热点等级划分的临界值，将热点区进行等级划分，形成等密度数字场形；最后，以文化娱乐场所规模最大、分布最密集的最高等级热点区为种子节点，并基于生成的等密度数字场形绘制等值线层次树(图 1-4)，以阐述热点区之间的等级结构和包含关系。

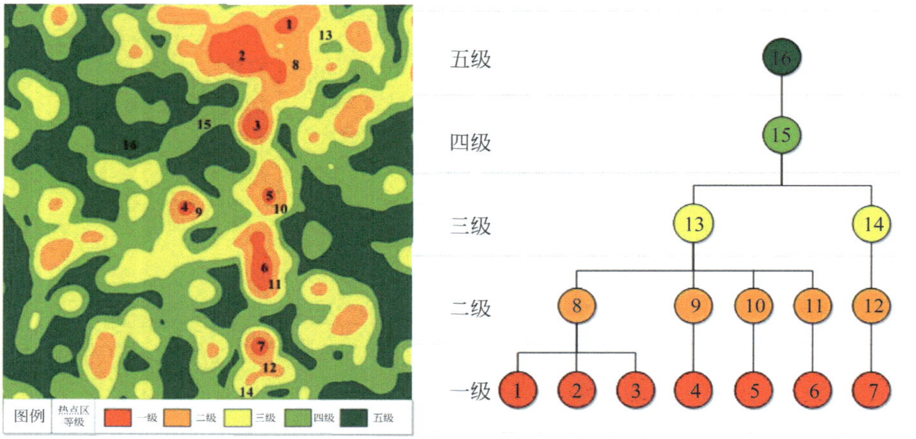

(a) 等密度数字场形　　(b) 等值线层次树

图 1-4　等级层次结构图谱

（6）时空地理加权回归模型。时空地理加权回归模型解决了传统回归模型的时空非平稳性问题，能够反映研究区域内影响因素作用效果的时空异质性，并能进行可视化表达。假设因变量在研究区域内具有时间和空间上的异质性，则适合使用时空地理加权回归模型进行分析，其模型如式（1-2）所示（Huang et al., 2010）：

$$y_i = \beta_0(u_i, v_i, t_i) + \sum_{k=1}^{m} \beta_k(u_i, v_i, t_i) x_{ik} + \varepsilon_i \tag{1-2}$$

式中，i 为第 i 个数据点；y_i 为 i 点的因变量；（u_i，v_i，t_i）为 i 点的时空坐标位置；x_{ik}为在 i 点处的第 k 个自变量值；β_0（u_i，v_i，t_i）为 i 点的回归方程截距；β_k(u_i，v_i，t_i)为在 i 点处的第 k 个自变量回归系数；ε_i 为随机误差项。

结构篇将在构建时空地理加权回归模型的基础上，对西安市文化娱乐业热点所构成的各种广义对称结构与等级层次结构进行定量分析，以探讨每一种结构形成的驱动因素。

（7）谱聚类分析。在数据挖掘领域中，聚类算法是一种非常有效的数据分析方式，即将相似度高的数据尽可能划分到同一簇，差异最大的数据划分到不同簇（何萍等，2021）。聚类算法种类丰富，包括 *K*-means 聚类、谱聚类、BIRCH 聚类、DBSCAN 聚类、FCM 聚类等。其中，谱聚类是广泛使用的一种聚类算法，比起传统的 *K*-means 算法等，其对数据分布的适应性更强，能处理复杂数据结构。谱聚类的本质是在图论基础上（Fiedler，1973），将聚类问题转换为图的最优划分问题（吕国华等，2022），本研究采用谱聚类方法对西安市居民休闲娱乐出行 O-D[①] 进行聚类，以得到西安市居住–游憩空间功能联系格局。

四、文化娱乐业空间结构与居民出行的精准分析

（一）文化娱乐业空间结构的识别

识别文化娱乐业的空间结构首先需要在 ArcGIS 10.2 软件的支持下，采用 WGS84 地理坐标系，结合西安市遥感影像，对 1：25 万西安市主城区行政区划进行矢量化处理，以获取西安市主城区行政区划图；其次借助 ArcGIS Online、Google 地图和 OSM（OpenStreetMap）网站获取西安市交通路网、城市水系、公园绿地等物质要素的空间矢量数据。

本研究将文化娱乐业分为咖啡厅茶馆、电影院剧院、歌舞厅酒吧、网吧、公园游乐园和健身中心 6 类，运用核密度分析法、剖面曲线法、Ripley's K 函数和叠加统计等方法，从空间形态、集聚水平和等级结构 3 个方面揭示西安市总体及分业态文化娱乐业的空间结构。

本研究所使用的西安市文化娱乐业数据主要从天眼查开放平台获取，数据采集时间为 2020 年 8 月。按照前人对文化娱乐业的分类，并结合西安市文化娱乐业的实际情况，将咖啡厅茶馆、电影院剧院、歌舞厅酒吧、网吧、公园游乐园和健身中心这六大类进行重新清洗和归类（表 1-1），并进一步参考国家统计局颁布的《文化及相关产业分类（2018）》，结合研究区域的实际状态，将西安市文化娱乐业分为电影院剧院、歌舞厅、茶吧、酒吧、健身中心、咖啡吧、网吧、公园游乐园 8 种业态。依据西安市工商注册企业数据、西安市文化产业统计监测报告等资料，经过空间匹配、坐标纠偏、坐标点反查和地址信息纠正补全，梳理甄别出文化娱乐业企业名录、注册时间和主要地址等信息，最后通过国家企业信用

① O-D 指人们从出发地到目的地的交通通行量，O 指起点（origin），D 指终点（destination）。

信息公示系统查询相关注销日期，得到具有完整时间序列信息的4326个文化娱乐业关注点（point of interest，POI）。

表1-1　西安市文化娱乐业类别及比例

分类	POI数量/个	比例/%
咖啡厅茶馆	1751	40.48
电影院剧院	240	5.55
歌舞厅酒吧	832	19.23
网吧	645	14.91
公园游乐园	233	5.38
健身中心	625	14.45

首先，根据相关研究结果对西安市文化娱乐业的相关影响因素进行定性分析，在此基础上遴选出5个方面、14项指标用于定量测度。其次，通过调用ArcGIS 10.2中的时空地理加权回归模型分析工具构建模型，分别测度西安市文化娱乐业热点横向空间分布表现出的平移对称结构和轴对称结构，以及纵向规模等级所表现出的独立层次结构和复杂层次结构的主要驱动因素。最后，在此基础上得出西安市文化娱乐业空间结构演化的发育机制。

城市POI数据包括地铁站点、公交站点、房价数据和综合商场数据及其坐标属性信息。这些数据主要使用火车采集器从高德地图、房天下等官网抓取，结合时间属性信息和相关统计资料，整理得到长时间序列的上述数据。社会经济中的人口数据，包括人口数量和人口年龄结构（空间分辨率均为100m），主要来自WorldPop数据集，并使用西安市第六次人口普查、第七次人口普查等统计数据进行数据修正，提高各时间节点的人口栅格数据精度。社会经济中的商服中心数据主要从相关研究（刘清和王录仓，2018；张鑫，2011）和《西安市区县商圈发展规划》、《西安市商圈建设三年行动方案（2018—2020年）》等政府规划文件中获取（表1-2）。城市其他要素数据主要指西安市功能区、文化产业示范园区等的数据。功能区定位数据主要来源于西安市各区的土地利用规划文本和土地利用规划图，并借鉴相关研究成果，将研究区域按街道划分为八大功能区，包括商业区、大学城、居住区、行政区、工业区、生态旅游区，以及具有多种功能的复合功能区和尚未形成明确功能定位的均质混合区（薛东前等，2019）。国家级、省级和市级文化产业示范园区（基地）数据来源于各级政府网站，依据发布批次的年份信息进行时间节点划分。

表 1-2 西安市商服中心

年份	数量/个	一级商服中心	二级商服中心
2010	8	钟楼	小寨、曲江、高新路、土门、胡家庙、李家村、张家堡
2015	10	钟楼	小寨、曲江、高新路、土门、长乐路、解放路、经济技术开发区、龙首原、雁塔路
2020	14	钟楼	小寨、长乐路、高新路、三桥、张家堡、大唐西市、凤城五路、龙首原、大兴、土门、锦业路、大唐不夜城、西部大道

（二）居民出行的场景识别

调用高德地图 API 接口的路径规划功能，基于步行、小汽车和公共交通 3 种出行方式，通过相应出行阈值的选取，测度西安市不同地区住宅楼宇至文化娱乐业各等级核心的可达性，总结出文化娱乐空间依托交通可达性的区位布局规律，识别居民出行场景。

住宅点数据采集于 2020 年 10 月，通过安居客和链家网站获取研究区内住宅点的空间位置信息，并进行核对补充，剔除不符合要求的数据点，最终获得研究区域内 10 055 个住宅点的空间位置信息。

O-D 时间成本具体指在城市某一空间区域内，通过某一交通运输工具连接起点和终点，所形成的空间联系路径中包含的时间成本。

西安市各住宅位置点至文化娱乐业各等级核心的 O-D 时间成本矩阵通过调用高德地图 API 接口得到，对各住宅小区点到不同等级文化娱乐业核心点的通行时间发起路径规划请求。高德地图 API 服务可以批量获取点到点之间的交通耗时，与传统网络分析方法相比具有以下优势：①基于互联网地图服务的路网数据可以根据研究需要实时更新，相较于传统遥感影像矢量化提取的道路数据更为精准，既包含主干路、次干路和支路，也考虑到立交出入口、城市环线、街巷通行状况等复杂路网信息。②可以根据实时路况反馈和采集时段的交通运行情况获得更为准确的通达信息，弥补以往可达性研究主要基于静态规划时速的不足。③基于高德地图 API 的路径规划服务，可支持步行、小汽车和公共交通等多种出行方式的可达性测度。其中，基于公共交通的测度综合考虑轨道交通、常规公交以及多种公共交通的组合换乘，出行时耗既包括乘车时间和换乘时间，也包括步行时间和候车时间，可以精准测算 O-D 间门到门的出行时耗。

获取可达性时空圈的主要步骤为：①通过安居客和链家等网站采集西安市各

住宅小区单元楼宇的经纬度位置，并指定为始发点；②调用高德地图 API 路径规划接口，基于 3 种交通方式（步行、小汽车、公共交通），测算西安市各住宅楼宇至文化娱乐业等级核心的出行时耗，生成基于住宅楼宇的点状时空矩阵；③将点阵数据导入 ArcGIS，通过 Spatial Analyst 中的反距离权重（IDW）空间插值工具，得到基于不同交通方式的出行时耗栅格图；④通过可达性阈值标准的确定，绘制西安市总体及分业态文化娱乐业可达性时空圈。

基于以上步骤，选取 2020 年 10 月 13 ~ 16 日非特殊天气的工作日内的平峰时段（9:30 ~ 12:00，13:00 ~ 17:30）对西安市文化娱乐业等级核心的交通可达性进行多次测算，从而获取基于不同交通方式的可达性时空圈数据。

选取西安市 2021 年 5 月 17 ~ 23 日的移动运营商信令数据对西安市居民出行行为进行研究。该研究时段内，西安市平均最高温度为 27℃、平均最低温度为 15℃，温度适宜、无恶劣天气、无国家法定节假日、无大型突发社会事件等，因此以该时间段为代表研究西安市居民出行行为具有统计学意义。脱敏数据的数据代码和数据名称如表 1-3 所示，共包含手机用户 454.65 万（不包括数据记录少、间隔时间过长等无效用户）。

表 1-3　脱敏数据的数据代码和数据名称

数据集名称	序号	数据代码	数据名称
脱敏数据	1	stat_ date	数据采集日期
	2	user_ id	省内用户唯一标识
	3	longitude	基站经度
	4	latitude	基站纬度
	5	start_ time	用户进入此基站的时间
	6	stay_ time	用户在此基站的驻留时间

基于 SQL Server 平台对研究数据进行预处理，主要包括：①缺失信令与重复信令的处理。首先，依据用户唯一标识码进行排序，将缺失并无法补全的数据项与空值项进行删除；其次，在连续信令中，位置数据相同的项保留其首条信令，剔除一切剩余值。②乒乓切换数据处理。在 GSM 蜂窝网络中，当移动终端与基站小区之间的距离不断增加，原基站小区的信号会逐渐减弱，到达某个临界值时，移动终端信号将自动切换至周围信号最强的其他基站小区。而在实际应用中，无线信号会在传播时受到折射等因素的影响，从而导致终端信号并非在距离变大的过程中直线衰减，而是呈现出无序的变化。同时，在拥有两个以上基站小区的交界地带，移动终端信号通常会被多个较强信号的基站覆盖，从而导致终端信号频繁被切换，即出现“乒乓效应”，从而影响后续研究对个体出行位置变化

的判别。因此，需依据基于“乒乓效应”处理流程对这类数据进行判断和矫正处理。③漂移数据处理。信令数据漂移即移动终端信号会毫无征兆地从最近的基站小区切换至距离较远的基站，之后再自动切回，在此过程中形成的数据信息即为漂移数据。因其虚假切换距离一般较远，会严重影响后续对个体出行位置变化的判断，本书对漂移数据的识别过程如下：首先设定切换距离阈值 AD，当两个基站间的切换距离超出该阈值时，则判定为漂移数据；其次，考虑城市内部交通出行移动速度上限，设定移动速度阈值 AV，当用户切换基站小区速度超过该移动速度阈值时，则认定为漂移数据。

第二章 文化娱乐业空间结构和居民出行的历史

一、文化娱乐业与居民出行行为基本问题

（一）文化娱乐业空间结构与居民出行行为概述

1. 文化娱乐业及分类

文化娱乐业是指具有文化意义的、为消费者提供精神娱乐产品或服务的行业（薛东前等，2014）。由于文化娱乐业外延和内涵具有不确定性，各国学者对文化娱乐业的概念界定与分类尚未建立统一的国际标准（张波和王兴中，2007）。

关于文化娱乐业的研究起步较早，20 世纪 70 年代，城市游憩商业区（recreation business district，RBD）概念被国外学者提出，用于指代为满足季节性涌入城市的游客需要，在城市内布置饭店、娱乐业、礼品店的街区（Stansfield and Rickert，1970），并在南非东伦敦的 RBD 研究中，用咖啡店、剧院、服务站、饭店等设施来定义 RBD（Taylor，1976）。国内学者认为 RBD 是游憩商业区，是城市中以游憩和商业服务场所为主的各种设施集聚的特定区域，是城市游憩系统的重要组成部分（刘松龄，2003）。

对于文化娱乐业概念与范畴，不同视角有不同的解释：从文化产业视角来看，文化娱乐业是文化与产业的结合，其产品与服务承载着有意义的文化内容，朝着产业文化化和文化产业化发展；从休闲产业视角来看，文化娱乐业属于现代服务业，是满足大众休闲需求的产业，并且通常以“产业集群”模式出现（马惠娣，2001）。具体而言，国外学者认为，以营利为目的，满足人们休闲、娱乐、放松需求的行业都应该被纳入娱乐业的范畴，包括电影、电视、录像、流行音乐、观赏性体育、主题公园等（埃尔·李伯曼和帕特丽夏·埃斯盖特，2003）。国内学者认为，娱乐业与大众文化密切相关，与高雅文化相对的所有具有经营性的文化都属于文化娱乐业的范畴，包括俱乐部、竞技体育、园林业等（高福进，

2003）。国家统计局颁发的《文化及相关产业分类（2018）》中，提出文化及相关产业是指为社会公众提供文化产品和文化相关产品的生产活动的集合，而文化娱乐业作为文化市场的重要组成部分，是以大众娱乐消费需求为市场，为消费者提供精神娱乐产品或服务，具有一定文化价值的实体行业（薛东前等，2014）。同时，其将文化娱乐休闲服务分为歌舞厅娱乐活动、电子游艺厅娱乐活动、网吧活动、其他室内娱乐活动、游乐园等 15 个小类。

本书认为文化娱乐业既属于文化产业，也属于休闲产业，是以大众娱乐消费需求为市场，为消费者提供具有文化价值和经济属性的休闲消费产品或活动的实体行业（薛东前等，2014）。以《文化及相关产业分类（2018）》为依据，结合西安市的实际情况，将文化娱乐业分为酒吧、咖啡吧、茶吧、电影院剧院、歌舞厅、健身中心、网吧、公园游乐园八大类。

2. 休闲娱乐场所

2002 年 9 月，广州市荔湾区文化广电旅游体育局提交的《荔枝湾区旅游发展规划纲要（讨论稿规划纲要）》首次提出“文化休闲娱乐区”概念，荔湾区被定位为广州市的“中央休憩区”（central recreation district）。2003 年，时任国家旅游局政策法规司副司长提出将中央休憩区的建设作为城市旅游发展的两大重点之一，他认为，中央休憩区，即商业休憩区，是每个城市最具吸引力的街区，不只是包括旅游景点，而是最全面体现和展示城市生活、城市文化的场所，这也是构建功能化城市的内容。依据中国《国民经济行业分类》（GB/T 4754—2017），娱乐业属于文化、体育等范畴，包括室内娱乐活动、游乐园、彩票活动等类型。从行为主体来看，其参与者以本地居民为主，部分旅游城市还会吸引城市周边的外地游客；从空间角度来看，主要包括封闭的娱乐场所与室外开阔的休闲场所，如公园、游乐园等；从盈利角度来看，主要包括公益类（如社区文化广场、社区公园）和经营类娱乐业（如网吧、酒吧、KTV）等。

从经济、行为主体、交通、区位、城市经济空间扩展等方面进行分析发现，休闲娱乐场所职能包括服务社区范围、服务城市区域、吸引郊区居民和外地游客等，功能辐射范围具有圈层性、阶层性、距离衰减性等特点。同时，休闲娱乐场所的空间分布具有如下特点：①城市商业中心和次中心具有高度便捷的交通与良好的区位条件，一般分布有较多高等级或较高等级的休闲娱乐场所；②以城市住宅区、大城市郊区度假区为中心，休闲娱乐场所一般出现局域性聚集和繁荣现象，且不同类型的居住区吸引的休闲娱乐场所等级和空间要求不同（杨晓俊和王兴中，2005）；③以城市内部特色历史文化街区、文化景点等为中心，形成特色休闲娱乐场所。

余向洋和王兴中（2003）将商业性娱乐场所定义为：在城市环境下，通过提供环境、服务或活动，满足人们各种感官体验的需求与某类生活方式行为的知觉经历，以达到放松、消遣、愉悦、交往等目的，并可开展经营活动的特定封闭空间或地点。仝德等（2021）将餐饮服务、购物服务、公园广场、风景名胜共 4 类 POI 类别的场所定义为城市休闲功能场所。

本书提到的休闲娱乐场所指城市中以文化休闲娱乐产业为主体，满足城市居民开展休闲娱乐活动需要的场所，其主要包括的 POI 数据分类如表 2-1 所示。

表 2-1　休闲娱乐场所 POI 类别

休闲娱乐场所	POI 类别
餐饮设施	快餐厅、中餐厅、特色风味餐厅、外国餐厅、火锅店、海鲜酒楼、糕饼店等
购物设施	超级市场、便利店、普通商场、购物中心、专卖店等
休闲娱乐设施	KTV、网吧、酒吧、迪厅、游乐场、夜总会、棋牌室、公园、水上活动中心、电影院、音乐厅、剧场等
体育设施	综合体育馆、游泳馆、羽毛球场、足球场、篮球场、网球场、乒乓球场、高尔夫球场、户外健身场所等
旅游资源	A 级景区及全国重点文物保护单位

其中，广义的休闲娱乐活动指居民所有的非工作、非家务的消遣活动，包括旅游、社交、文化活动、娱乐、运动等；而狭义的休闲娱乐活动主要指居民的日常休闲活动，其空间性和时间性都存在一定限制（刘志林和柴彦威，2001）。

依据王兴中（1995）对城市居民日常生活行为体系的研究，出行篇将休闲娱乐活动定义为：人们在闲暇时间里进行的以享乐、放松为目的的休闲活动，是人们追求完美生活和高端精神享受的积极行为，也是随着社会生产力提高而逐渐受到重视的一种生活方式。在出行篇中，休闲娱乐的行为主体主要指西安市本地居民；在城市日常生活体系中，其活动内容指的是除了工作及通勤、居家休闲以外的离家休闲与购物等行为（图 2-1）。

3. 对称概念及其延伸

对称性是指一个物体（或事物）具有由相同部分有规律、重复地构成的特征。数学中的传统几何对称类型包括：①轴对称，两个相同的图形，如果将其相应点连接起来，那么连线会被一条直线垂直并平分，这条直线即为对称轴，这两个图形就具有轴对称性；②中心对称，多个图形的相应点分别用直线连接起来，所有直线都会交于一点，并且被这一点平分，该点即为对称中心，而图形间表现

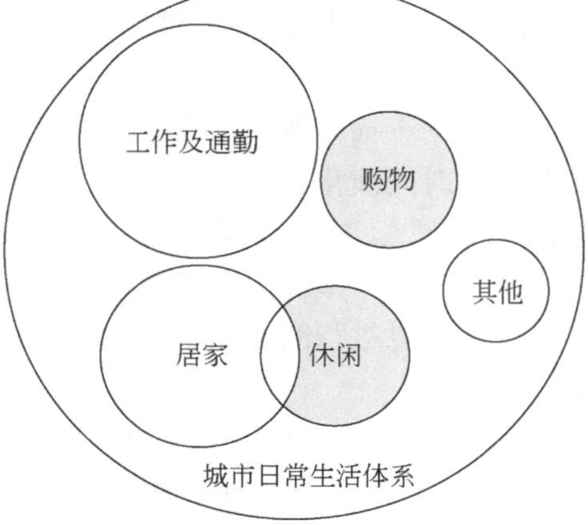

图 2-1 休闲娱乐出行行为范畴

为中心对称；③旋转对称，一个图形绕某一定点旋转 360°的 $1/n$，旋转 n 次后与初始图形重合，该点即为旋转中心，各个图形与旋转中心之间距离相等，图形间形成旋转对称结构。

地理学家基于地理现象的表达需要，将传统几何外的对称形式引入研究中，进一步扩展原有的对称类型，包括：①平移对称，一个图形沿着一条直线移动一定距离，平移后的图形与原图形之间相应点的连线相等且平行，该直线即为平移轴，图形间形成平移对称结构。平移对称主要用于描述诸多地理对象具有沿铁路、公路和河流布局的分布规律。②曲线对称，曲线对称为上述所描述的轴对称与平移对称的变形，其对称轴与平移轴表现为曲线，并满足上述结构所具有的其他特征。曲线对称的提出，主要源于地理学中的铁路、公路和河流常常不是直线而是曲线。③斜对称，两个图形相应点的连线被一条直线平分，但是不垂直，以该直线作为对称轴，图形间形成斜对称。斜对称结构主要基于平行四边形地域的分析需求提出，如山西和新疆的对称性，在平行四边形地域内具有两条斜对称轴。④反对称与色对称，反对称与色对称为上述所有对称结构的补充，在关注图形的几何对称的同时，分别关注图形在质和量上的差异。反对称结构的提出，主要用于揭示呈现几何对称的地理事物在实质上的截然不同；而色对称结构的提出，主要用于揭示呈现几何对称的地理事物在数量上的差异。

4. 地理信息图谱及分类

所谓“图谱”，即“图”与“谱”的整合，既有图形的图示化特征，又有谱系的科学性（陈潘婉洁，2018）。图谱作为一种描述和认识复杂现象及问题的科学手段，其主要借助图示语言或具有描述性的参数，用于揭示事物和现象的空间结构特征与时空序列变化规律。地学图谱是图谱地学研究的应用与发展（陈述彭，2001）。地学图谱中的图是指地图，用于展示地理对象的空间属性和地理现象的空间格局；谱是指系统，用于描述地理对象的发展方向与演化过程，以反映内在规律；地学图谱则是指在时间演化过程中，用于表达空间差异的地图（陈述彭，2001）。地学信息图谱是地学图谱与信息技术相结合的产物（杨存建，2020），在地球观测、定位系统、计算机、网络通信和物联网等技术的支持下，其能够快速汇集数据，对地理信息进行图像抽象和概括，并进一步挖掘其中的数据，揭示事物的本质规律。

关于地学信息图谱，尽管许多学者已从不同的角度进行阐述，但仍没有形成统一的概念（陈燕等，2006）。陈述彭（2001）在构建相关理论时指出，地学信息图谱是通过应用地学分析的一系列多维图解来描述现状，并借助建立时空模型重建过去和虚拟未来。陈燕等（2006）认为，地学信息图谱是按照一定的指标递变规律或分类规律排列的一组能够反映地球科学时空信息规律的数字形式的地图、图表、曲线或图像。廖克（2002）指出，地学信息图谱具有图形与谱系的双重特性，它是将大量地学数字信息经过图形思维与抽象概括后，利用计算机多维与动态可视化技术，显示和揭示地球系统及各要素和现象的空间形态结构与时空变化规律的一种手段及方法。从本质上看，地学信息图谱是在信息大数据时代背景下，以地学图谱理论为基础，运用先进技术与方法，提取的一系列图形、数字、文字、模型的组合，可用于揭示地球系统空间要素的时空变化规律。作为地学图谱发展的时代产物，它能进一步实现自动化、智能化和数字化，具有广泛的应用前景。

地学信息图谱类型多样，广泛应用于地学研究的诸多方面，包括全球变化、区域发展模式、灾害评估、农业生产规划、资料调查与评价、城市规划以及环境评价等，表达方式具有多样性（陈述彭，2001）。近年来，地学信息图谱在社会发展中的应用逐渐增多，叶大年等（2001）将矿物晶体中的对称性引入城市研究中，在结合实际需要进行对称概念外延扩展的基础上，研究归纳出中国城市和城镇分布的对称特征。鲍文东等（2007）在遥感和地理信息系统技术的支持下，利用遥感数据、土地利用数据以及统计数据，构建山东省龙口市的土地利用动态变化信息图谱。周江评等（2001）综合利用现代遥感（RS）、地理信息系统（GIS）、全球定位系统（GPS）、智能交通（ITS）等技术，对交通网络中地学信息图谱的应用现状与改进方向进行系统阐述。龚泽仪等（2014）基于历史地图与文献数据，在现代地图学和GIS分析技术的支持下，构建近现代中国城镇体系演变信息图谱。陈菁等（2011）使用地学信息图谱方法论，在建立城市空间结构谱系的基础上，对中国典型城市的空间结构演变的时空规律与影响因素进行系统分析。当前地学信息图谱应用已深入城市内部具体业态的研究中，赵莹等（2019）利用图谱分析法描述餐馆在空间上的分布及扩散情况。巫晓玲（2018）基于密度场模型与等级层次结构理论，通过研究出行热点的规模等级关系，探讨上海市居民的出行时空特征。邢永鹏（2019）将地学信息图谱应用于太原市公共资源的空间分布研究，构建各类公共资源的专题图谱。张海平等（2020）将地学信息图谱引入餐饮服务业空间分布特征的研究中，提取出餐饮服务的广义对称结构图谱与数字场层次结构图谱。牟晓慧（2020）则利用广义对称结构图谱和数字场形层次结构图谱，表达职住区热点的空间分异结构特征和空间层级结构特征，并构建其空间分布模式图谱。

地学信息图谱是运用数字化、序列化的图形刻画客观事物的空间结构特征及其时空变化规律的方法，具有多种表达形式。本书选择以广义对称结构图谱分析西安市文化娱乐业的空间分布结构特征，以等级层次结构图谱分析规模等级结构特征，两种地理结构图谱结合实现西安市文化娱乐业空间结构的“一横一纵”表达与分析。

5. 可达性

可达性是地理学中的经典概念，最早由 Hansen（1959）提出，并将其定义为交通网络节点相互作用的潜能。随着研究的发展，可达性的概念也被不断完善，Dalvi 和 Martin（1976）从交通能力的角度出发，将可达性定义为通过交通系统从某地点到达其他地点的能力。Joseph 和 Phillips（1984）把可达性分为可能发生、未来可利用的潜在可达性和已付诸实践的实际可达性。Geurs 和 van Wee（2004）明确可达性所包含的四个内涵：①土地利用，指机会（如工作地、商店、医疗及娱乐设施等目的地）在空间上的数量、质量、分布情况；②交通，指个体通过特定运输方式从起点到达终点的时间、成本和精力；③时间，反映一天中可获取时间的机会，以及个体参与某些活动（如工作、娱乐等）的时间约束；④个体，反映影响其参与社会活动的个人需求、能力和机会，这些特征会影响个体对交通方式的使用和资源获取的水平。

在城市内部，可达性更多地表现为居民与其行为空间的联系程度，划分为可进入性、可获得性、可容纳性、可接受性和可支付性。Dong 等（2006）从居民能力的角度出发，将可达性定义为个体参与某种或多种活动的能力。在国内的研究中，陈洁等（2007）认为可达性可以分为物质空间层面的交通可达性和社会空间层面的资源可接近性。方志祥等（2010）以时间地理框架为基础，面向个体可达性表达需求，提出基于时间地理位置的时空可达性。

（二）文化娱乐业空间结构与居民出行行为相关理论

1. 空间结构理论

空间性是地理学区别于其他学科的本质属性之一。19 世纪 20 年代至 20 世纪 50 年代，德国学者先后提出农业区位论、工业区位论、中心地理论和市场区位论等，为空间结构理论发展奠定了研究基础（马国霞和甘国辉，2005）。20 世纪 50 年代以后，众多空间结构演化理论开始涌现，它们从关注单个主体从事经济活动的区位选择发展到关注区域总体形态与结构研究，并寻求多种主体在活动空间中的最佳组合与空间分异，突出表现为“综合”和“整体”特征。

空间结构理论主要用来研究一定区域范围内各种社会经济活动及其要素分布在空间上的相互关系和相互作用，同时强调各组成部分或现象之间的演变过程和规律（陆玉麒，1998）。区域空间结构主要由点、线、域面和网络四个基本要素组成，根据不同要素的组合状态，可以形成区域发展的不同空间系统和组合类型，如城市体系、交通枢纽、城市经济区等。空间结构理论中的经典理论，包括佩鲁的增长极理论、威廉姆森的倒“U”形理论、弗里德曼的“核心–边缘”理论以及陆大道的“点–轴”系统理论等。

2. 多中心理论

不同学科对多中心城市空间结构具有不同的研究视角和切入点。在城市内部的空间结构方面，最具有代表性的理论包括同心圆结构理论、扇形结构理论和多核心结构理论，均为多中心城市结构研究奠定了一定的理论基础。多中心战略的初衷主要是为了解决中心城市的交通拥堵、住房紧张、环境污染等“城市病”问题，最开始出现于城市规划学科中所提出的卫星城市、花园城市等。随着城市的更新和空间扩张，支持精明增长、新城市主义等理论的学者开始反对无序、低效的空间蔓延，并提倡城市内部多个中心的协调发展（孙斌栋和魏旭红，2016）。随着中国各大城市多中心战略的实施，多中心理论对科学有效地指导城市发展具有十分重要的意义。

城市规划学者最初面对城市过度集中所带来的一系列问题时，提倡采用分散式的城市空间结构疏散中心城市的压力，如霍华德（Ebenezer Howard）所主张的“田园城市”、Arturo 提出的“带状城市”以及 Frank 强调的“广亩城市”等。然而，城市的蔓延式扩张也会带来基础建设、通勤成本和土地管理等问题，因此学者便提出集中主义与分散主义相融合的发展模式。随着城市发展过程中“边缘城市”和“新产业空间”等独立实体空间的不断涌现，城市空间的对外扩展逐渐呈现出从单中心向多中心转变的趋势，从而进一步促进人们对城市空间关系的再认知。

3. 中心地理论

中心地理论由德国城市地理学家克里斯塔勒（Walter Christaller）提出，是地理学、区域经济学研究的理论基础，是探究聚落等级、职能、区位和市场空间模型的理论（张大卫，1989）。克里斯塔勒认为，中心地是周围区域的核心，为周边地区提供商品和服务，将市场最优原则（$K=3$）、交通最优原则（$K=4$）、行政最优原则（$K=7$）看作支配中心地体系的形成原因，提出同级别中心地分布呈三角形、市场范围呈六边形的空间组织结构（图2-2）。以市场区的规模为基础，中心地具有等级性，其等级越高，服务范围越广，能提供的服务或商品越多，所需门槛人数越多。在每三个相邻中心地的市场区域之间存在一个空白区域，为满足空白区居民的消费，就会产生次一级的中心地，由此形成一个多级的中心地等边三角形网络（图2-3）。

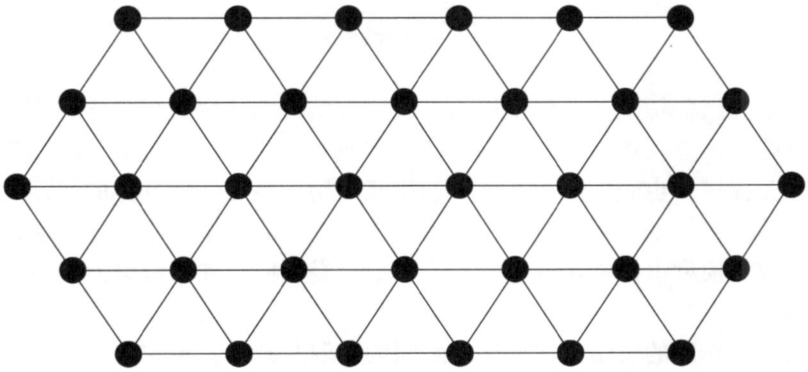

图2-2　理想地面上的中心地分布网络

4. 空间相互作用理论

流要素的形成本质与表现形式是一种空间相互作用的过程（浩飞龙等，2017）。交通网络作为承载不同区域之间产生空间相互作用的物理网络，对城市内部空间结构的调整和区位重构产生了重要影响。城市空间相互作用理论是城市地理学和城市规划学的基础理论，它描述不同地理区域之间人口、商品、资金、信息和技术等流要素相互联系与相互制约的过程（闫卫阳等，2009）。正是城市与区域间产生的相互作用，才将彼此分散的空间单元整合为具有一定功能和结构

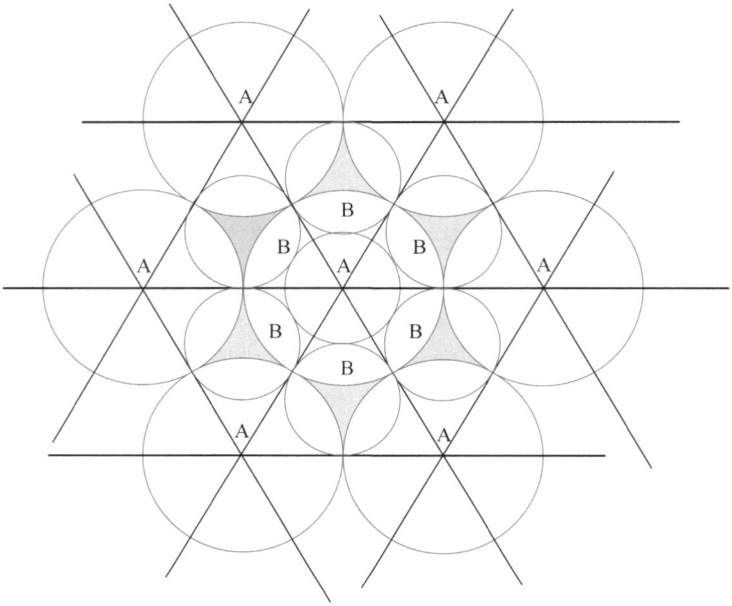

图 2-3　理想地面上多级的中心地分布网络

的城市体系。这一理论在实施主体上，既包含城市和区域，也包含城市内部的公共服务设施、商业网点、旅游资源和文化产业等；在作用关系上，既表现为相互联系、相互促进，也表现为相互竞争和相互制约，且可使用具体的作用量来直观展示；在地域空间上，可通过作用范围和作用程度的界定，实现地理实体的空间聚类；在应用模型上，常用的包括引力模型、潜能模型和零售引力模型（即赖利模型）等。

空间相互作用的发生既需要区域之间的资源互补性，也需要区域之间的空间可达性。在城市内部，各种功能要素均存在着不同程度的相互关联，城市人群为了获取居住、工作、娱乐、社交等不同资源，必然需要以时间换取空间，以交通系统为媒介，通过空间流动产生资源的相互联系与相互作用。因此，科学引导城市各功能要素的合理配置，对于优化城市空间、提升城市品质具有重要意义。

5. 空间–行为互动理论

20 世纪 60 年代，实证主义地理学在研究中逐渐显现出过分简化空间问题、忽视人的主观能动性等弊端，强调个体和微观过程的行为学派开始走进地理学研究视野，为理解时空视角下的人地复杂关系提供了新的视角（Johnston，1986）。20 世纪 70 年代，美国学者查宾提出城市活动系统概念框架，强调居民活动与城市空间结构的相互作用关系（Chapin，1974）。随着学科发展，行为学派不断形成行为地理学、时间地理学、活动分析法等理论和方法。

行为地理学主要以人作为研究对象，探究人的心理、感知、经验、认识等与地理现象的空间分布及其变化规律之间的关系（覃志豪，1983），如意境地图研究等。20 世纪 60 年代，瑞典地理学家哈格斯特朗提出时间地理学方法论，并通过时空路径、时空棱柱、制约以及符号系统等构建了理论框架。在其创立和发展阶段，时空地理学方法主要用于如何在时空视角下公平配置公共基础设施的研究中；随着 GIS 技术与 ICT 信息通信技术的发展，获取并处理海量时空行为数据成为可能，通过对居民个体行为的时空规律特征进行研究，时空地理学方法逐渐被用于交通出行行为研究、城市规划、时空可达性测度等领域。活动分析法通过探究居民日常活动规律，研究人类空间行为及其与城市空间的关系（Ettema，1996），多应用于城市空间优化、出行需求管理与交通规划等方面（柴彦威和沈洁，2008）。

6. 流空间理论

信息与通信技术的发展早已使空间发生或正在发生变革，人流、物流、资金流、信息流、交通流、要素流等多种“流”要素可以实现全球范围内的快速有效流动。流空间理论最早由美国传播学家 Castells（1989）提出，他从社会学角度对流空间概念进行了深入地探讨，将流空间定义为“能够共享时间并且通过流动来相互作用的物质组织”。

流空间的结构包括以下三个方面：第一，流要素。流要素是流空间具有实际经济社会意义的关键结构，一般非物质流可以直接搭载信息流进行传输，如资金流、技术流、知识流等可直接通过网络信息技术进行瞬时交互。第二，流载体。流载体即流空间运作中需要的通路及路径，其传输速度决定信息交互的效率，随着全球信息通信基础设施的进一步发展，区域间的差异也将会降低。第三，流节点。流空间的非对称性直接决定着流空间网络中形成不同层级的节点，包括中心度较高的节点和中介中心度较高的节点，从而将流要素连接成流空间网络。

7. 城市商娱场所微区位理论

现有研究认为，娱乐场所的圈层结构包括核心区域、次级区域、第三级区域和边缘区域，且对于城市居民来说，四种圈层将以其住宅地为中心通过楔形扇面的方式向四周展开，并呈现消费者数量随核心区域向边缘区域扩散和降低的趋势。王兴中（2009）认为，人们日常生活行为包括工作–上学、家务、购物与闲暇四类，其中商娱行为与社区体系下的场所体系共同组成了商娱行为的人地关系空间。消费者选择城市商娱场所的影响因素包括实体区位和感知区位等，其中消费者对场所的选择与其对场所提供产品的满意度感知密切相关，不同的消费行为以及消费偏好的消费者，在场所娱乐体验过程中会产生差异化需求，并对场所提供的产品赋予不同的满意度，从而影响消费者对场所的区位选择。

二、文化娱乐业空间结构与居民出行便利性回顾

（一）城市文化娱乐业空间

20 世纪 80 年代以来，国外学者对城市文化娱乐业（场所）的空间研究经历了空间表征（1940 年之前）、空间过程（1940～1960 年）、空间效应（1960～1980 年）、空间结构（1980～1990 年）和“第三条道路”——新城市主义布局（1990 年后）五个阶段（张波和王兴中，2005）。国外学者认为，在城市地域空间中，文化娱乐场所一般与商业中心、车站和港口紧密结合，偏好布局在城市中央商务区（central business district，CBD）外围、交通中心及城市环线、工作购物时必经道路两侧、公共休闲场所以及部分具有历史文化特色的消费地段，在空间演变上表现为逐渐由中心城区向城市边缘迁移，从而形成不同等级的核心区，以适应市场和不同群体的消费需求（Ryder，2004）。Smith（1990）通过对拉斯维加斯的休闲娱乐场所进行区位研究后发现，纪念品商店、旅馆、摊点等通常与大型赌场及游乐场相联系，会集中布局于城市某一区域。Lee（2007）探讨韩国大城市电影院区位特征及其在城市空间结构中的变化，尽管电影院倾向于分布在城市中心或中央商务区，但其选址与韩国电影业的发展时期及影院设施构成密切相关。He 等（2019）通过空间网络分析探讨城市休闲娱乐活动与街道形态之间的空间关联，从而总结出不同文化娱乐活动对不同街道网络的位置偏好。

近 10 年，国内学者开始涌现出对文化娱乐场所的区位研究，但以产业视角为切入点的文化娱乐空间研究有待深入。张波和王兴中（2007）根据文化娱乐业态间的作用关系以及特征，将文化娱乐场所的空间结构分为向心结构、离散结构、依附结构和孤立结构四种类型。柳英华和白光润（2006）根据上海市娱乐休闲设施的空间分布，划分分布类型和空间结构，归纳娱乐休闲设施的区位特征。徐秀玉等（2010）以城市常住人口密度作为地域划分标准，对广州市中心城区的休闲服务设施进行区位类型的划分，进而对休闲服务设施的分布和微区位进行解读。薛东前等（2014）从规模等级、集聚程度、热点区及模式等方面展开研究，发现西安市文化娱乐业在空间上呈现出商贸旅游型、文教游憩型、科技商务型和

城市新区型4种集聚模式。浩飞龙和王士君（2016）采用大众点评网络评价数据，从地理实体分布与口碑空间分布两方面出发，揭示长春市文化娱乐业的空间结构特征，发现不同业态类型场所的口碑得分、区位选择与分布模式均表现出显著差异。唐梦鸽等（2018）利用休闲娱乐、餐饮、景点和旅馆的位置数据——关注点（POI），对成都市的休闲娱乐热点集聚区进行探测，并推断出路网密度并不是影响四类文化休闲娱乐场所空间布局的决定因素。

进入21世纪，随着城市多元文化的发展，人们社会生活水平不断提高，闲暇时间不断增多，居民的休闲活动不断增加，城市中具有特色的、专业化的文化娱乐场所无论在数量还是类型方面都有所增加。随着研究数据的多样化和研究尺度的精细化，学者针对文化娱乐业的内部空间结构与演变规律进行相关研究。蔡铭（2011）从地理学角度分析"吧式"休闲场所的空间布局、结构特征和相互关系，揭示城市休闲娱乐空间的发展特点。毛小岗等（2012）基于ArcGIS、Fragstats软件平台和景观生态学的景观指标，定量分析北京市城市公园的空间格局及演化特征，并揭示其发展变化的驱动因素。伍钟洁等（2015）以典型城市娱乐休闲服务业KTV为例，研究KTV的行业发展、空间分布及空间扩散特征。杨晓俊等（2018）综合利用电影票务网、大众点评网和百度地图等多源数据，分析西安市电影院的空间布局特征及其演化规律，发现商业综合体是电影院布局的主要区位。

（二）城市交通可达性空间

1. 城市服务设施空间可达性研究

城市生活空间的质量很大程度上取决于居民接近生活服务设施的便利程度，而这些服务设施的便利程度又是通过其空间可达性来衡量的（Witten et al., 2003）。城市服务设施的空间可达性指的是居民借助交通工具和道路接近设施、获取服务的难易程度，既要关注服务设施的"量"，也要关注服务设施的"质"（宋正娜等，2010）。城市服务设施空间可达性的主要内容包括出行起点、出行终点和连接方式。城市居民点即为出行起点；不同业态和不同等级的服务设施为出行终点；连接方式即居民出行到达服务设施的交通成本，一般是指交通方式、时间成本和经济成本（图2-4）。对服务设施空间可达性的测度是衡量服务设施配置合理性和城市生活空间质量的重要标尺，可以直观地评估和判断某一区域服务设施的供需耦合程度。

在单项服务设施的研究方面，国外学者Maxfield（1972）运用教师数量、居

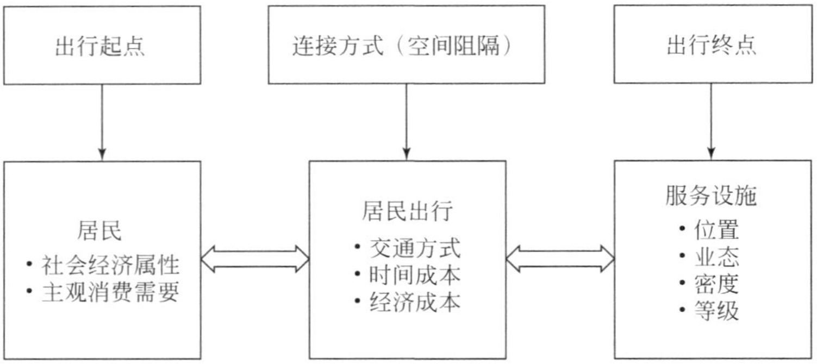

图 2-4　影响城市服务设施可达性的要素

民点与学校的空间距离以及学生容量等评价因子来研究居住区距学校的可达性。Love 和 Lindquist（1995）运用 GIS 对伊利诺伊州老年人到达医疗设施的地理可达性进行实证测量，得出 80% 的老年人距离医疗设施较近的结论。Apparicio 等（2007）以蒙特利尔的社区食品超市为研究对象，认为在服务设施供给相对充足均衡的情况下，服务设施的质量比可达性更为重要。21 世纪以来，城市服务设施的供给度和可达性逐渐成为国内学者关心的重要问题。马林兵和曹小曙（2006）利用格网道路密度模拟交通阻抗，提出一种基于格网划分的城市公共绿地景观可达性的测算方法，并以广州市为例进行实证探究。宋正娜和陈雯（2009）运用潜能模型对江苏省如东县医疗设施的可达性进行分析研究，为医疗资源的规划配置提供了科学依据。钟少颖等（2016）通过构建两步移动搜寻法以及网络分析法，研究北京市六区在不同转诊率下医疗设施的空间可达性。

在综合服务设施的研究方面，国外学者 Hägerstraand（1970）将城市空间结构通过时间地理学理论转化为四维空间，同时从时间成本和距离成本两个方面出发对可达性进行测算，为城市服务设施的公正合理布局提供具体优化方案。Knox 和 Marston（2015）研究美国某城市社区距不同生活服务设施的可达性时，不同社区的设施可达性和便利程度存在显著差异。Witten 等（2003）将新西兰的生活服务设施划分为六大类、28 个小类进行研究，并对每类设施的服务质量和辐射半径进行具体分析，探究不同居住区获取服务设施的机会可达性与居民生活质量之间的关系。

Pasaogullari 和 Doratli（2004）从可达性和利用率的视角出发对城市公共空间的功能结构进行评估、分析发现，设施邻近性、社区分散度和居民出行方式是影响社区空间可达性的关键因子。从国内来看，王松涛等（2007）定量分析北京市商品住房对医疗、体育、教育、商业、文化、绿地公园六大类公共服务设施的可达性。刘晓霞（2009）以西安市为研究区，测算西安市社区资源配置的地理可接近性。谌丽等（2013）从居民视角出发，构建中国城市居民对服务设施的可达性偏好与现实错位的研究框架，表明城市扩张会显著加剧其主观和客观的错位程度。陈洁等（2015）在综合考虑个人活动偏好、活动地点开放时间和最短开放时长的情况下，构建个人时空可达性评价框架，研究方法更加贴近个体的个性化生活需求。

2. 文化娱乐业布局影响因素研究

对于文化娱乐场所的区位影响因素，国外各学派已从不同的角度进行研究，不同学派各有侧重。生态流派认为，场所间的经济生态功能（如土地价值、地租、交通限制以及闲置土地等）差异会影响场所的区位（Ryder，2004），且场所具有空间象征价值，特定的娱乐场所总是与场所感对应，满足居民对于个人安全、身份、社会联系和成长方面的需求，显现出行为研究的雏形（Firey，1945）。社会生活流派认为，文化娱乐场所总是以满足居民的生活行为需求为前提，并体现居民的生活行为方式，因此个体与社群在经济、社会及心理需求的差异结构和娱乐活动上的行为分异都会导致娱乐场所的空间结构与等级类别产生分化（Gómez，2002）。同时，政府通过行政干预的手段能够决定场所的布局，权力的层次性控制着地域场所的分布，而市场主导下场所对于经济效应的追求又使场所为减少经济运行成本而发生空间聚集与分散现象（Pingle and Day，1996）。场所重构流派强调，文化娱乐场所区位应对所有居民有空间公正性（王兴中，2004），反映为娱乐场所区位的空间结构应满足各阶层居民的基本消费需求。同时，还出现了大量的实证测量与探究，Scott（2004）通过对珠宝、家具、电影等行业和巴黎、洛杉矶等城市的案例研究指出，文化产业集群产生的重要原因是集聚经济，并认为在文化经济过程的组织中，空间作用表现得更为重要。Ryder（2004）研究美国纽约市的曼哈顿、格林威治村等地区时认为，文化娱乐场所可进入性的主要影响因素为土地价格、地租、闲置土地以及交通条件。Peponis 等（1997）以美国亚特兰大市作为研究案例地发现，地价、租金及地区声誉会导致文化娱乐场所的分布重心偏移。Antrop（1997）对法兰德斯地区的传统景观进行分析发现，人们对不同区域的文化感知遗存也会影响文化娱乐场所的分布。Vogel（2020）对美国不同年龄层的娱乐支出进行统计，结果显示，娱乐业的消费需求会受到人口年龄结构的显著影响，从而形成空间分布的区域差异。Doury（2001）研究美国市场的电影院分布时发现，其区位选择的关键因素是人口要素、市场因素以及休闲支出等。

随着国内文化产业发展的浪潮，文化娱乐业空间布局成为国内学者的研究对象，在不同空间尺度上，其影响因素和主导因子不尽相同。在区域层面上，任英华等（2015）基于空间面板计量模型研究中国省域文化产业空间集聚的影响因素和作用机理发现，人文资源环境、信息技术水平、城市化水平、产业政策是促进本地区文化产业空间集聚的显著因素。吴浩然和吴祁宗（2017）以广东省为实例，构建文化产业集聚影响因素的系统动力学模型，结果表明，文化产业的关联产业发展水平、市场需求、人力资源、技术水平的提升有利于文化产业集聚，且作用力度依次增强。戴钰（2013）利用区位熵对湖南省近年来文化产业集聚程度进行测度，通过主成分分析方法和因子分析方法研究发现，影响湖南省文化产业集聚的主要因子是需求因子、政策因子和文化环境因子。

在城市尺度上，楼嘉军（2007）认为人口的成分结构、年龄结构、性别结构和职业结构是影响上海娱乐业发展的关键要素。薛东前和马蓓蓓（2015）以西安市为例，研究市场导向型的文化娱乐场所的空间分布，发现其主要受到交通便利程度、人口分布、关联产业发展和城市人口购买力的影响。柳英华和白光润（2006）研究上海娱乐休闲设施的微观区位特征认为，决定娱乐休闲设施微观区位的动力机制是地价，以及由此引起的土地利用的微观分异，同时交通通达性、周边环境以及娱乐设施的属性也影响着娱乐设施的最终布局。毛小岗等（2012）认为北京城市公园空间格局变化是诸多因素长期共同作用与影响的结果，其中城市重大事件、城市绿化方针政策、快速城市化和居民日益增长的环境需求是主要因素。随着全球化的深入推进，城市居民的生活方式发生深刻变革，基于微观个体心理认知及参与空间行为的差异需求，对文化娱乐场所区位与地域进行分析已经成为研究的趋势。张波和王兴中（2007）从人本主义角度出发认为，娱乐场所的布局过程受到实体区位和感知区位两类因素影响。他们在同意 Ryder 观点的基础上，指出实体区位中存在政府部门强制行为的干涉作用；而感知因素则包括道德地域、区位惯性和消费行为等，其通过干预实体区位因素影响场所的分布。浩飞龙和王士君（2016）通过将文化娱乐场所的网络口碑信息与地理空间关联，从地理分布与口碑分布两个方面探讨长春市文化娱乐场所的空间布局特征。当前对于文化娱乐业空间结构影响因素的研究关注点已经从宏观环境因素向微观人口特征转变。

3. 基于路径规划服务的服务设施可达性研究

20 世纪 60 年代以来，信息与通信技术的革命成为影响社会经济空间组织及结构变化的新动力（Goodchild，2015）。城市基础设施不断完善，交通出行方式种类繁多，居民可达行为日趋丰富，城市空间成为一个结构复杂且动态变化的巨系统。随着移动通信和各种定位技术的发展，更为精准的用户时空轨迹数据开始出现，它与城市道路网络、居民出行习惯等因素相结合，可以更为精准地掌握城市居民出行的可达特征及时空规律，从而成为城市交通和社区规划的重要参考依据。

Schlossberg 和 Brown（2004）通过 GIS 修正模型，对街道网络、步行环境与轨道连通性进行分级，构建了基于步行可达性的量化指数。Shen 和 Sanchez（2005）选取公交可达性和小汽车可达性作为都市区就业可达性研究的评价因子，首次提出了城市中交通系统的不公平性。随着研究技术的不断进步，Chen 等（2017）基于互联网地图服务和 GIS，结合人口网络数据，计算了多种交通网络模式下南京城市空间的可达性差异。Yang 等（2017）基于百度地图 LBS 开放平台开发了出行 O-D 智能查询系统（TIQS），比较了广州社区基于公交车和汽车到达公共中心的可达性，并提出道路的修建并不会缩小公共交通与汽车可达性的差异，并可能促进更多的汽车出行。Lee 等（2018）基于每小时流动人口的手机位置数据，使用 Huff 模型研究了高峰时段和深夜时段韩国首尔公共交通可达性的变化。García-Albertos 等（2019）综合考虑出行时间成本和目的地引力，使用 Google 地图 API 和手机记录数据，提出了动态计算城市商业中心可达性的方法。

国内学者刘贤腾和顾朝林（2010）采用机会累计可达性模型计算 20min、40min、60min 内自行车、公交车和小汽车的空间可达性，发现小汽车相对于自行车和公交车的可达性优势非常明显。王慧等（2013）对城市居住区至不同类型服务设施的步行可达性、公共交通便利性和小汽车依赖度进行测度，识别出厦门市区内对小汽车依赖程度较高的空间格局。曹小曙等（2013）基于问卷调查数据，综合考虑公共交通中步行、等候、换乘等因素，采用 GIS 网络分析及空间拓扑技术，构建公共交通可达性的测度模型。黄晓燕等（2014）运用复杂网络理论，通过对比分析广州市地铁站点与线路对公共交通网络的影响，探讨城市公共交通可达性空间格局的演化。朱传华和张守文（2014）运用 GIS 网络模型和修正潜能模型度量居民区到城市不同功能用地的交通可达性，并对比分析有无快速公交系统（BRT）和地铁（Metro）两种交通方式下的可达性变化，研究证明，BRT 和 Metro 显著提高了居民出行可达性。侯胜强（2015）利用网络分析法，分别以步行、公交、地铁三种交通方式评价深圳市南山区商业中心的分布现状，运用综合交通出行方式计算出不同等级商业中心的可达人口与可达面积，并提出相应的优化策略。黄圣安等（2017）采用百度地图 API 提供的兴趣点和路径规划功能，研究上海市卫生服务中心的交通可达性，以及小汽车和公共交通出行的公平性。浩飞龙等（2017）以高德地图导航服务功能为基础，从步行、公交、小汽车三个方面构建长春市各商业中心可达“时空圈”，并分析其交通拥挤度和公交优先度等特征，指出公共交通应成为城市主流的交通方式。张纯等（2017）运用

GIS 网络分析法，对低收入人群以公共交通和私家车的方式到达各类医疗设施的就医可达性进行分析评价，结果显示，私家车的就医可达性要显著高于公共交通，且医疗资源的分布呈现出对弱势群体的不公正性。张少鹏和郭冰（2020）通过调用高德地图 API 接口，选取步行、自行车、公交车和小汽车 4 种方式构造可达面积，并定量评价各商业中心的空间网络关系。

4. 以手机信令为数据源的研究

人类社会中个体或群体在地理空间的移动过程反映着纷繁复杂的区域人地关系（陆锋等，2014）。城市居民个体在地理空间内的移动看似随机、没有规律，然而一个较大规模人群的移动却隐藏着特定的模式。地理信息以及无线通信技术能够以轨迹的形式记录终端持有者的位置变化信息，大样本量的城市居民连续时空轨迹数据集为识别城市热点区域以及挖掘居民出行行为的时空特征提供了新的数据来源、思路和方法（周博等，2019）。国内外均有研究表明，城市居民日常出行活动的目的地往往比较有限，个体的移动轨迹具有很强的可预测性（Song et al.，2010）。居民时空行为反映和映射城市空间结构，同时城市空间结构约束并影响居民的时空行为（图 2-5）。

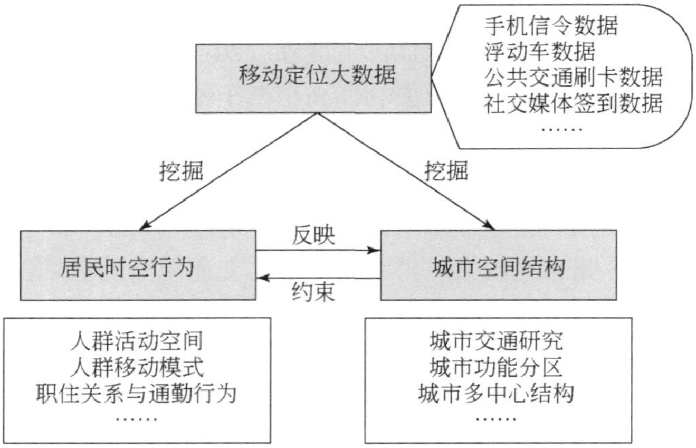

图 2-5　居民时空行为与城市空间结构的关系

近年来，移动目标轨迹、社交网络签到、公交出行记录、手机信令数据等地理行为大数据成为研究城市与人口的重要数据来源。其中，移动运营商搭建的基站具有高覆盖率、高持有率的特征，以手机信令数据为代表的信息化数据，为大样本、持续性观测个体时空活动创造了条件（吴子啸等，2017）。其能够记录智能终端的活动，蕴涵着用户的移动行为以及基站的语义信息，能够弥补传统数据、公交刷卡数据和微博数据等在数据数量、广度、精度方面存在的不足，比传统统计数据更能直接提供人流、物流和信息流的时空动态信息（杨延杰等，2020）。因此，各类地理行为大数据为居民时空行为与城市空间研究提供了新的契机（表2-2）。

表2-2　基于手机信令数据的研究主题分类

研究主题		研究者	研究区域	数据样本量/条	调查周期
居民时空行为	人群活动空间	徐金垒等（2015）	深圳市	1.8亿	某工作日
	人群移动模式	杨喜平等（2016）	深圳市	1亿	某工作日
	职住关系与通勤行为	丁亮等（2016）	上海市	8亿	5个工作日
		甘田和刘鼎（2020）	重庆市	73亿	连续两周
		海晓东等（2020）	北京市	—	某一个月
城市空间结构	城市交通研究	唐小勇等（2018）	重庆市	—	某一个月
	城市功能分区	杨振山和Michael（2016）	北京市	—	某工作日
		傅英姿和王德（2021）	上海市	50亿余	某两周
	城市多中心结构	王德等（2015）	上海市三个典型商业中心	—	周三和周六

在CiteSpace软件中以“手机信令”“手机数据”等为关键词基于CNKI进行检索，时间跨度为1998～2021年，共搜集1500余条有效记录。研究机构多为北京、广州、武汉和上海等城市的交通规划设计院以及各高校的城市规划学院。已有研究多围绕“大数据”“交通规划”“城市规划”“出行特征”“出行链”“通勤特征”等关键词展开。

在对居民时空行为的研究中，手机信令数据可直接挖掘出人群移动的时空行为规律，杨喜平等（2016）基于深圳市手机信令数据研究城市人群聚散模式及其与土地利用分布类型的关系，并总结出八种不同的趋同-趋异模式。邹思聪等（2021）对南京市社区日常活动空间的活力开展测度。

基于手机信令数据对城市通勤和职住关系开展的研究成果更为丰富，学者多对北京市、上海市、深圳市和重庆市等大城市开展研究。丁亮等（2015，2016）利用手机信令数据获取就业者的通勤数据，通过对用户的日间驻留地、夜间驻留地的提取识别上海中心城的通勤圈，从就业密度视角和通勤联系的视角测度并表征上海市的就业中心等级。王德等（2016，2020）利用手机信令数据，从街镇尺度出发对上海市居民就业的空间分布及其迁移展开研究，并通过识别上海市移动手机用户的居住和工作地，选取253个典型住宅区提取上海市住宅区的就业空间分布模式，分析其影响因子及形成机制，总结出上海市的就业空间类型包括单中心、带状、双中心、多中心或分散，以及模式间的过渡。刘耀林等（2018）基于武汉市手机信令数据，识别职住人口的分布与流动，构建城市内部就业流动网络。

在对城市空间的研究中，唐小勇等（2017）基于重庆联通手机信令数据，分析重庆主城与区县及各区县之间的人流交换，定量地评价城市间联系度及城市区位优势。杨振山等（2021）基于手机信令数据并结合 POI，细化北京市区域功能使用强度的日夜差异和内部功能混杂程度，完成区域主导功能类型的判定及功能混合度评价。同时，手机信令数据还多用于城市交通调查，包括城市人口动态分布研究（尹馨予和许一男，2018）、游客来源地调查（周围等，2019）、主要通道客流进出调查（章玉，2017）等。

随着数据源和技术的不断更新，以大数据作为研究数据源，在数据量和覆盖度等方面展现出传统数据无法比拟的特点。基于大数据，多学科领域交叉研究、多源数据融合等特征突出。在地理学科的研究主题中，学者多与计算机科学、复杂网络科学等理论方法开展交叉研究，为居民时空行为与城市空间研究提供有力支撑。实际上，除了居住和工作，休闲也是城市的重要功能之一，且已成为城市功能的重要延伸。但是目前基于时空大数据开展居民休闲娱乐出行行为识别方法的研究却较为少见。因此，出行篇将基于手机信令数据，对西安市居民休闲娱乐出行行为进行识别，并结合定量分析研究休闲娱乐出行行为的时空分布特征，以此丰富基于大数据的居民休闲娱乐出行行为研究的方法和内容。

5. 休闲娱乐主题研究

休闲，以其最真实的形式提升生活质量，并通过将其与人类的基本生活联系起来而赋予生命以意义，推动着个体成长和社会休闲娱乐消费空间演化（Parr and Schmalz，2019）。

休闲娱乐活动指的是人们扣除生理必需活动（如睡觉、用餐和沐浴等）和社会约束活动（如工作、上课和家务劳动等）之外的那部分活动，也可称为自由活动，包括公益活动、社会交往等活动内容（余碧莹等，2021）。休闲娱乐是社会文明的一个重要标志，休闲娱乐时间是休闲娱乐活动的存在形式，也是衡量居民生活质量的一个重要指标（殷国俊，2009）。同时，休闲出行是城市内人们动态流动的重要组成（Ahas et al.，2008），了解居民的休闲娱乐出行特征对研究居民休闲娱乐出行模式、制定相关政策有重要意义。

研究显示，城市居民周末户外休闲时间集中在 8:00～15:00，此时间段内出行人数占全日休闲总人数的 72.6%。刘丽敏等（2018）等按休闲人口密度将休闲热点区划分为商业休闲热点区、文化休闲热点区、多功能休闲热点区和生态休闲热点区四类。随着社会生产力提高，居民购买物质性消费品的比例在下降，以文化消费、精神消费为目的的休闲出行正在加强。同时，居民休闲娱乐时间存在工作日休息日差异化、休闲出行圈层化、休闲娱乐类型差异化、活动时间规律化等特点（金银日等，2015）。

目前以休闲娱乐为主题的研究中（表 2-3），多从社会学、经济学、哲学等领域开展，地理学领域对休闲娱乐为主题的研究多集中于休闲物质空间、休闲社会空间、休闲行为空间等方面，其中对休闲物质空间的研究成果较为丰富。在城市尺度上，毛中根等（2020）对长三角城市群的消费水平空间格局及影响机制展开研究；薛东前等（2011，2014，2015）对西安市文化产业的空间分布结构与集聚特征开展研究；黄安民和韩光明（2012）基于旅游城市和休闲城市的内涵，对二者的渗透性、差异性进行分析；刘大均等（2014）对武汉市休闲娱乐地的空间结构和差异性展开研究。在区域尺度上，苏平等（2004）对北京市环城游憩带的旅游地空间结构和其差异性进行研究；王铁和郜鹏飞（2016）对山东省乡村旅游地的空间分布类型、均衡程度、分布密度等进行定量表征，并总结出其空间分异的影响因素。近年来，以休闲娱乐设施为对象开展的研究逐渐积累，柳英华和白光润（2006）对上海市娱乐设施分布类型进行划分，对其空间结构进行总结，并预测空间分布趋势；杨帆等（2016）基于 DBSCAN 聚类方法，对广州市餐饮集群进行识别，并分析其空间分布特征。同时，“地方是为社会所建构的”的社会建构理论逐渐被新文化地理学接受（徐秀玉和陈忠暖，2018），因此对休闲社会空间的研究多从居民对休闲场所的地方感（郭安禧等，2017）、地方依恋（唐文跃，2011；王华和严婷，2014）等方面展开。

表 2-3　地理学领域对休闲娱乐的研究

研究主题		研究者	研究区域/研究单元	数据来源	研究方法/模型
居民消费行为	消费活力测度	舒天衡等（2020）	成都市/2km×2km 栅格单元	POI 数据	核密度分析、地理探测器
		董琦（2014）	南京市/街道单元	大众点评用户签到数据	空间集聚分析
	消费水平空间格局	毛中根等（2020）	长三角城市群/城市	统计年鉴、公报	空间自相关、定量分析
		马红涛等（2019）	全国省会城市/城市	统计年鉴、公报	综合指数评价模型、泰尔指数方法

续表

研究主题		研究者	研究区域/研究单元	数据来源	研究方法/模型
城市休闲场所	某休闲业态空间结构及机理	孙枫等（2021）	上海市/街道单元	POI 数据、统计数据、大众点评数据	GIS 空间分析、回归分析
		李同宇和孙帅（2020）	某镇/区域	POI 数据	重分类方法
休闲娱乐场所与居民活动关联分析	居民休闲与居住空间匹配	王新越和曹婵婵（2019）	青岛市/区域	POI 数据	GIS 空间分析

地理学对休闲行为空间的研究多从空间要素对居民休闲行为的影响因素及作用机制展开，而休闲行为作为居民休闲需求与休闲空间实践的关联，需要充分考虑居民休闲的结构性需求，才能将有限的城市休闲空间及设施资源进行更加合理的布局，从而提高空间资源的利用效率（赵莹等，2016）。出行篇将基于空间–行为互动理论和流空间理论，研究城市居民休闲娱乐出行行为的时空分布特征，并结合聚类方法探究西安市居住–休闲功能的空间联系组团关系，定量挖掘西安市居民休闲娱乐出行的主要时空节点特征，基于城市商娱微区位理论方法对其展开分析。同时，以交通小区为研究单元拓宽城市居民休闲娱乐研究尺度，为西安市城市休闲娱乐设施及场所的空间规划与决策提供理论与实践支撑。

6. 城市居民出行行为研究

居民日常活动所涉及的空间范围即活动空间，其具有一定的指向性和空间规律，是居民在使用城市设施、参与社会组织过程中形成的无形空间，也是城市物质空间与居民行为空间二者叠加的结果（柴彦威，2005）。居民出行行为的时空动态，客观上体现了城市居民的日常行为与城市建成环境之间的相互作用（吴健生等，2017）。已有研究中，对居民出行行为特征的研究内容主要包括出行目的、出行时间、出行空间、出行交通方式等（图 2-6）。

人文地理学、交通地理学等领域均对居民出行行为特征、出行时空模式及其与城市空间结构的关联开展了持续性研究。从研究内容来看，主要包括居民出行行为研究（仲伟伫和李雅婷，2015）、基于居民出行轨迹链开展城市功能结构研究（凌鹏等，2022）等。从研究数据来看，早期学者多将问卷调查回收个体出行数据（高峰，2007）、统计年鉴等作为数据源，该类数据存在调查难度大、样本

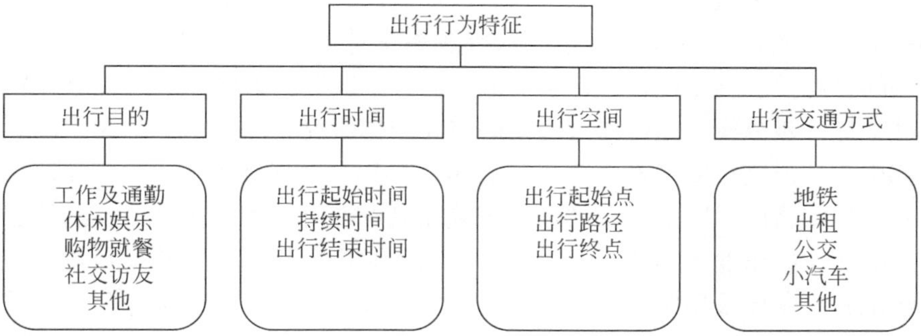

图 2-6　出行行为特征的研究内容

量小、易受被调查者主观认知影响等缺陷。近年来，随着信息技术的发展与智能终端设备的广泛运用，更多学者通过获取时空大数据提取城市居民出行轨迹链，主要包括手机信令数据（李旭和程晓明，2021；汪瑞琪和陈建均，2019；周剑明，2019）、出租车轨迹数据（蔡柳，2017；崔宇超等，2018；姜海林，2018）等。其中，张俊涛等（2015）基于南京市出租车轨迹数据，识别居民出行行为的时空特征及热点区域。杨喜平等（2021）基于西宁市手机信令数据，分析不同年龄、性别等群体特征下的居民出行特征差异。方琪等（2019）通过对出租车轨迹信息进行提取，并结合 DBSCAN 空间聚类方法，对出租车上下客轨迹点进行聚类分析，得到居民出行热点区域。从研究方法来看，乔少杰等（2015）运用预测模型对个体移动自适应轨迹进行预测。罗雄雄等（2015）基于层次聚类方法对居民出行特征进行聚类识别。杨文亮（2021）融合多源数据分析居民出行特征，并以此识别城市功能区。

城市内部资源及功能的差异促进人群产生差异化移动，随着时空大数据发展，今后的研究可以从群体、动态、时空的角度出发对城乡居民出行行为特征及出行模式开展更加深入的研究，构建满足居民需求的文化消费空间模式（宋永永等，2021），助力优化现有城市功能布局，改善城市公共基础设施建设。

7. 研究评述

总体来说，在城市文化娱乐业空间结构方面，国内外学者针对文化娱乐业及其相关领域的空间分布特征与影响因素已开展了大量研究，取得了较为丰硕的成果，为本书奠定了理论、方法和技术基础。现有研究主要呈现出以下特征：第一，在空间分布特征研究中，从研究尺度来看，由于长期受限于研究资料与技术方法，相关研究多基于省、市、县以及街道等行政单元展开；随着技术的进步和发展，虽逐步开展在精细格网尺度上对文化娱乐业的空间结构进行研究，但目前这类研究仍较为欠缺。从研究方法来看，定量研究方法多集中在集中度指数、区位熵指数、产业基尼系数、赫芬达尔指数等统计测度指数，以及矢量数据符号法、空间自相关、核密度估计、空间插值法等空间分析方法，缺乏能够在精细格网尺度上进一步分析、挖掘深层规律的空间结构研究方法。第二，在空间影响因素研究中，从研究尺度来看，多以省、市、县以及街道等行政单元为研究范围，难以获得精细格网尺度上确切的热点区域和热点峰值，无法在更加精细的粒度上探讨影响文化娱乐业布局的要素，使研究结果对现实具有更强的指导意义。从研究方法来看，主要采用定性与定量相结合的方式，多使用简单统计分析，采用普通最小二乘（OLS）回归模型、系统动力学模型、空间计量面板模型等模型体系进行的定量研究较少，而关于影响因素作用效果时空异质性的相关研究更是缺乏，使得研究成果难以对复杂的文化娱乐业选址问题做出有效的现实解释。从研究内容来看，国内外学者对于影响因素的选择具有多样性，认为文化娱乐业的空间分布受到人口要素、区域经济、市场因素、交通条件、文化感知、关联产业、政策要素以及个体心理与消费行为等因素的影响，且对影响因素的研究关注点已经从宏观环境因素向微观人口特征方向转变，但目前文化娱乐业及其内部各业态空间分布的归因研究仍然停留在大范围的评价因素层面，研究深度较浅，鲜有研究能够系统、多维度地考察影响文化娱乐业空间结构的复杂因素，并揭示其形成机理。因此，结构篇以西安市主城区文化娱乐业为研究对象，采用地学信息图谱，研究格网尺度下城市文化娱乐业的空间对称结构和规模等级结构及其演化规律，从交通便捷度、区域经济、人口要素、相关产业以及政策要素等方面选取影响因素指标，运用 GTWR 模型定量探讨西安市空间结构演化的主要驱动因素，并在此基础上进一步揭示其发育机制。

在城市交通可达性方面，从研究总体进展来看，虽然目前国内外学者对城市文化娱乐业的相关研究在理论与方法层面产出了诸多成果，为城市规划和综合管理提供了理论指导和经验借鉴，但现有研究也存在一些不足之处。从研究尺度来看，省、市、县和街道等行政单元是目前文化娱乐业空间研究的主要尺度范围，随着技术进步和发展，更为精细的格网尺度有助于挖掘文化娱乐业空间结构的深层规律，但目前这类研究仍较为欠缺。从研究内容来看，国内外文化娱乐业影响因素研究多集中于大范围的评价指标，研究深度较浅。从文化娱乐业布局的区位特征来看，交通可达性是影响其布局的关键因素之一，但交通便捷度和城市空间结构的动态关系易被忽视。从研究方法来看，在特定出行方式下可达性评价的应用范围较为狭隘，随着 GIS 空间分析技术的增强和现代通信技术、移动数据的不断革新，基于多种交通方式的实时路况反馈可以使研究精度进一步改善，有利于进行整体出行行为的模拟预测和现实引导。基于此，本书在大数据技术和 GIS 空间分析工具的支持下，以西安市为研究区，选取与城市居民生活密切相关的文化娱乐业为研究对象，从地理学空间结构视角出发，研究格网尺度下城市文化娱乐业的空间结构特征。从交通可达性这一关键因素切入，基于互联网地图服务 API 路径规划功能，模拟预测不同交通方式下文化娱乐业的可达范围，提取基于交通可达性的西安市文化娱乐业空间模式，反映各等级文化娱乐业中心腹地交通设施对其支撑能力的大小，揭示城市文化娱乐业空间供给与居民消费需求的适应性，为新时代大城市文化娱乐业空间结构优化和区位选址提供理论支撑和实践指导。

结构篇

第三章 西安市文化娱乐业空间结构特征

一、西安市文化娱乐业空间形态特征

（一）总体空间形态特征

本书将研究区域划分为1364个1000m×1000m的规则格网，研究范围覆盖西安市7个区（图3-1）。总体来看，西安市文化娱乐业在空间形态上呈现“块状集聚–轴向延伸–等级圈层”的空间格局。在城市三环区范围内的中部和南部，文化娱乐业具有相对明显的规模优势，呈现连片布局的空间特征；随着中心城区

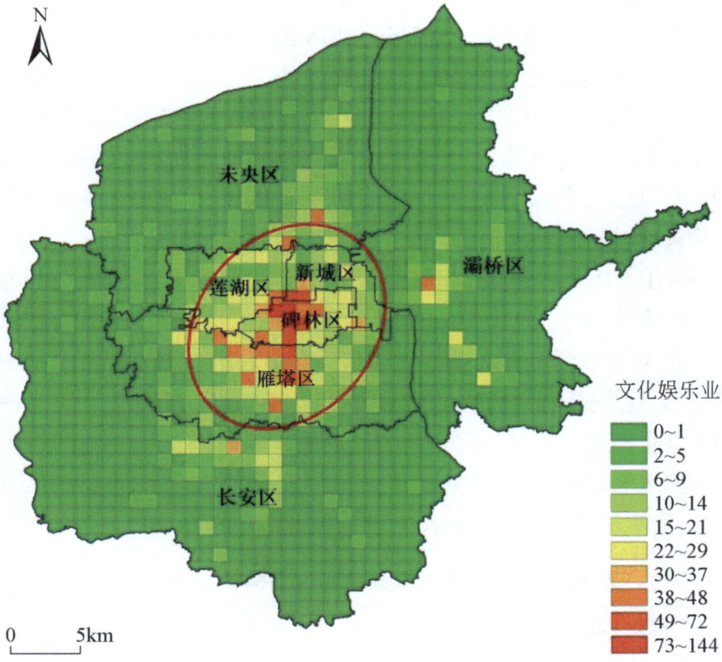

图3-1 西安市文化娱乐业空间分布密度图

向外围城区的拓展，文化娱乐业的规模逐渐缩小，但部分边缘城区也出现了较高密度等级的“孤岛”分布。因此，格网尺度下文化娱乐业的空间形态主要表现在以下方面。

在中心城区内，文化娱乐业中心核没有明显的边界，呈现集中连片分布，并沿主要交通干线向外拓展，形成“十”字形的空间形态。钟楼位于西安市老城区，同时也位于“十”字形空间的中心位置，作为西安市第一大商圈，是文化娱乐业空间发展的核心区域。随着老城区改造工程的推进，富有独特历史特质的仿古建筑与现代大型休闲娱乐综合体相互融合，使得钟楼成为西安市最能汇聚人气的区域，同时对周边地区文化娱乐业发展产生极强的辐射效应。20 世纪 90 年代以来，受城市更新和空间扩张的影响，西安市文化娱乐业的密度和规模得到了空前发展，以钟楼商圈为集聚核心的文化娱乐空间主要沿城市中轴线向南拓展，并在小寨形成西安市第二个大型文化娱乐中心。目前小寨商圈已经成为西安市人流量最大、营业额最高、最具城市活力的休闲消费空间，以新业态和新模式的购物体验为代表，广受都市青年消费群体的喜爱。如今，小寨商圈与钟楼商圈形成文化娱乐空间的差异化互补，对分散老城区内过于负荷的人流、物流和交通流起到了积极的促进作用。

随着与西安市中心城区距离的增加，文化娱乐业的密度值呈现梯度递减。外围城区文化娱乐业的核心散布于各区级行政中心的周边区域，形成多个具有竞争和互补效应的集聚区域，但受人口分布与交通区位等影响因素的制约，其效应相对较弱。例如，分布于灞桥区、未央区和长安区的文化娱乐业，其集聚规模等级较低，在空间上形成相对独立的文化娱乐中心。但随着西安城市人口的急剧增加，本地文化消费需求的提升带动了文化娱乐业集聚的形成和发展，外围城区逐渐成为转移新增人口、公共服务和产业功能的重要区域，为文化娱乐业向城市郊区的扩张奠定了基础。

本书利用 ArcGIS 10.2 软件的空间统计分析功能的标准差椭圆分析模块，在宏观尺度上探究西安市文化娱乐业整体的延展方向、集聚中心及离散程度等特征，设置分析参数为 1 个标准差，其样本中有 68% 的数据被包含在椭圆范围内。由表 3-1 可知，文化娱乐业的标准差椭圆面积为 160.91km^2，长短轴之比为 1.26，旋转角度为北偏东 37.04°；分布方向为东北—西南走向，这主要与西北部汉长安城遗址保护区和东南部航天基地建设布局有密切关系；分布中心位于西安市中心（钟楼）西南方向 0.75km 的长安北路附近。

表 3-1　西安市文化娱乐业标准差椭圆参数

项目	椭圆中心点	椭圆短轴距/km	椭圆长轴距/km	椭圆旋转角度/(°)
标准差椭圆参数	108.94°N，34.24°E	6.42	8.07	北偏东 37.04

（二）分业态空间形态特征

城市是居民开展多种类型文化娱乐活动的场所。为了满足不同居民的消费需求，文化娱乐业组织者会根据不同要素的组合关系，形成契合其地方营造策略的经营形式与业态。不同于城市公共服务设施的布局，文化娱乐业作为一个高度市场化的产业，具有极强的可变性、集聚性和竞争性。其区位选址、注册资本、业态结构、销售策略和服务方式，体现了为顺应市场规律、提高市场占有率而做出的差异化选择在空间上的表现，因此在地理空间中也会呈现出不同尺度和不同效应的集聚与扩散规律。

由图 3-2 可知，咖啡厅茶馆的业态数量在 6 类文化娱乐业中的占比具有最为明显的优势，而网吧、健身中心以及公园游乐园的数量规模在各城区内占比最低。其中，雁塔区作为西安市城区内规模经济最为显著的核心区域，坐拥西南高新和东南曲江两大开发区，同时高等院校云集，旅游景点丰富，不同层次的综合性商圈交织共生，从而带动了此地文化娱乐业的发展与兴盛，因此其业态种类和数量最为丰富。未央区、灞桥区和长安区开发时间较晚，距离中心城区较远，同时交通基础设施和商业环境价值仍待发展和提高，因此其文化娱乐业数量和密度占比略低。

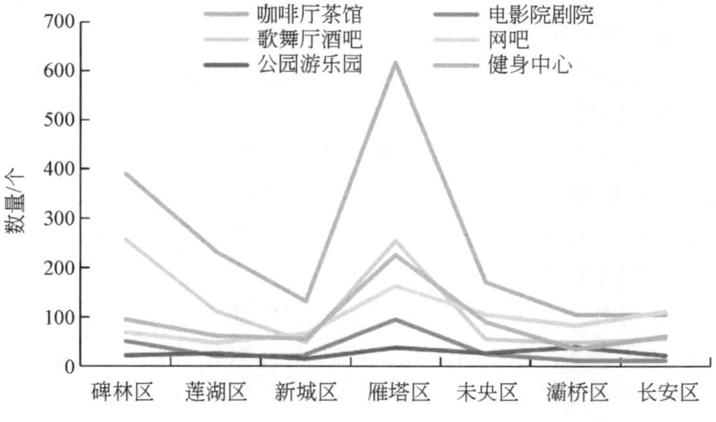

图 3-2　西安市各区文化娱乐业的业态结构

考虑到研究区域面积和精度的要求，利用 ArcGIS 10. 2 软件中的核密度分析功能，将搜索半径设置为 1. 5km，采用自然断点法，得到西安市分业态文化娱乐业空间核密度图（图 3-3）。文化娱乐业差异化的区位特征是自然环境、社会经济、交通区位和历史发展等因素共同作用的结果。不同业态的文化娱乐业需要根据其规模大小、消费人群、市场环境以及运作模式等，选择和适应利于其发展的空间区位，同时也影响和塑造着城市的空间结构。

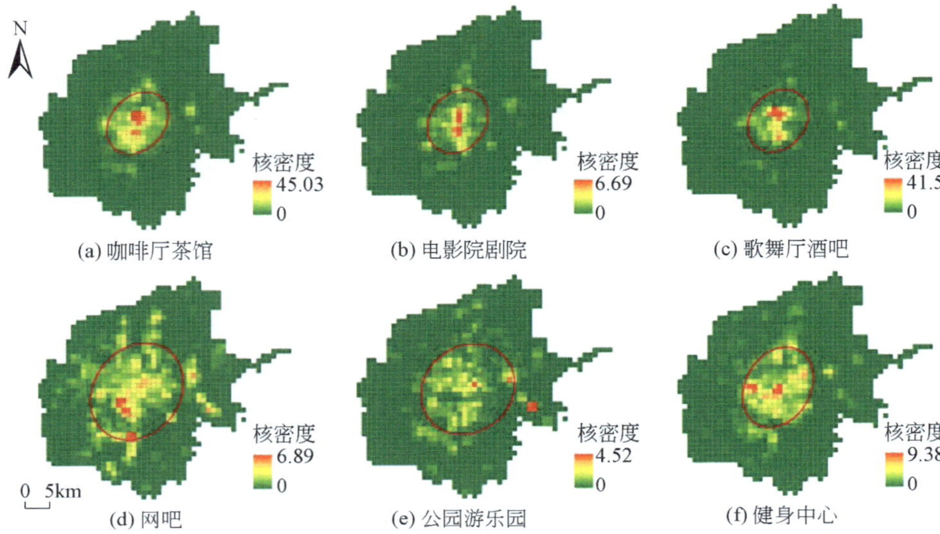

图 3-3　西安市文化娱乐业各业态核密度格局

通过核密度分析，6 类文化娱乐业在空间上呈现的形态异同并存。整体来看，城市核心区内多种类型的业态高度密集，业态空间重叠效应显著，同时城市文化娱乐业的多业态分化也在城市空间布局中逐渐体现。其中，咖啡厅茶馆、电影院剧院、歌舞厅酒吧呈单中心性的空间形态特征，其核心区域位于中心城区的传统商圈，空间分布趋势的向心性显著，呈现典型的等级圈层结构；网吧、公园游乐园和健身中心则呈现多中心性的空间形态特征，其密度热点多位于城市二至三环，并呈现跳跃式镶嵌的形态特征，空间分布的离心化趋势相对明显。不同业态文化娱乐业的空间形态特征如下。

（1）咖啡厅茶馆。咖啡厅和茶馆作为城市生活的“第三空间”，其所提倡的体验式消费越来越受到消费者的青睐。门店选址以接近消费客源地为首选目的，通常集聚于城市的核心节点，如人口稠密的商业区（包括核心商圈和区域商圈）、交通枢纽区（包括地铁站点和公交站点，以及商业中心旁两条主干道的交叉路口处）、文体中心区（包括博物馆、图书馆和大学城等附近地区），以及一些高端写字楼和高端住宅区附近。从核密度分析来看，碑林区南院门是西安市咖啡厅茶馆分布最为集中的地区，在城墙内形成了高等级的密度热点。区域内的德福巷作为西安市著名的旅游风情文化街，咖啡厅和茶馆林立，其特有的商业氛围在此地形成了居民文化娱乐消费的品牌效应。随着从西安市中心向外扩展，咖啡厅茶馆的业态密度逐渐减少，但通过将零售业和餐饮业作为其门店的经营场所，吸引了较多的消费客流，并在外围城区的大型商业综合体形成了不同等级的密度热点。

（2）电影院剧院。随着近年来西安市居民收入水平的增加和影视产业的成熟，院线和剧场逐渐成为大众的文化娱乐消费场所。从空间分布来看，影剧院的空间形态同样呈现由中心向外围递减的布局特征。以永宁门为核心的长安北路沿线以及小寨周围的商业区域成为影剧院主要的区位选择。此外，随着城市近郊新区的跃进式扩张，城北经济技术开发区（以下简称经开区）和大明宫、城西高新技术产业开发区（以下简称高新区）、城东浐灞新区和城南大学城成为西安市新兴的次级中心。区域大型商业综合体的建设推动了综合性消费空间模式的发展，设施空间和服务环境日益成为居民文化与休闲活动的消费对象。电影院和剧院作为提供终极视听体验的消费场所，其所吸引的消费人群可以带来引流和滞留作用，形成潜在的消费冲动，有助于提升商场的人气值和销售额，从而促进城市商业与文化产业相结合的空间形态的新转变（杨晓俊等，2018）。

（3）歌舞厅酒吧。歌舞厅和酒吧作为城市居民社会消费的组成部分，被赋予时尚和休闲的社会空间身份。其与咖啡厅茶馆的区位选择具有相似性，二者对场所环境和商业氛围的要求较高。因此，歌舞厅酒吧的分布热点主要出现在城市传统商圈和历史文化街区，并向商圈周边及城市新兴开发地段呈跳跃式扩散。通过核密度分析可知，碑林区南院门是西安市歌舞厅酒吧分布的优选区，此地的德福巷风情街区作为西安市娱乐消费和文化旅游的地标之一，通过磁石效应吸引众多的歌舞厅和酒吧在此集聚，并吸引了大量小资青年、城市白领和国内外宾客到此地进行娱乐消费，从而形成了高等级口碑商户的集聚区；小寨—曲江地区作为西安市新中心商务区，优越的区位条件、便利的交通设施和众多的客流消费吸引着歌舞厅酒吧入驻，从而形成了次级热点。

（4）网吧。网吧相对较为特殊，其对城市中心和商圈无显著的依赖性，且区位选择的尺度范围相对较大。网吧的空间分布范围最广，形态最为复杂，呈现“大分散、小集聚”的分布模式，整体分布较为离散。其密度热点区域主要出现于城西高新区和城南大学城，这些地区集聚了相对较多的青年群体，同时靠近小型商圈和居民住宅，周边业态较为成熟，客流量相对较多。汉城路、鱼化寨、纺织城和狄寨等地区散布于西安市近郊，成为网吧分布的次级核心热点区。

（5）公园游乐园。公园游乐园的休闲属性和美学价值突出，对环境的要求较高。受城市规划和建设面积的制约，其数量、规模较小，同时广泛布局于城市各区，空间分布相对均匀，呈现出“碎片化+零散点”状相间的空间格局。环城墙片区和曲江片区分布的公园数量较多，如革命公园、兴庆宫公园、曲江池遗址公园和大唐芙蓉园等。而碑林区的东关南街以及灞桥区纺织城和狄寨街道的公园内由于拥有较多的游乐设施，形成了呈点状分布的游乐园热点集聚区。

（6）健身中心。作为现代城市居民进行康体休闲重要的消费空间，健身中心在西安市的空间分布范围较广，并主要靠近于传统内城区的边缘区域，如碑林区的长安路和莲湖区的西关。传统老城区的开发历史悠久，受场地租金、业态竞争和人力资源成本等的影响，现有的土地资源开发已接近饱和，容易产生集聚不经济而带来扩散效应；城市外环区域随着高等院校的迁入和大型住宅区的不断增多，土地资源被不断开发，地租相对低廉，有助于降低门店的运营成本，并且符合青年人群追求生活品质的市场定位。

通过 ArcGIS 10.2 软件空间分析模块中的标准差椭圆分析，对西安市各类文化娱乐业的空间位置数据进行刻画，得到分业态文化娱乐业的空间布局规律（表3-2）。将各类型标准差椭圆的分析参数设为1个标准差。由图3-3和表3-2可知，6种文化娱乐业的标准差椭圆中心均靠近城市中心钟楼，且空间分布均沿东北—西南轴向延展，这与西安的城市发展脉络和经济空间演变具有较高的一致性（薛东前等，2019）。从分业态文化娱乐业的空间联系上看，西安市中心城区各类文化娱乐业的空间联系明显比外围城区更为密切，且咖啡厅茶馆、电影院剧院以及歌舞厅酒吧的空间分布具有较强的集聚性，空间伴生性较为显著。网吧、公园游乐园与其他类型的文化娱乐业相比，其空间分布更倾向于均匀延展，标准差椭圆的覆盖范围显著扩大。健身中心的空间布局相对于其他类型的文化娱乐业呈现出明显的偏南北轴向特征，这与近年来健身场所主要向城市新兴开发区（如城西高新区和城北经开区）延展的区位偏好密切相关。

表3-2　西安市分业态文化娱乐业标准差椭圆参数

类别	椭圆中心点	椭圆短轴距/km	椭圆长轴距/km	椭圆旋转角度
咖啡厅茶馆	108.94°N，34.25°E	5.49	7.19	北偏东39.69°
电影院剧院	108.94°N，34.24°E	5.60	6.98	北偏东35.27°
歌舞厅酒吧	108.94°N，34.24°E	5.50	6.88	北偏东37.44°
网吧	108.94°N，34.24°E	8.59	10.50	北偏东35.24°
公园游乐园	108.96°N，34.25°E	8.65	9.85	北偏东48.34°
健身中心	108.94°N，34.24°E	6.50	8.62	北偏东29.09°

从POI密度剖面线（图3-4）来看，结果基于1000m×1000m格网，剖面线分别沿西安市南—北（S-N）、东—西（E-W）、西北—东南（WN-ES）、东北—西南（EN-WS）4个轴向绘制，且每条轴线均穿越各业态文化娱乐业的密度峰值区。各

轴线文化娱乐业密度呈现出高值和低值相间分布的空间形态，受区位偏好和经营属性的影响，不同业态文化娱乐业空间分布的密度呈现出一定的相似性和差异性。

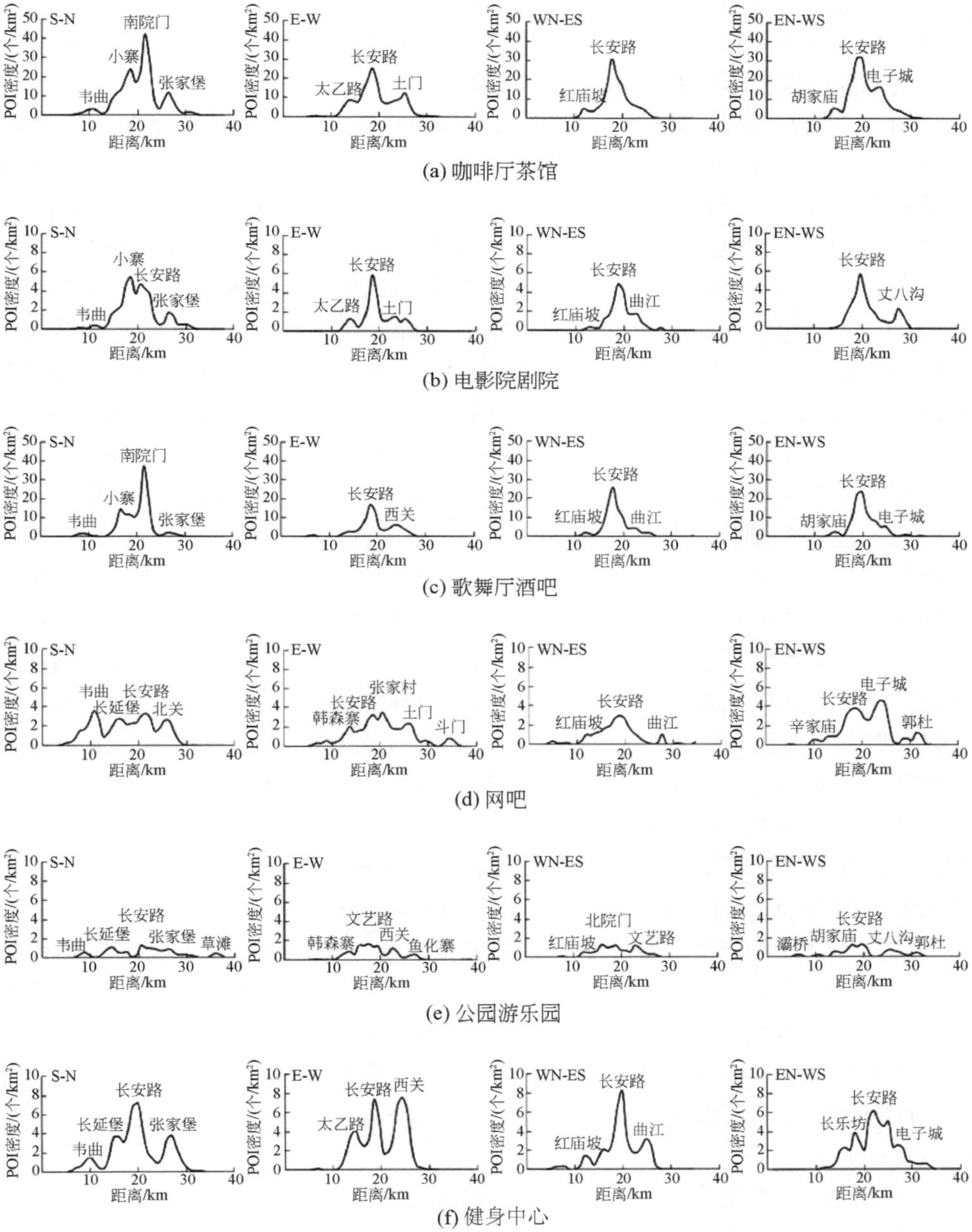

(a) 咖啡厅茶馆

(b) 电影院剧院

(c) 歌舞厅酒吧

(d) 网吧

(e) 公园游乐园

(f) 健身中心

图 3-4　西安市分业态文化娱乐业 POI 密度剖面线

各类型的文化娱乐业 POI 密度在城区内出现多个峰值。其中，中心城区的密度峰值显著高于外围，且南—北轴线和东北—西南轴线的密度数值与峰值个数显著高于其他方向的轴线密度。同时，各业态文化娱乐业在不同方向轴线的密度表现出不同的特征。其中，咖啡厅茶馆、歌舞厅酒吧的数量规模与集聚区域相似，而与网吧和公园游乐园的密度峰值差异较大。

（1）咖啡厅茶馆。咖啡厅茶馆的密度分布在各业态文化娱乐业中占比最高，且其峰值曲线呈现明显的“中心-外围”结构。南—北轴线上，咖啡厅茶馆的密度值整体较高，且峰值最多，范围最广。密度分布最高值在碑林区南院门，为 42 个/km^2 左右；此外，在南院门以南 4km 附近的小寨形成了咖啡厅茶馆分布的次级中心，为 24 个/km^2 左右；张家堡和韦曲街区由于大型购物中心和大学城的迁入，形成了咖啡厅茶馆密度的小型热点。东—西轴线上，咖啡厅茶馆分别在 20km 范围内的长安路、土门和太乙路形成 3 个密度峰值，分布范围有所缩减。西北—东南轴线上，咖啡厅茶馆基本布局于以碑林区长安路为中心的区域内，并随着轴线的向外延伸，其密度分布值快速下降。东北—西南轴线上，除长安路这一大型密度分布中心外，高新区电子城和新城区胡家庙也出现了小型峰值。

（2）电影院剧院。电影院剧院与咖啡厅茶馆相比，其在西安市布局的数量、规模较小，且其密度中心由钟楼向小寨方向南移。峰值曲线同样呈现出典型的等级圈层结构，在地理中心和大型商场形成不同等级的密度热点。南—北轴线上，小寨和长安路形成了电影院剧院分布的紧密双峰，大约为 5 个/km^2，并形成了集聚效应。长安路以北 6km 的张家堡由于 CityOn 熙地港购物中心的入驻形成了电影院剧院的小型波峰，而小寨以南电影院剧院的分布密度在韦曲街道锐减。东—西轴线和西北—东南轴线上，形成了以长安路为峰值的对称结构，其中东南方向的曲江新区作为国家级文化产业示范园区，其旅游与文化、传媒、演艺等产业深度融合，影剧院所带来的文化服务效应正在得到不断强化。东北—西南轴线上，在 15km 范围内形成了以长安路和丈八沟为峰值的密度热点。

（3）歌舞厅酒吧。歌舞厅酒吧的数量、规模与峰值结构与咖啡厅茶馆相似，并产生了显著的空间伴生效应，在空间形态上也呈现出以钟楼为中心的等级圈层结构。南—北轴线上，南院门的德福巷街区形成了显著的密度峰值，并向南北方向快速递减，于次级城市中心小寨形成了歌舞厅酒吧的第二峰值。东—西、东北—西南和西北—东南轴线的峰值结构均以长安路为中心呈现对称结构，单中心峰值特征明显。

（4）网吧。网吧作为西安市近几年迅速发展的信息产业，其空间分布格局向外围城区偏移，并有向新兴居住区和大学城选址的偏好和趋势，打破了以钟楼为核心的空间布局特征，多中心化程度较高。南—北轴线上，网吧的密度峰值呈跳跃式镶嵌于韦曲、长延堡、长安路和北关，出现“串珠状”的空间集聚区，其密度值约为 3 个/km^2。东—西轴线上，网吧的峰值数量更多且分布范围最大，从东向西 35km 范围内，分别在韩森寨、长安路、张家村、土门和斗门形成网吧分布的密度热点。西北—东南轴线的密度数值和分布范围有所降低，且呈现偏西北方向的布局特征。东北—西南走向在 25km 范围内于电子城和长安路形成了较为紧密的双峰，此外在城南韦曲街道的大学城形成了小范围的密度热点。

（5）公园游乐园。公园游乐园的占地面积最大，且其空间布局要充分考虑自然环境、人口数量、年龄结构和服务效率等因素，因此其规划布局偏向于在城市均匀分布。南—北轴线和东北—西南轴线的公园游乐园的空间范围介于 30 ~ 35km，且在城市不同街道形成了 1 ~ 2 个/km^2 的峰值。东—西轴向和西北—东南轴向的公园游乐园分布范围缩小为 20km，且主要围绕中心城区连绵分布。

（6）健身中心。健身中心在不同轴向的密度峰值较多，起伏较大，且密度值基本维持在 10 个/km^2 以下。长安路为不同轴向分布的密度中心，其他的密度波峰围绕长安路沿不同轴线在高等院校与体育场所附近形成不同等级的对称结构，且密度峰值逐渐向外递减，并逐渐向城市西部高新区偏移。

二、西安市文化娱乐业空间集聚特征

（一）总体空间集聚特征

文化娱乐业的集聚程度可以反映城市中产业发展的成熟度和黏着力，也会对城市区位和空间产生重要的影响，因此文化娱乐业的集聚现象是现代城市空间结构的一个突出特征。

利用 ArcGIS 10.2 软件的空间自相关分析模块，计算西安市总体文化娱乐业的全局 Moran's *I* 指数。结果显示，西安市总体文化娱乐业的 Moran's *I* 指数为 0.679，*z* 得分为 35.068，且随机产生此聚类模式的可能性小于 1%，表示总体文化娱乐业呈现高度的全局空间正相关，广泛发育典型的高-高集聚和低-低集聚区。接下来为进一步验证分析结果，基于格网单元的微观尺度，采用局域 Getis-Ord Gi * 指数探索西安市文化娱乐业空间活动的热点区域，并按照自然断点法分为 5 级，生成西安市文化娱乐业空间冷热点集聚格局图（图 3-5）。

由图 3-5 可知，西安市总体文化娱乐业的空间形态呈现显著的向心集聚，遵循距离衰减规律，表现出“热点-过渡-冷点”的等级圈层结构。从热点分布来看，热点区及次热点区主要集中于钟楼中心区、曲江—小寨区两大热点集聚组团。低值集聚的冷点区及次冷点区存在高度的空间关联特性，于二环线以北及三环线外围呈环状包围圈，即在未央区、灞桥区和长安区存在大范围的低值分布，并呈现连片的团状延展。钟楼商圈的文化娱乐业分布密集，且被其他具有高密度的相邻空间所包围，是城市文化娱乐活动的典型代表，也是城市内部最为活跃的文化娱乐空间，并对城市相邻格网产生了显著影响。随着城市空间的向南迁移，西安市文化娱乐业的空间格局也被不断地定义和塑造。小寨商圈自 20 世纪 90 年代以来，被逐渐规划为新中轴线上的都会级商业中心，且知名度不断提升，因此文化娱乐业沿南部轴线得到空前发展。这也表明西安市文化娱乐业由单核心向多核心演化的空间格局正在逐步形成，并在空间上不断形成互补效应。这有利于延长文化娱乐消费的产业链条，满足消费者日益多样化的精神文化需求，从而产生更大规模的集聚规模经济和服务溢出效应。与此同时，未央区、灞桥区和长安区政府驻地的周边区域由于新兴商业综合体的发展和成熟以及周边居住区和大学城的建设，带动了部分较低等级的文化娱乐业在此地聚集。

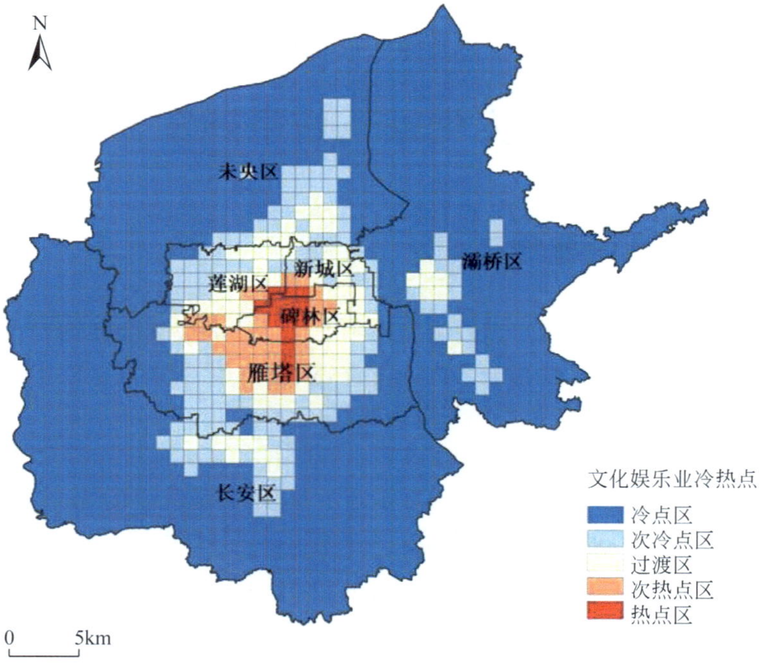

图 3-5　西安市文化娱乐业空间冷热点集聚格局

(二) 分业态空间集聚特征

为了探测西安市分业态文化娱乐业的空间集聚特征，首先运用最近邻指数（NNI）揭示各类型文化娱乐业的集聚与扩散特征（表 3-3）。当 NNI = 1 时，文化娱乐业在研究区内呈现随机分布；当 NNI<1 时，文化娱乐业有集聚分布的趋势；当 NNI>1 时，文化娱乐业偏向于离散分布。

表 3-3　西安市分业态文化娱乐业最近邻距离分析

类别	平均最近距离/m	期望最近距离/m	NNI	z 检验值	显著性水平/%
咖啡厅茶馆	152. 638	363. 351	0. 420	−46. 424	0. 00
电影院剧院	472. 540	885. 478	0. 534	−13. 821	0. 00
歌舞厅酒吧	189. 392	509. 451	0. 372	−34. 667	0. 00
网吧	307. 500	663. 728	0. 463	−26. 076	0. 00
公园游乐园	684. 226	1046. 043	0. 654	−10. 101	0. 00
健身中心	298. 121	637. 499	0. 468	−25. 461	0. 00

由结果可知，各类型文化娱乐业的 NNI 均小于 1，*z* 检验值均小于−2. 58，且均通过了 1% 的显著性检验。由此表明，西安市分业态文化娱乐业空间分布具有显著的集聚性，且此类模式随机产生的概率小于 1%。与此同时，各类型文化娱乐业空间集聚特征差异较大。歌舞厅酒吧的 NNI 最低，为 0. 372，表现出极强的空间集聚性；咖啡厅茶馆、网吧和健身中心的 NNI 介于 0. 420 ~ 0. 468，集聚性适中；而公园游乐园与其他类型的文化娱乐业集聚程度相比，表现出较弱的空间邻近性。

NNI 仅能表现出文化娱乐业在空间分布上的集聚程度，并不能从不同空间尺度上确认其分布特性。因此，本章借助 CrimeStat 3. 3 软件，进一步识别各类型文化娱乐业在不同空间尺度集聚的方向特征。Ripley's L 函数可以用来揭示研究区域内的点状地物在不同空间尺度下所表现出来的分布模式，本章运用 Ripley's L 函数对西安市分业态文化娱乐业的空间集聚模式进行多尺度判别（表 3-4 和图 3-6），并调用蒙特卡罗（Monte Carlo）模拟方法，对分业态文化娱乐业的空间分布进行 100 次统计学模拟。

表 3-4 西安市分业态文化娱乐业 Ripley's L 峰值特征

类别	集聚峰值 L（d）	距离/km
咖啡厅茶馆	6544. 717	7. 721
电影院剧院	4792. 786	6. 241
歌舞厅酒吧	6029. 822	6. 107
网吧	3672. 695	9. 697
公园游乐园	4275. 532	9. 350
健身中心	4223. 916	10. 361

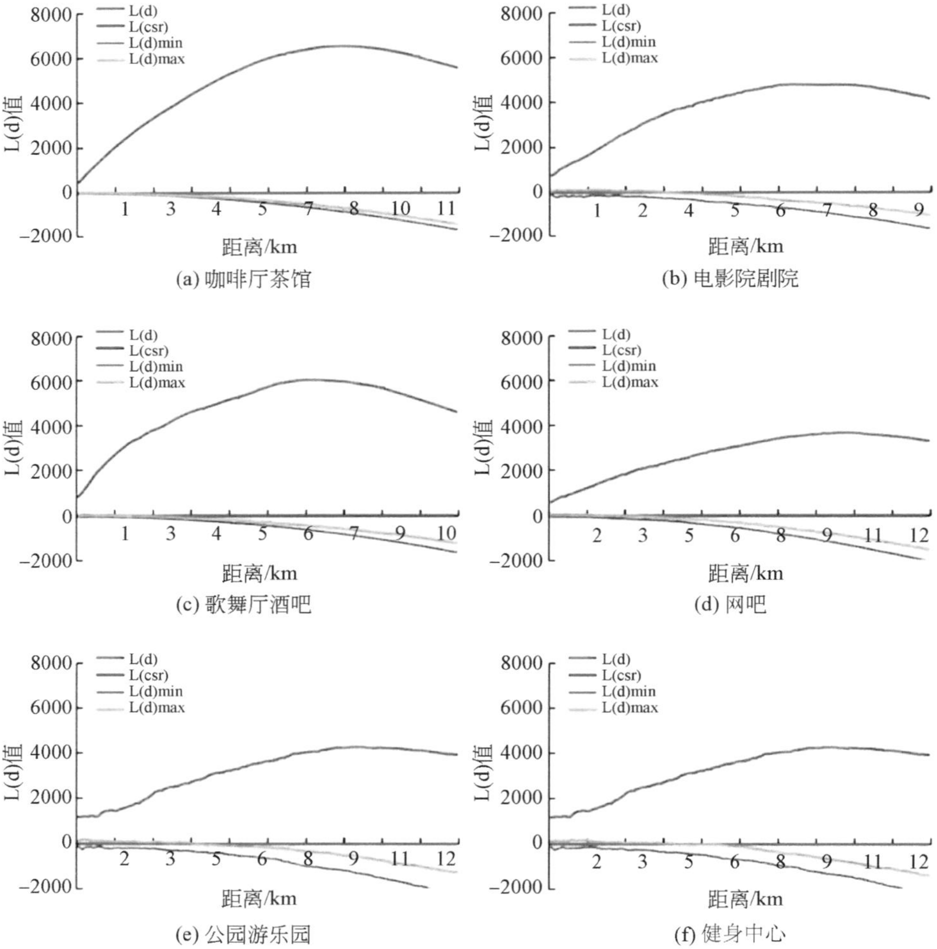

(a) 咖啡厅茶馆 (b) 电影院剧院 (c) 歌舞厅酒吧 (d) 网吧 (e) 公园游乐园 (f) 健身中心

图 3-6 西安市分业态文化娱乐业 Ripley's L 函数分析

通过观察L（d）值与蒙特卡罗模拟生成的L（d）max和L（d）min（即置信区间上下限）之间的相互关系，即可判定出不同业态的文化娱乐业在空间分布上的集聚强度和集聚尺度。若L（d）值大于L（d）max，表明该业态为空间集聚分布；若小于L（d）min，表明其为均匀分布；若处于置信区间内部，则表现为空间随机分布。

由函数模拟值可以看出，西安市文化娱乐业各业态在不同的空间尺度上，L（d）值均大于置信区间的上限，说明其在观测范围内均服从显著的空间集聚分布，这也从另一个角度验证了前文NNI的分析结果。同时，从Ripley's L函数的变化曲线来看，各个类型的文化娱乐业的空间分布趋势相近，在12km的观测范围内均呈现先增后减的倒“U”形结构特征，不存在无峰值和双峰值的现象。从各类型文化娱乐业集聚峰值出现的距离来看，不同类型文化娱乐业易受到空间尺度效应的影响，集聚差异十分显著（图3-6）。

从产业特性来看，咖啡厅茶馆、电影院剧院、歌舞厅酒吧受消费市场、规模效应和场地租金的影响，对区位选择的要求较高，通常倾向于在城市核心区以及城市商圈内布局，因此其空间区位选择的尺度范围较小。具体来看，咖啡厅茶馆在0～7.721km的集聚强度不断增大，而随着距离的继续增加，其集聚强度逐渐减小。因此其最大集聚强度为6544.717，最大集聚尺度为7.721km。电影院剧院、歌舞厅酒吧区位布局特征的空间范围最小，但电影院剧院受布局数量的限制，其集聚峰值（4792.786）远低于歌舞厅酒吧。网吧、公园游乐园和健身中心则倾向于布局在城市外围。其中，网吧的集聚峰值在6类文化娱乐业中最低，仅为3672.695，但其最大集聚尺度为9.697km，远超各类型文化娱乐业集聚尺度的平均值，表明其空间分布范围相对较大，布局较为零散。公园游乐园和健身中心的函数曲线相似，集聚峰值均在4200左右，但健身中心的最大集聚半径出现的范围最大，达到10.361km，表明其区位选择的尺度范围较大。

三、西安市文化娱乐业等级结构特征

（一）等级核心识别

文化娱乐业的等级结构必然包含不同能级的文化娱乐核心。文化娱乐核心是城市文化娱乐业高度聚集的区域，一般都有一定的核心分布位置及其服务腹地范围，并对周边区域存在巨大的虹吸效应。同一业态内不同等级核心的分布位置往往存在差异，因此区域内部不同等级的文化娱乐核心相互联系、彼此共生，进而对整个区域内的文化娱乐活动起着协调和引导作用。

各等级核心的识别提取主要包含 3 个步骤：①通过构建微观尺度的格网单元，识别出研究区域内总体及分业态文化娱乐业分布的密度中心，并根据自然断点法将密度值分为 6 级，进行等级显示。其中，密度最小的为第 6 级，最大的为第 1 级，本章选取第 3 级及以上的密度高值区作为候选中心。②采用局部空间自相关分析方法，揭示区域内具有统计学显著意义的热点区域，并与前者的密度等级进行叠加分析，确定各文化娱乐业核心的格网范围。③通过测度各等级格网单元内要素点的平均中心，提取出总体及分业态文化娱乐业的核心位置，从而确定密度分布的能级区域。

为了方便比较，选取格网单元的密度数据分析各等级核心体系的结构特征，密度值越高，表明该核心的等级层次越高，即对周边区域影响和辐射的范围越大。将各文化娱乐业核心提取出前三个等级，分别为一级核心、二级核心和三级核心。本章主要基于识别出的三级核心展开研究。基于等级核心的识别流程（图 3-7），分别对总体及分业态的文化娱乐业进行等级结构特征的分析。

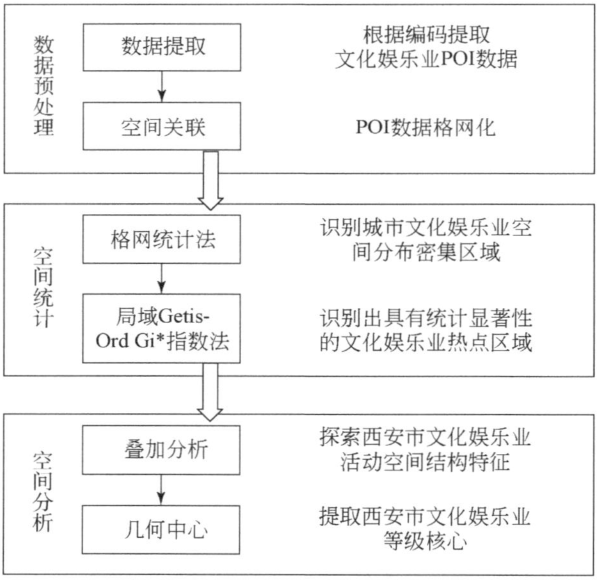

图 3-7　西安市文化娱乐业等级结构分析的技术路线

（二）总体等级结构特征

基于等级核心的识别方法，根据构建的 1000m×1000m 的格网单元，分别统计各格网单元内部总体文化娱乐业的密度，并根据自然断点法，共筛选出 10 个候选核心点。基于各格网单元，采用局部空间自相关分析法，识别出文化娱乐业在空间上显著分布的热点区域。将基于格网密度分析识别出的密度高值区与基于局部空间自相关识别出的集聚热点区进行叠加，提取出等级核心点在格网单元内部的平均中心，并剔除不在显著性热点区域范围之内的密度核心。通过实地调研和资料分析对各等级核心的文化娱乐业进行筛选，共识别出 7 个总体文化娱乐业等级核心。

研究结果表明，西安市总体文化娱乐业的等级结构相对合理，初步进入以一级核心为主的多核心结构发展阶段。从各等级核心的数量来看，一、二、三级核心点的数量分别为 2 个、2 个和 3 个，呈现等级化的差异特征（表 3-5）。

表 3-5　西安市总体文化娱乐业等级核心

能级划分	核心位置	密度值/(个/km^2)	面积/km^2
一级核心	钟楼	144	6. 01
	赛格	61	3. 36
二级核心	电子正街	48	2. 62
	龙首原	46	2. 14
三级核心	高新路	40	1. 87
	半坡	40	1. 81
	大明宫	39	1. 25

从空间格局来看（图 3-8），不同等级的文化娱乐业核心在空间上呈现“中

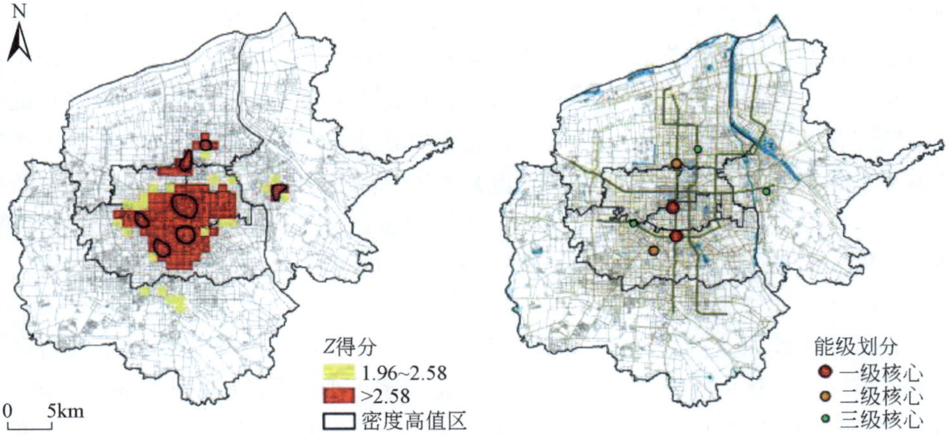

图 3-8　西安市总体文化娱乐业核心识别及等级划分

心–外围”结构，且在区位上均布局于交通便利的地区。文化娱乐业不同等级核心依托轨道交通和公路交通的连接形成等级圈层的体系网络，从而实现不同区域资源和市场的关联与互补，不断扩大其综合服务半径。

如图3-8所示，总体文化娱乐业的一级核心有2个，分别位于“西安双星”——钟楼和赛格。从属性特征来看，一级主中心钟楼的总体文化娱乐业密度最高，为144个/km^2，其中咖啡馆和酒吧的数量最多。此外，此地文化娱乐业的数量占西安市全部文化娱乐业数量的比例为3.33%，表明城市文化娱乐活动在此区域发展相对成熟，并形成了专业化功能区域。钟楼在西安市的发展历程中一直是城市的商贸和金融中心，主要沿明城墙内东、南、西、北四条大街延伸，以解放路和大南门商圈为支撑，布局有世纪金花、中大国际和西安SKP等高端大型综合商场，并被规划为西安未来的国际消费中心。作为历史优势的延续，钟楼的文化娱乐业态功能结构发育最为完整和成熟，吸引了众多富有历史文化特色的传统业态和新兴业态在此地集聚，因此钟楼的等级中心业态分布最为密集，且功能多样、等级最高，能够提供不同特色和档次的文化娱乐服务。此外，钟楼位于长安中轴线的中心位置，周边有轨道交通2号线以及众多公交线路，是西安市最为重要的交通枢纽之一。与交通网络的连接使钟楼的辐射范围波及整个西安市，从而形成文化娱乐业态的专业化功能区。一级次中心赛格作为西安市青年群体休闲娱乐的主要区域，为西安南部城区最重要的市级综合商业中心，也是集现代和时尚为一体的文化娱乐消费集中地。其文化娱乐业的密度值达到61个/km^2，数量占研究区域的比重为1.41%。赛格国际购物中心、金莎国际购物广场、旺角购物广场作为城市新兴消费的典型代表，成为仅次于钟楼的商业贸易发展中心，综合服务水平较高，是西安市城区未来文化娱乐业发展的重点区域。其中，赛格国际购物中心目前已成为西安市客流量最多、成交额最高、人气最旺的购物中心。城市大型商场往往由于承担多种业态功能，且建筑面积较大，伴生业态的文化娱乐业在空间布局上会表现出一定程度的集聚性，因此咖啡厅、歌舞厅、电影院和健身中心较多在此区域布局，其业态类型相比于钟楼更为多元。此外，赛格位于雁塔区小寨东路与长安东路交叉口，同时也是西安市轨道交通2号线和3号线的换乘点，众多公交站点布局于此，交通区位优势明显；加之周边区域高等院校和住宅小区密集，人口年龄结构偏年轻，消费需求推动下新兴文化娱乐业迅速涌现，其网络影响范围同样覆盖整个西安市。

总体文化娱乐业的二级核心向城市二环和三环扩散，分别为布局于雁塔区的电子正街和未央区的龙首原，其文化娱乐业的密度值分别为48个/km^2和46个/km^2。电子正街坐落于西安市雁塔区的商务中心，主要以高新路、科技路商圈及锦业路板块为支撑，辐射西安市西南部。其文化娱乐业态的主要特色面向商务办公、商业娱乐、文化休闲和高档居住，因此布局有现代化和高品质消费环境的咖啡厅茶馆、网吧及健身中心。电子正街目前正面向周边居民构建集生活购物、文化休闲、餐饮娱乐等多元化复合功能为一体的时尚都市休闲场所，形成了西安市西南部文化娱乐消费的核心商圈。龙首原坐落于未央区，位于西安市中轴线以及轨道交通 2 号线上，交通极为便利。咖啡厅茶馆、歌舞厅酒吧和健身中心等多种业态在此集聚，盛龙广场和龙首印象城坐落于此，形成集特色商业和时尚消费为一体的综合性商贸中心。

总体文化娱乐业的三级核心继续向城市外围区域扩散，于高新路、半坡和大明宫形成西安市地方级的文化娱乐消费中心。高新路靠近西安市轨道交通 3 号线科技路站，路网密集，吸引周边众多居民和学生群体来此消费。金鹰国际购物中心和世纪金花（高新店）集聚了众多咖啡厅和健身中心，形成西安市城西区域服务于周围居民的现代文化娱乐业核心区。半坡位于城东灞桥区，紧邻西安轨道交通 3 号线纺织城站，并介于东三环和绕城高速之间，交通极为便利。目前随着各项发展规划的开展，多种产业转型升级，高新技术、现代服务和商贸地产正在此地形成新的发展格局。多种类型的文化娱乐业依托此地的特色商业、主题公园和老建筑风貌，以砂之船奥莱、华夏·幸福里为辐射带动中心，正在形成西安市城东近郊区文化娱乐业的核心区。大明宫南邻北二环，轨道交通 4 号线穿越此地，且靠近行政中心与经开区。大明宫国家遗址公园作为此地的文化地标，在宫园中央、万达广场以及四海唐人街等商业街区的带动下，周边聚集了大量咖啡厅茶馆、酒吧和健身中心，助推了西安市城北文化娱乐消费模式的转型升级。

（三）分业态等级结构特征

1. 咖啡厅茶馆

本书采用格网密度分析法，对西安市咖啡厅茶馆的分布密度进行测算，采用自然断点法，共识别出 7 个咖啡厅茶馆等级中心；运用局部空间自相关分析法识别出研究区内咖啡厅茶馆分布的冷热点格局。将基于格网密度识别的密度高值区与基于空间自相关识别的显著性集聚区进行叠加，进一步通过计算平均中心，确定咖啡厅茶馆分布的核心位置（表 3-6）。

从识别结果来看，咖啡厅茶馆三个等级的密度核心均靠近轨道交通线，在城市不同区位形成了互联互通的消费网络（图 3-9）。从表 3-6 来看，一级核心仍然位于钟楼和赛格，钟楼的密度值最高，达到 64 个/km^2，形成了咖啡厅茶馆的专业化区域。且停精品咖啡、鹿禾森林和冶咖啡在钟楼的口碑度最高，消费人群最多；青曲社相声茶馆和相声新势力茶馆主要依托剧场等形式，使居民在观看表演节目的过程中完成文化娱乐消费，是当代青年人的新型娱乐场所。赛格的咖啡厅中，星巴克甄选、山由小食和瑞幸咖啡人气最高；瘾隐茶吧、梓竹阁茶馆等依托服务环境的营造成为居民饮茶消费的主要场所。咖啡厅茶馆的二、三级核心向城市外围地区拓展，二级核心分布于雁塔区的会展中心和科技路，分别布局于轨道交通 2、3 号线上，周围众多商场和院校林立，布局咖啡厅茶馆的区位条件优越，形成了辐射周边地区的核心热点。大明宫、半坡和建工路属于咖啡厅茶馆的三级核心，其密度值低于 20 个/km^2，形成了服务周边院校和住宅小区的小型热点。

表 3-6　西安市咖啡厅茶馆等级核心

能级划分	核心位置	密度值/(个/km^2)	面积/km^2
一级核心	钟楼	64	4.10
	赛格	34	3.42
二级核心	会展中心	23	2.69
	科技路	23	2.05
三级核心	大明宫	18	1.62
	半坡	16	1.53
	建工路	12	0.87

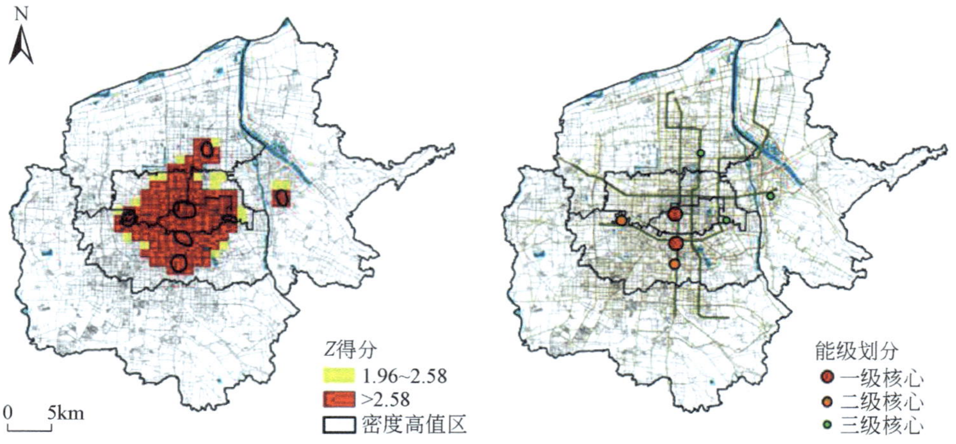

图 3-9　西安市咖啡厅茶馆核心识别及等级划分

2. 电影院剧院

基于城市文化娱乐空间形态的分析流程，运用自然断点法，共筛选出 8 个电影院剧院的候选核心。将密度高值区与局部空间自相关特征相叠加，并测算其平均中心，确定了 7 个电影院剧院核心热点（表 3-7）。其中，一、二级核心数量较少，三级核心数量较多，形成以赛格为服务主核心、其他次等级核心共生发展的空间结构。

表 3-7　西安市电影院剧院等级核心

能级划分	核心位置	密度值/(个/km^2)	面积/km^2
一级核心	赛格	14	2.91
二级核心	钟楼	8	1.91
	大唐不夜城	6	1.62
三级核心	大唐西市	5	1.44
	西万路	4	1.44
	龙首原	4	1.39
	半坡	3	1.36

从识别结果来看，一级中心赛格的电影院剧院密度达到 14 个/km^2。其中，UME 影城、博纳国际影城和大地影院主要依托此地的大型购物广场，吸引了众多消费者前来观影（图 3-10）。二级核心位于钟楼和大唐不夜城，其中大唐不夜

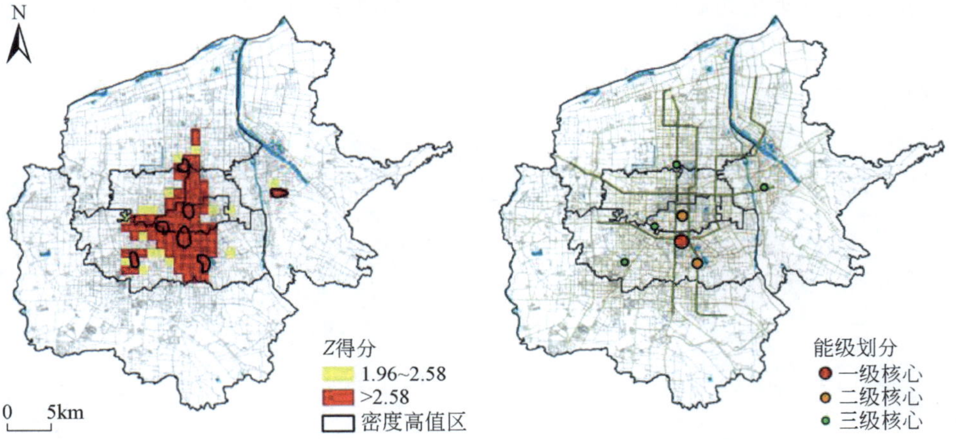

图 3-10　西安市电影院剧院核心识别及等级划分

城位于西安市以文化产业和旅游产业耦合发展的城市新区——曲江新区，是文化部授予的首个国家级文化产业示范园区，奥斯卡金地国际影城、太平洋影城、陕西大剧院和西安音乐厅等众多大规模影剧院在此集聚，成为西安市最具特色的文化旅游品牌。三级核心分别位于大唐西市、西万路、龙首原和半坡，其密度值均在5个/km^2及以下。中影国际影城（大唐西市店）、奥斯卡国际影城（益田店）、大明宫影剧院、奥斯卡华阳国际（纺织城店）成为辐射带动周边区域的典型热点。

3. 歌舞厅酒吧

基于歌舞厅酒吧的格网密度空间格局，识别出钟楼、会展中心和高新路3个候选核心；与基于局部空间自相关的热点集聚区进行叠加，发现3个候选核心均位于显著性热点分布区范围，因此符合等级核心的识别要求，确定其为歌舞厅酒吧的三级核心（表3-8）。

表3-8　西安市歌舞厅酒吧等级核心

能级划分	核心位置	密度值/(个/km^2)	面积/km^2
一级核心	钟楼	75	3. 94
二级核心	会展中心	30	2. 21
三级核心	高新路	8	1. 49

从识别结果来看，西安市歌舞厅酒吧的等级核心数量较少，仅形成了3个等级核心，表明西安市歌舞厅酒吧的休闲空间整体发展相对滞后（图3-11）。钟楼

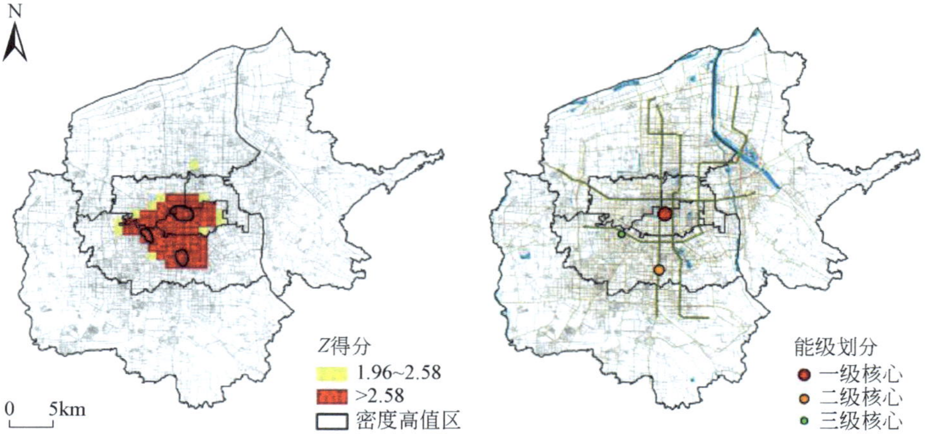

图3-11　西安市歌舞厅酒吧核心识别及等级划分

作为西安市文化娱乐业的第一中心，是西安市居民进行休闲娱乐消费的主要区域，Play House、桂 Mototo 和 The Barman House 等不同类型和风格的休闲场所在此聚集，且环境氛围在全市形成了歌舞厅酒吧的“消费名片”。会展中心的歌舞厅酒吧密度较高，其中 Bubble Dream 和海库里营地酒馆等娱乐场所吸引周边区域的居民到此娱乐消费。高新路的歌舞厅酒吧在 Whisky & Cocktail Bar、方糖 KTV 的辐射带动下形成了城西南地区歌舞厅酒吧的三级核心。

4. 网吧

采用格网密度统计和局部空间自相关相叠加的方法，将 8 个候选网吧核心进行筛选和调整，共确定 6 个西安市网吧核心（表 3-9）。

表 3-9　西安市网吧等级核心

能级划分	核心位置	密度值/(个/km^2)	面积/km^2
一级核心	高新路	14	9. 83
二级核心	长安广场	9	5. 46
	科技路	8	3. 57
	凤城五路	7	3. 29
三级核心	民乐园	6	2. 71
	半坡	6	2. 67

可以看出，西安市网吧分布的多核心特征已经形成，并且空间布局相对分散，等级核心区位布局的空间范围较大，表现出关联较弱的邻近集聚（图 3-12）。

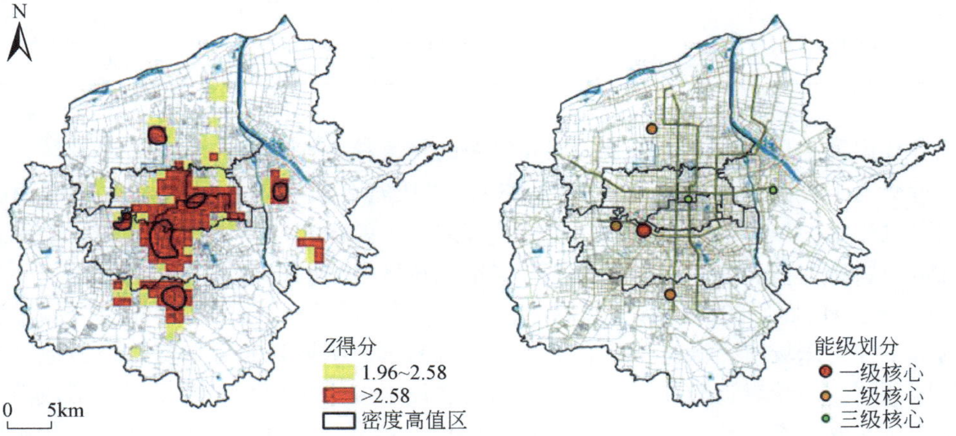

图 3-12　西安市网吧核心识别及等级划分

一级核心高新路位于西安高新区中央，拥有国家重点建设的世界一流科技园区，并成为西北地区最大的经济增长极和市场化程度最高的地区之一。高科技产业园和众多高校的集群效应推动了网吧业态的发展和集聚，使其成为西安市网吧的一级核心。二级核心数量较多，主要分布于城南长安广场、城西科技路和城北凤城五路，均位于或靠近西安市产业开发新城。随着商业设施的配套以及新兴住房和大学城的迁入，二级核心也逐渐成为西安市网吧业态区位布局的优势区域。民乐园和半坡为网吧分布的三级核心，其中民乐园位于西安市老城区内、西安市近现代历史悠久的商业大街，周边商业设施和交通设施发展成熟，形成网吧集聚的小型热点。

5. 公园游乐园

采用格网密度分析法，对西安市公园游乐园的密度值进行分级统计，共识别出 10 个候选公园游乐园中心。将密度高值区与基于局部空间自相关的热点集聚区进行叠加，共确定 8 个公园游乐园等级核心（表 3-10）。

表 3-10　西安市公园游乐园等级核心

能级划分	核心位置	密度值/(个/km^2)	面积/km^2
一级核心	兴庆宫	10	13.22
	白鹿原	9	8.33
	半坡	7	6.44
二级核心	大唐不夜城	4	3.25
	延平门	3	3.74
	红庙坡	3	6.85
三级核心	大唐西市	2	2.23
	郭杜十字	2	1.99

从识别结果来看，公园游乐园高等级的密度核心偏向分布于城市外围区，且靠近交通干线的指向不显著（图 3-13）。兴庆宫公园作为西安市最大的城市公园，也是中国最古老的历史文化遗址公园之一，园内有众多游乐设施和场馆供人观赏与娱乐。白鹿原 · 白鹿仓位于西安市灞桥区著名的白鹿原上，距离东三环路 5km，是集白鹿原的文化特色、休闲、观光、采摘等为一体的特色旅游公园，仓内有多种游乐场所，满足了游客多元的游玩需求。半坡是靠近东郊纺织城地区的休闲公园，由于靠近幼儿园和小学，园内建设了多个小型儿童游乐场，形成游乐场较高等级的核心区。大唐不夜城属于国家 5A 级景区，其作为中国盛唐文化主题公园，目前已成为陕西省文化旅游的标志性景观之一，其中曲江乐园目前已打造成

为西安市大型主题游乐公园。此外，大唐不夜城附近的唐城墙遗址公园和唐大慈恩寺遗址公园已成为开放式的唐朝文化艺术长廊，使游客休闲游憩的同时，近距离感受历史文化的魅力。红庙坡和延平门内分别布局了开元公园和新纪元公园以及一些游乐场馆，环境优良，形成了公园游乐园的二级核心。三级核心位于莲湖区的大唐西市和长安区的郭杜十字，规模较小，主要服务于周边住宅小区的居住人口。

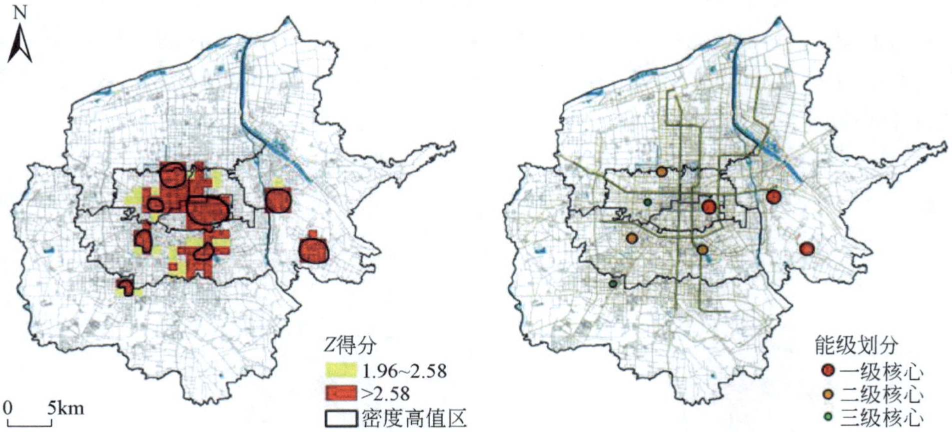

图 3-13　西安市公园游乐园核心识别及等级划分

6. 健身中心

基于格网密度统计法识别出西安市 8 个健身中心密度热点，与基于局部空间自相关的热点集聚区相叠加，发现其均布局于显著性热点区域，符合等级核心的识别要求，因此确定其为健身中心的等级核心（表 3-11）。

表 3-11　西安市健身中心等级核心

能级划分	核心位置	密度值/(个/km^2)	面积/km^2
一级核心	赛格	15	6. 86
	高新路	14	4. 23
	半坡	11	0. 97
二级核心	大明宫	8	2. 77
	会展中心	7	2. 69
	西北轻工批发市场	7	2. 58
三级核心	大唐不夜城	5	1. 87
	长安广场	3	1. 32

根据识别结果来看，健身中心的一、二级核心数量较多，在城市空间上的分布也相对均匀，且偏好于交通便捷、人口密集和经济发展较为活跃的地区（图3-14）。赛格、高新路和半坡为健身中心的一级核心，偏向于在青年群体聚集的地区分布。代表性的健身场馆有瑞力健身、Extreme Fitness极健身和乐动力健身俱乐部等。二级核心中，大明宫、会展中心和西北轻工批发市场均紧靠轨道交通线附近，周边居住小区密集，形成健身中心的较高等级热点。大唐不夜城地理位置优越、环境设施优良，其中Rhythm律动健身和中健健身的口碑较好。长安广场由于靠近南郊大学城和众多住宅区，健身设施配套条件较好，形成西安市健身中心分布的三级核心。

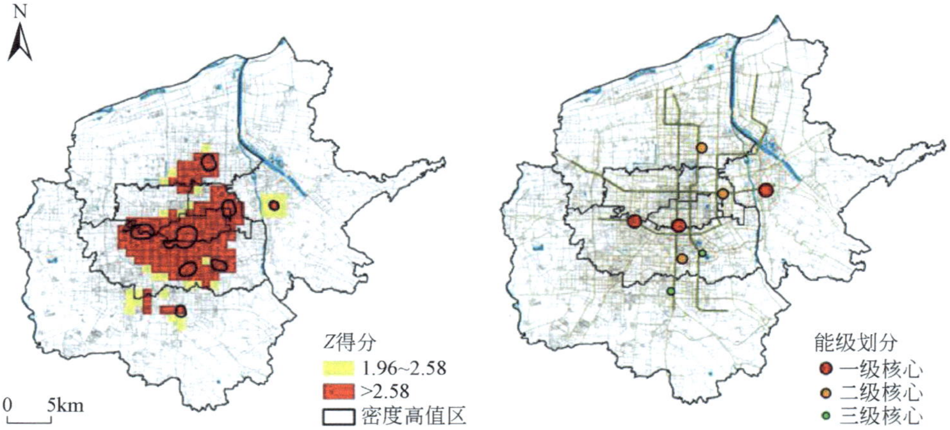

图3-14　西安市健身中心核心识别及等级划分

（四）总体及分业态等级结构对比

文化娱乐业的空间结构是“集聚效应”和“扩散效应”综合影响的结果，因此城市多中心的结构模式有利于提高城市空间运行绩效。将各业态文化娱乐业的三级核心点相叠加，与总体文化娱乐业的等级结构进行对比，探讨西安市文化娱乐业多中心结构模式（图3-15），并分析总体及分业态文化娱乐业等级结构的相似性和差异性。整体来看，一至三级的核心数量较多，在城市三环内形成了较为均衡的多核心组团结构。高等级核心分布较为密集，次等级核心分布相对分散，且三环以外文化娱乐业态发育不充分，并未形成综合的文化娱乐业核心，在空间结构上表现出“强主核心–弱次核心–多层级多核心”的结构模式。

此外，总体及分业态文化娱乐业等级结构的一级核心和三级核心具有重叠

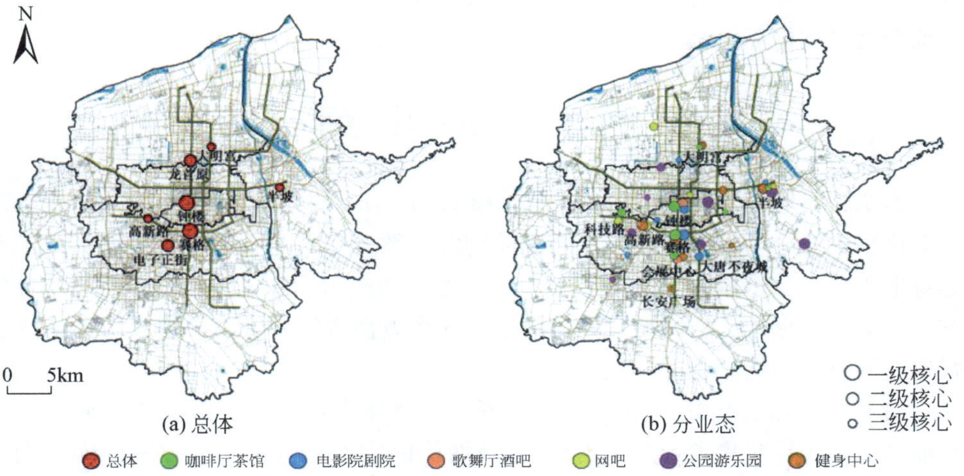

图 3-15 西安市文化娱乐业总体及分业态多中心结构模式

性。钟楼、赛格的密度等级最高，同时也是多类型和多等级文化娱乐业态的集聚地。钟楼包含咖啡厅茶馆、歌舞厅酒吧的一级核心，以及电影院剧院的二级核心；赛格包含咖啡厅茶馆、电影院剧院和健身中心的一级核心，其与钟楼的密度等级和业态类型均位于全市首位，与总体文化娱乐业的一级核心相对应。西南城区的高新路包含网吧和健身中心的一级核心以及歌舞厅酒吧的三级核心，附近新纪元公园提供优良的设施环境，成为西安市创新文化、开放环境和新兴业态发展的典型区域。半坡业态类型最为多样，但等级结构均相对较低，包含健身中心和公园游乐园的一级核心，咖啡厅茶馆、电影院剧院和网吧的三级核心，其依托历史基础条件发展起来，成为辐射带动周边住宅居民的文化娱乐业核心区。城北大明宫是大明宫国家遗址公园的所在地，该区域依托独特的旅游文化资源，成为城市居民休闲游憩和健身娱乐的最佳场所，因此包含咖啡厅茶馆的三级核心和健身中心的二级核心。此外，大唐不夜城和会展中心布局有 3 种类型的文化娱乐业等级核心，其中大唐不夜城丰富的历史文化遗产为文化产业氛围的形成奠定了良好的基础，将历史文化资源与现代城市文化相融合，形成了西安市特有的文化品牌效应，也是未来西安市文化娱乐业发展前景最优的地区；会展中心将西安市本土特色与时代发展背景相融合，多个国际和国内的大型会展活动带动了周边区域文化娱乐产业的发展，在此区域形成了咖啡厅茶馆、歌舞厅酒吧和健身中心的二级核心。科技路、长安广场均布局有 2 种类型的文化娱乐业等级核心，等级规模偏低，成为主要服务周边市民的次级文化娱乐功能区。在总体文化娱乐业二级核心中，电子正街和龙首原的文化娱乐业数量规模和密度较高，类型较为多样且空间分布均匀，因此总体文化娱乐业密度等级较高，而分业态等级核心表现出较薄弱的综合发展型格局。

四、本章小结

本章将研究区域划分为1364个1000m×1000m的规则格网，将西安市4326个文化娱乐业分为咖啡厅茶馆、电影院剧院、歌舞厅酒吧、网吧、公园游乐园和健身中心6类，运用核密度分析法、剖面曲线法、Ripley's L函数和叠加统计等方法，从空间形态、空间集聚和等级结构3个方面揭示西安市总体及分业态文化娱乐业的空间结构，主要结论如下。

（1）西安市文化娱乐业空间形态特征。整体来看，西安市文化娱乐业在空间形态上呈现块状集聚–轴向延伸–等级圈层的空间格局，呈东北—西南走向分布。文化娱乐业在城市三环内的中南部具有相对明显的规模优势，呈现连片布局的空间特征；外围城区的文化娱乐业规模逐渐缩小，但部分边缘城区也出现了较高密度等级的“孤岛”分布。分业态来看，6类文化娱乐业在空间分布形态上异同并存。咖啡厅茶馆、电影院剧院、歌舞厅酒吧呈单中心性的空间形态特征，核心区域位于中心城区的传统商圈，空间分布的向心性趋势显著；网吧、公园游乐园和健身中心则呈现多中心性的空间形态特征，密度热点多位于二至三环之间，空间分布的离心化趋势相对明显。从剖面线来看，中心城区的密度峰值显著高于城市外围，且南—北轴线和东北—西南轴线的密度数值与峰值个数显著高于其他方向的轴线密度；咖啡厅茶馆、歌舞厅酒吧的密度数值整体较高，且峰值最多，范围最广，而网吧和公园游乐园打破了以钟楼为核心的空间布局结构，密度峰值较低，且多中心化程度较高。

（2）西安市文化娱乐业空间集聚特征。总体文化娱乐业呈现高度的全局空间正相关，空间形态呈现显著的向心集聚，遵循距离衰减规律，表现出“热点–过渡–冷点”的等级圈层结构。热点区及次热点区主要集中于钟楼中心区、曲江—小寨区两大热点集聚组团，冷点区及次冷点区在二环线以北及三环线外围呈环状包围圈，并呈团状延展。分业态来看，歌舞厅酒吧在6种文化娱乐业态中表现出极强的空间集聚性，咖啡厅茶馆、网吧和健身中心的集聚性适中，公园游乐园则表现出较弱的空间邻近性。从集聚尺度来看，6种文化娱乐业类型在12km观测范围内均呈现先增长后下降的倒“U”形结构特征，咖啡厅茶馆、电影院剧院和歌舞厅酒吧通常在7km左右的范围达到最大集聚强度，而网吧、公园游乐园和健身中心的空间布局范围较大，集聚尺度均超过9km，且集聚强度偏低。

（3）西安市文化娱乐业等级结构特征。西安市总体文化娱乐业的等级结构相对合理，步入以一级核心为主的多核心结构发展阶段。不同等级的文化娱乐业核心通过轨道交通和公路交通形成了“中心-外围”的体系框架，通过资源和市场优势的关联互补，不断扩大其辐射半径。钟楼作为西安市的商贸金融和娱乐消费中心，业态结构发育成熟，因此其文化娱乐业的功能多样，等级最高；赛格作为青年群体休闲娱乐的主要区域，推动了新兴文化娱乐业态的集聚效应，业态等级同样较高。其他业态的等级核心与该区域独特的资源环境相融合，在城市的不同区域形成不同专业化功能的品牌效应，并在城市空间内表现出“强主核心-弱次核心-多层级多核心”的空间结构模式。

第四章 西安市文化娱乐业空间结构演化过程

一、文化娱乐业热点的多时空探测

（一）总体空间格局

本章根据分析需要选择400m作为带宽，采用ArcGIS 10.2软件的核密度分析工具构建2005年、2010年、2015年和2020年西安市文化娱乐业的密度场表面（图4-1）。结果显示，核密度值逐年增加，单位面积集聚强度增大，同时核心数量增多且逐年向外扩散，呈现既集聚又扩散的空间分布演变特征。

2005年之前，该区域文化娱乐业总体处于早期形成阶段，在一环内的南院门街道内开始出现规模化布局，其他区域多表现为独立的小型组团，主要散布在绕城高速内的城市南部区域。2005～2010年，文化娱乐业在老城区内出现集聚核心，使其成为文化娱乐业的分布核心区域，原有的小规模集聚组团相互连接发展，形成大规模组团；二、三环的大雁塔—小寨一带，集聚组团规模扩大并发育为次级核心。2010～2015年，文化娱乐业分布范围扩大，南北向成为文化娱乐

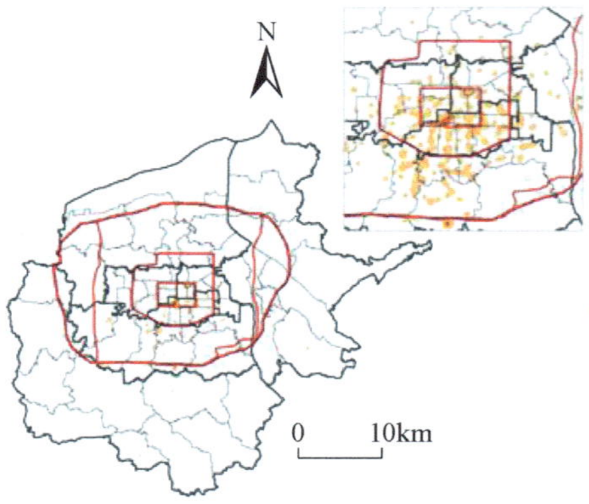

(a) 2005年

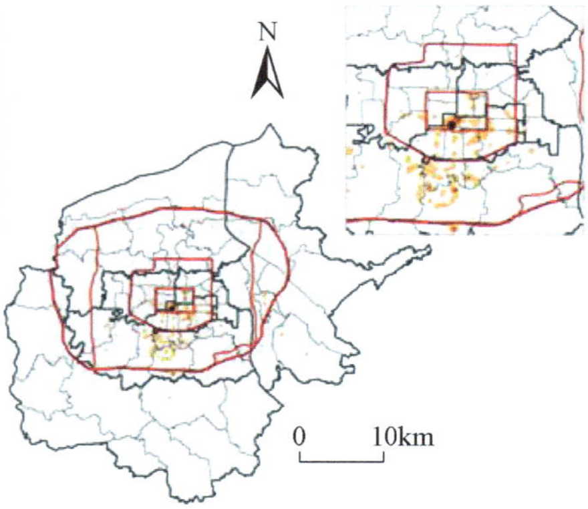

(b) 2010年

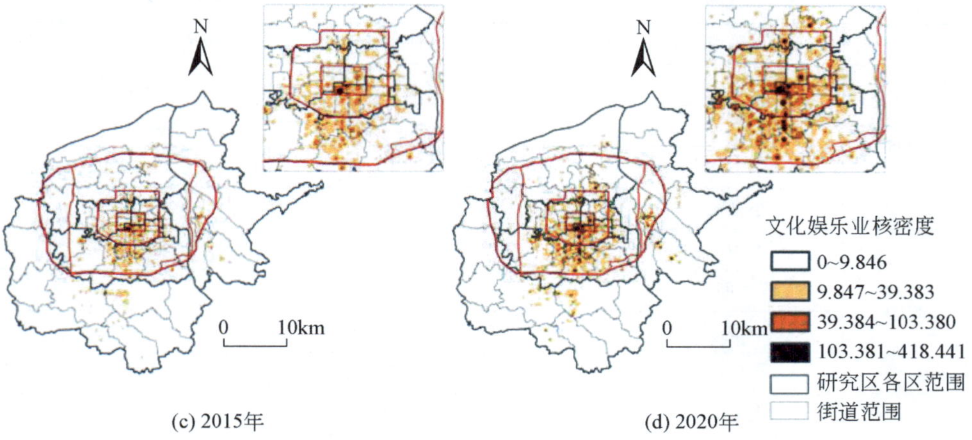

图 4-1　2005 ~ 2020 年西安市文化娱乐业的分布核密度

场所发展的主要轴向，且沿着“南—北”轴线重点向南扩展。这一时期，绕城高速内的城南方向集聚组团增多并进一步扩散，形成绵延成片的空间格局，同时发育出多个大规模的次级核心，并在绕城高速以南的韦曲—郭杜一带形成集聚。2015 ~ 2020 年，集聚核心数量增多并向南北向扩散，城南方向上原有的次级核心进一步发展，沿中轴线的南院门—南稍门—小寨—长延堡产生集聚核心，并通过次级区域连接成轴，形成文化娱乐业分布的轴形格局。同时，高度集聚区进一步向城西南方向扩展，二、三环间的电子城—丈八沟街道内出现绵延成片的空间格局，发育出多个独立核心点。此外，城北的张家堡街道、大明宫街道和城东的狄寨街道也出现集聚核心，形成多核心扩散分布的格局。

西安市文化娱乐业分布格局的形成与城市空间演变具有较高的一致性。早期仅在老城区内表现出集聚分布，发育集聚核心。2005 年开始沿“南—北”轴线重点向南扩展，2010 ~ 2020 年文化娱乐场所在城南形成绵延片状格局，发育多个大规模的次级核心。至今，集聚核心数量在绕城高速内快速增加，在老城区和城南方向分布最为集中，形成轴向延伸，城北和城南区域次之，同时在绕城高速以东的狄寨街道内也发育了显著集聚区。

基于上述构建的 2005 年、2010 年、2015 年和 2020 年密度场表面，使用密度场热点探测模型获得确切的热点区域和热点峰值，提取 2005 年、2010 年、2015 年和 2020 年西安市文化娱乐业热点，其热点值符合重尾，运用 HT 法将其划分为四个等级，分别为大型、较大型、中型和小型，将划分结果进行基本信息统计并制图（表 4-1 和图 4-2）。

表 4-1　2005 ~ 2020 年西安市不同等级文化娱乐业热点基本信息表

年份	热点等级	热点数量/个	所占比重/%	平均核密度值/(个/km^2)
2005	大型	4	1.660	50.266
	较大型	18	7.469	20.068
	中型	48	19.917	11.800
	小型	171	70.954	6.080
2010	大型	4	1.227	108.099
	较大型	21	6.442	32.431
	中型	60	18.405	17.772
	小型	241	73.926	7.132
2015	大型	16	3.213	91.828
	较大型	39	7.831	44.227
	中型	113	22.691	24.922
	小型	330	66.265	8.431
2020	大型	18	2.875	161.608
	较大型	42	6.709	76.994
	中型	128	20.447	39.965
	小型	438	69.968	11.268

由表 4-1 可知，2005 ~ 2020 年西安市文化娱乐业各等级热点的数量均呈现增长趋势，且相邻等级文化娱乐业热点的数量随着等级提高，其值均成倍数减少。2005 年大型文化娱乐业热点数量仅为 4 个，平均核密度值为研究区域平均值的 6.89 倍，15 年间文化娱乐场所数量规模发展迅速，2020 年大型文化娱乐业热点数量已发展为 18 个，仅占比 2.875%，但平均核密度值达到 161.608 个/km^2，是研究区域平均值的 22.14 倍。由此可见，文化娱乐业具有明显的集聚分布态势，且随着时间的推移，区域内集聚规模与集聚强度不断提升，意味着西安市文化娱乐场所的空间分布以集聚发展为主。

由图 4-2 可知，西安市文化娱乐业的空间分布逐渐显示出由单中心向多中心的转变过程，以满足不同区域居民的消费需求。2005 年，文化娱乐业大型热点主要分布在一环内的南院门街道，以及二、三环间西南部的土门、电子城街道和南三环外的长延堡街道区域内，大型热点数值差距显著，在空间上表现为老城区热点的集聚强度远远高于其他热点，形成以老城区为单一中心的空间结构。2010 年，老城区热点与其他热点的热点值差距进一步扩大，表明文化娱乐业空间结构的单中心性在增强，老城区仍然是文化娱乐场所发展最快的地方，同时二、三环间南部的大雁塔、小寨街道内也吸引了大量文化娱乐场所到此地布局。2015 年，在老城区及其南部边缘，二、三环间南部及其以南的附近区域内，多个文化娱乐业大型热点发育，大型、较大型热点数量出现快速增长，且分布范围快速扩大，表明虽然中心大型热点的热点值与其他大型热点的差距仍较大，但文化娱乐空间结构已经逐渐显现出由单中心向多中心转变的趋势，该阶段城南地区的发展最为突出。2020 年，中心大型热点的热点值与其他大型热点的差距进一步减小，同时其他大型热点的热点值出现快速增长。文化娱乐业空间分布逐步跳出单中心模式，呈现出多中心结构的发展态势，二、三环间西南部高新区、北部经开区和绕城高速以东的灞河新区等成为文化娱乐业分布的新次级中心。

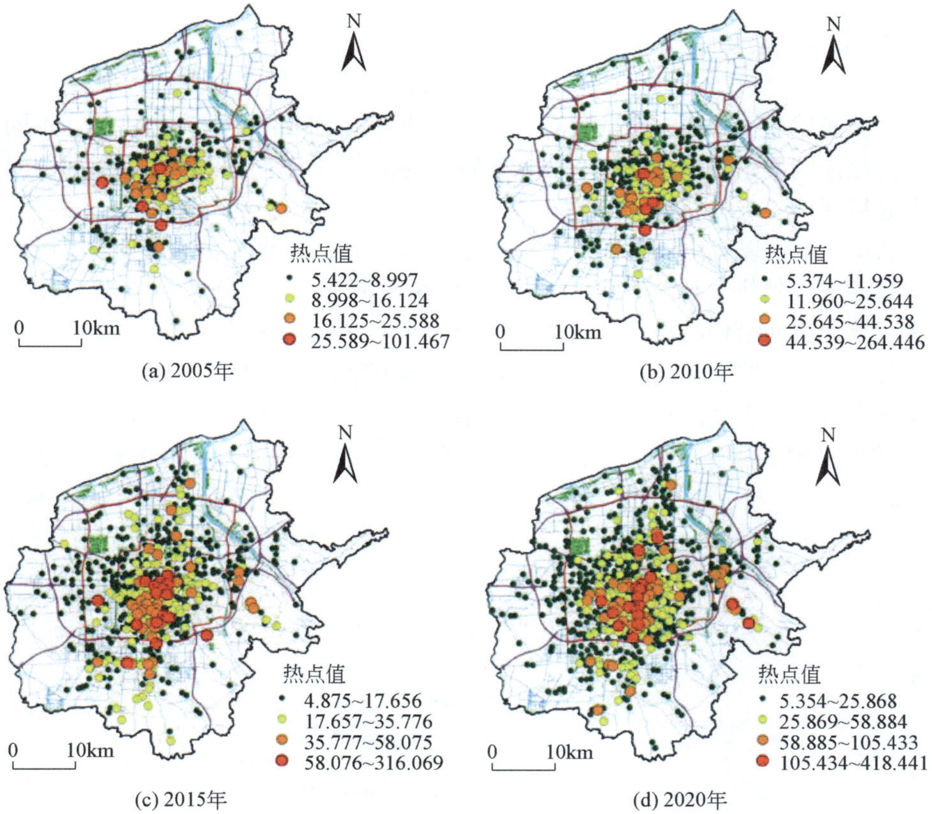

(a) 2005年　(b) 2010年　(c) 2015年　(d) 2020年

图 4-2　2005～2020 年西安市文化娱乐业热点

总体而言，在各个时间段内，大型文化娱乐业热点均集中分布在绕城高速以内的城市中心区与城南地区，分布范围仅集中于城市社会经济发展好、人流量大的局部区域内，空间分布差异明显。较大型文化娱乐业热点集中分布在大型热点的周围区域，分布范围更广，空间分布具有明显的非均质化特性。相较于前两者，中型文化娱乐业热点数量和规模大大提升，空间分布的均衡性增强，但在绕城高速以外的城市区域内，热点分布数量依然较少。这集中反映了文化娱乐场所的空间分布具有“内密外疏”的特征，业态集聚度由城市中心区域向外围区域递减。对比不同等级的文化娱乐业热点的平均核密度值可以发现，热点等级的升高会带来均值的成倍数增加。这一方面说明运用 HT 法进行等级划分具有合理性；另一方面，不同等级热点的均值之间存在显著差异，相邻等级热点在空间分布上又具有一定的相关关系，表明文化娱乐业热点之间存在潜在的等级结构和包含关系。

（二）各业态空间格局

文化娱乐业整体的时空演化趋势无法说明各业态间的时空演化差异，不同类别的文化休闲娱乐场所具有不同的产业特性与消费市场定位，不同业态的空间演变态势呈现出一定的相似性与差异性。

从图 4-3 可以看出，除网吧外，2005～2020 年，其他类别文化娱乐场所的数量均呈现增长趋势，其中 2005 年数量少，在城市中心区呈现分散点状分布，不具有明显的空间结构特征，故对 2010 年、2015 年和 2020 年文化娱乐业的分布格局进行探讨。按照文化娱乐业整体的热点探测流程，分别提取各类文化娱乐业场所在 3 个时间节点处的热点，并将提取结果进行排序统计和制图（图 4-4～图 4-7）。结果表明，除网吧外，其他类别文化娱乐场所的“规模–位序”曲线在

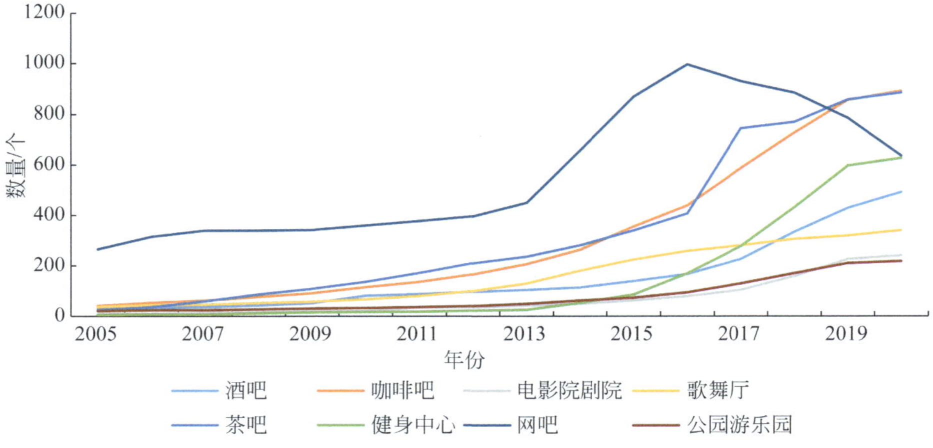

图 4-3　2005～2020 年西安市各类文化娱乐场所的数量

2010～2020 年均表现出向坐标轴的右上方移动并扩展，意味着这些文化娱乐业态的平均热点值在提高，整体集聚规模处于不断上升趋势。而网吧的“规模–位序”曲线则在 2010～2015 年向坐标轴的右上方移动，在 2015～2020 年转向左下方回落，表明网吧的平均热点值整体呈现先增长后下降的趋势，网吧发展呈现出由集聚到扩散的发展历程。进一步对比业态间的热点值发现，酒吧和咖啡吧的热点值大小差异十分明显，排名第一的热点值显著高于其他类别，这意味着两个热点单元的业态集聚强度最高，区域间空间分布差异程度最高。不同业态的空间分布演变特征与空间结构特征如下。

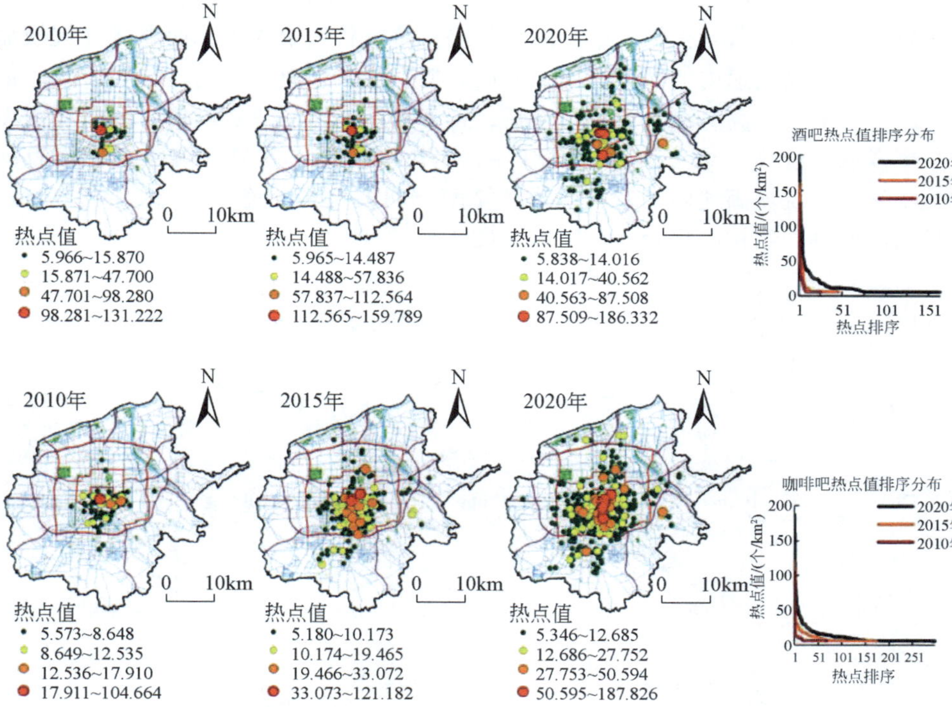

图 4-4　2010～2020 年西安市酒吧（上）、咖啡吧（下）热点

（1）酒吧、咖啡吧。2010 年，酒吧、咖啡吧的大型热点出现在老城区内，中心集聚区已具一定规模。此时，热点值从首位开始呈“垂直”状下跌，“首位度”特征十分明显，表明酒吧、咖啡吧的空间分布呈现单中心模式。2010～2015 年，酒吧、咖啡吧在老城区内进一步集聚，酒吧首位热点值显著增长，空间分布的单中心性增强。而咖啡吧向南扩展，在绕城高速内的城南区域内发育多个较大型热点，城南集聚区处于形成阶段，但与中心集聚区相比在规模上仍存在较大差

距，保持原有的单中心空间分布形态。2015～2020 年，酒吧、咖啡吧继续沿着中轴线在绕城高速内的老城区及其城南方向发育大型、较大型热点，城南聚集区成为酒吧、咖啡吧分布的次级中心区，两者的空间分布逐步跳出单中心模式，但还未形成新的发展模式（图 4-4）。

（2）电影院剧院、歌舞厅。2010 年，电影院剧院的大型热点、较大型热点位于一环路外的文艺路、西关正街街道内，歌舞厅的大型热点、较大型热点分布在老城区的南院门、柏树林街道和城南的小寨街道内，两者排名前几位的热点值总体较小，却又显著高于其他热点，这意味着电影院剧院、歌舞厅早期呈现出点状集聚分布特征。2010～2015 年，电影院剧院、歌舞厅在原有集聚区域附近进一步发展，并向南蔓延扩散，电影院剧院仍保持点状集聚为主；而歌舞厅规模显著扩大，在绕城高速内的城南方向上形成大型、较大型热点的连片分布，热点值的衰减速度放缓，高等级热点数量增长，且不存在突出的热点高值，歌舞厅由点状集聚发展为连片集聚。2015～2020 年，电影院剧院、歌舞厅继续在城南方向快速集聚，在绕城高速内的老城区及其城南方向发育多个连续分布的大型热点，表现出南北轴向结构的集聚连片发展（图 4-5）。

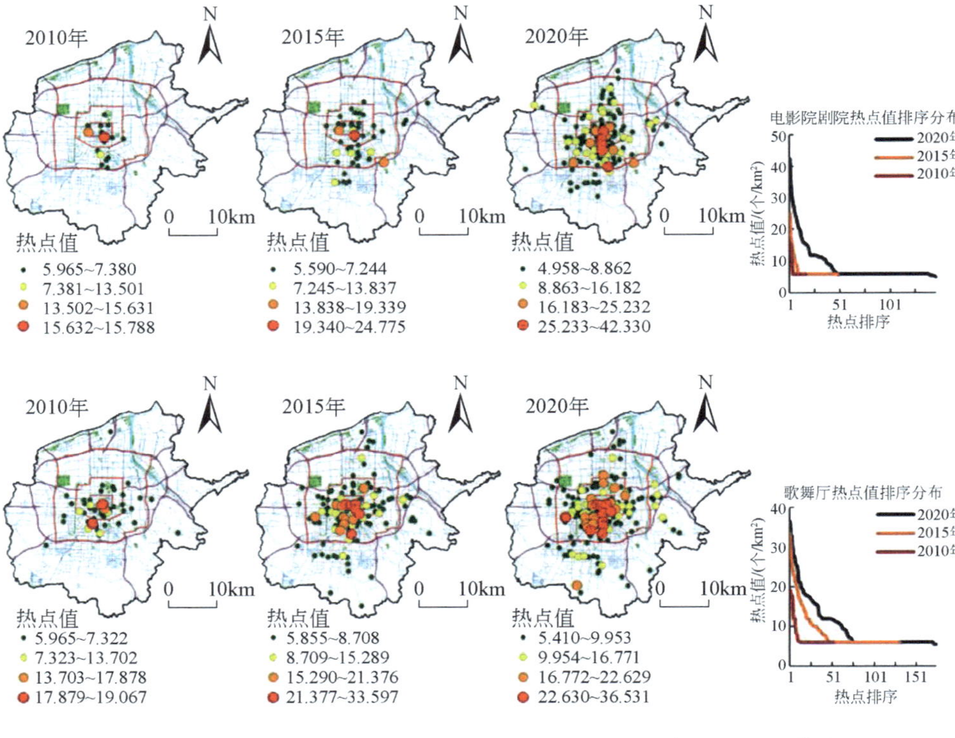

图 4-5　2010～2020 年西安市电影院剧院（上）、歌舞厅（下）热点

（3）茶吧、健身中心。健身中心作为新兴业态，空间范围较大，集聚规模和强度总体偏低，2010 年和 2015 年的热点值均较小，不具有明显的等级结构。相较而言，茶吧在空间分布上表现为较大范围的集中。2010 年，茶吧的大型、较大型热点主要分布在一环附近的南院门街道和文艺路街道，以及二、三环间西南部的电子城街道内，热点值下降趋势较为平缓，高等级热点间无明显差异，表明该时期茶吧表现为小区域范围内的连片集聚。2010 ~ 2015 年，原有集聚区域的范围与规模不断扩大，新的大型热点发育在南二、三环间的小寨—长延堡区域，以及东三环外的纺织城街道，且热点值的衰减速度进一步减缓，高等级热点间的差异不断缩小。这意味着在上述区域内，茶吧的集聚发展都已达到一定规模，茶吧的空间分布开始转向多中心结构。2015 ~ 2020 年，茶吧的热点分布范围又进一步涵盖西二、三环间的土门和北一、二环间的红庙坡、胡家庙等街道，而健身中心与茶吧的空间分布具有明显的相似性。两者的主要区别表现在，相较于城市传统老城区，健身中心更偏好分布在城市外围的城南大学城附近。同时，两者热点值的衰减速度较为平缓，表明健身中心、茶吧的空间结构呈现多中心性的空间形态特征（图 4-6）。

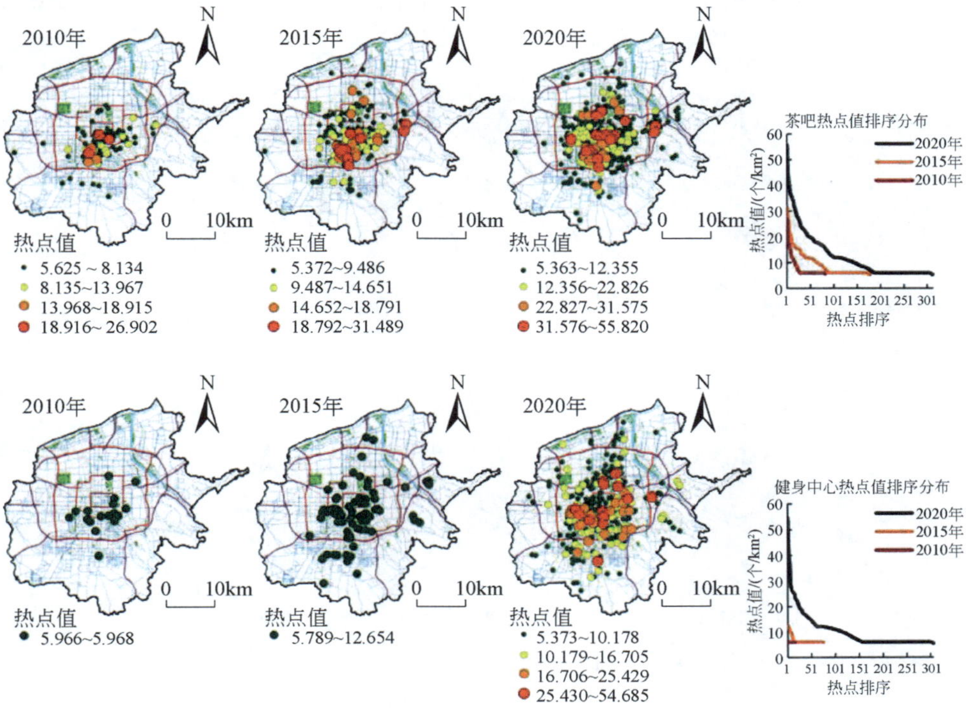

图 4-6　2010 ~ 2020 年西安市茶吧（上）、健身中心（下）热点

（4）网吧、公园游乐园。公园游乐园多数为公益性场所，且其建设需要依靠自然环境或政府规划，空间分布较为均匀、随机，2010 年和 2015 年其热点值均较小，等级结构表现不显著，不做等级划定。而网吧数量规模大、空间分布范围广，具有一定集聚特性，在各个时间节点上，其热点均主要位于城市较外围地区，远离城市中心区。2010 年，网吧热点相对分散地分布在老城区、二环路至绕城高速之间的西南部和东部区域，以及绕城高速以东及以南区域，热点值曲线显示出明显的“首位度”特征，集聚中心分布在城市外围的长延堡区域内，网吧分布呈现点状集聚。2010 ~ 2015 年，其热点范围与规模进一步扩大，除上述地区外，还涵盖了二环路至绕城高速之间的北部和绕城高速东南角附近区域。此外，一环内老城区的热点消失，新的热点发育在更外围的北一环外区域内，网吧的空间分布由点状聚集发展向片状聚集发展。2015 ~ 2020 年，网吧热点在城北、城南以及城东的分布向更外围区域发展延伸，北一环外热点消失，且热点值整体降低，衰减趋势减缓，网吧的空间分布集聚性减弱、均匀性增强，表现为分散的点状集聚与片状集聚相结合。而公园游乐园的热点分散分布在城东，热点值曲线表现为从首位开始衰减较快，但降到较低水平后衰减速度变慢，这意味着公园游乐园大多数热点的热点值差异较小，仅存在几个热点值显著偏高，表明公园游乐园的空间分布相对均匀，无明显集聚区（图 4-7）。

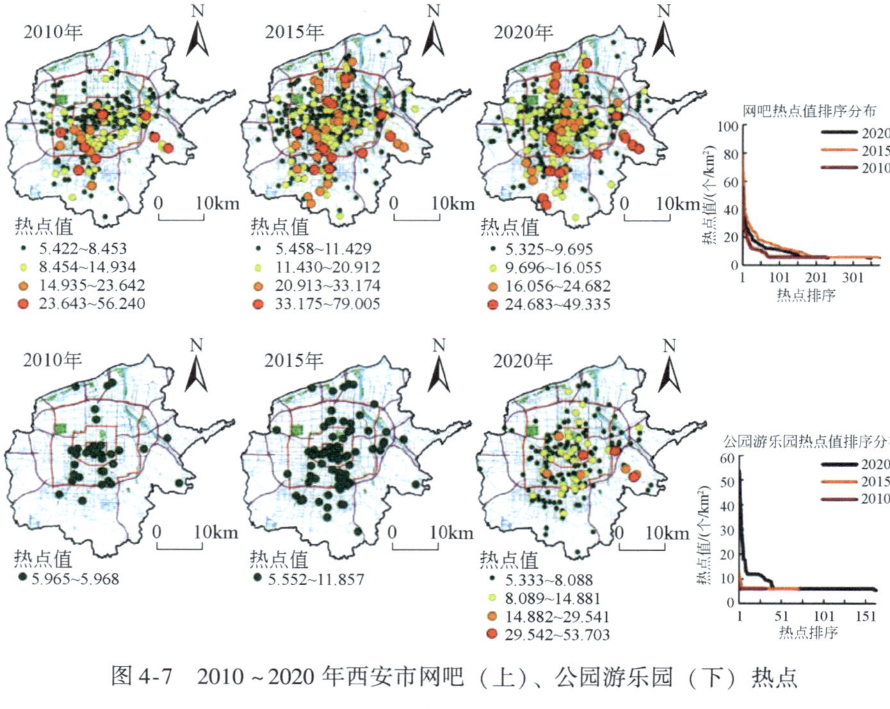

图 4-7　2010 ~ 2020 年西安市网吧（上）、公园游乐园（下）热点

与总体业态热点的空间分布演变基本一致，各分业态热点表现出从城市老城区向外扩展，以南向扩展最为突出，但是又各自具有一定的特异性。例如，酒吧、咖啡吧的空间分布长期为单中心模式，处于向双中心结构发展的过程中。电影院剧院、歌舞厅则经历点状集聚向片状集聚的发展过程，均表现出明显的向绕城高速内的城市中心区和城南区域集聚的偏好特征。茶吧、健身中心的集聚区分布范围快速扩展，当前呈现多中心性的空间分布特征，广泛分布在绕城高速内。网吧、公园游乐园等休闲属性突出的文化娱乐场所，在空间上的分布相对均匀，表现为分散的点状集聚与小规模的片状集聚。以网吧为例，随着消费门槛、盈利水平的降低，追求集聚效应的需求弱，其不断向城市外围迁移，广泛分布于城市较外围区域，远离城市中心区，空间分布的均匀性不断增强。

二、对称结构图谱下的时空演化过程与特征

基于广义对称结构图谱的提取流程，本研究将定义考察判断与指标定量测度相结合，识别出各时段不同等级的文化娱乐业热点在空间分布上所包含的广义对称结构。研究结果发现，西安市文化娱乐业存在特定形式的对称结构形态，具体表现在三个层级，包括宏观层面的城市整体、中观层面的局部区域与微观层面的路网格局，且其结构演化具有一定规律性。

（1）2005 年。大型文化娱乐业热点共 4 个（图 4-8），以钟楼附近作为中心

图 4-8　2005 年西安市文化娱乐业热点的广义对称结构图谱

参考点，绕城高速以内的中部、西部、南部和西南部各有一个热点，分布在鱼化寨、电子城与长延堡街道附近，反映了老城区在文化娱乐业空间布局中的核心地位。同时，在靠外围地区内，区域商圈营造良好的商业氛围，且科技教育资源吸引了庞大的高校教师和科技人员群体，带来网吧的集聚分布，促成了其他大型热点的形成。较大型文化娱乐业热点共 18 个，集中分布在绕城高速内的城市中心区和城西南方向上。由于较大型文化娱乐业热点较多，在不同区域内形成不同的广义对称结构，难以对所有对称结构加以描述，因此本章选取其分布较为密集的区域进行分析探讨。如图 4-8（a）、图 4-8（b）所示，区域内的 8 个较大型热点构成两组平移结构，平移轴大致沿着南一环和南二环分布。同时，受环状交通路网走向固有相似性的影响，表现为平移对称的两组较大型热点在更大范围上呈现出斜对称结构，对称轴为西北—东南走向，而热点的分布主要沿着对称轴延伸。这显示出西安市文化娱乐业的分布受到城市环状道路网的显著影响，并在微观的路网格局作用下出现显著的平移对称结构。

（2）2010 年。大型文化娱乐业热点共有 4 个（图 4-9），分布在绕城高速内的中部、南部及南部边缘区，且集中于南北中轴线附近。这一时期，对称结构特征发育不显著，空间分布呈现出较为明显的南北轴向特点，这反映出该时期城市重点向南发展。城南方向分布着高新区、曲江新区国家级文化产业示范区和郭杜

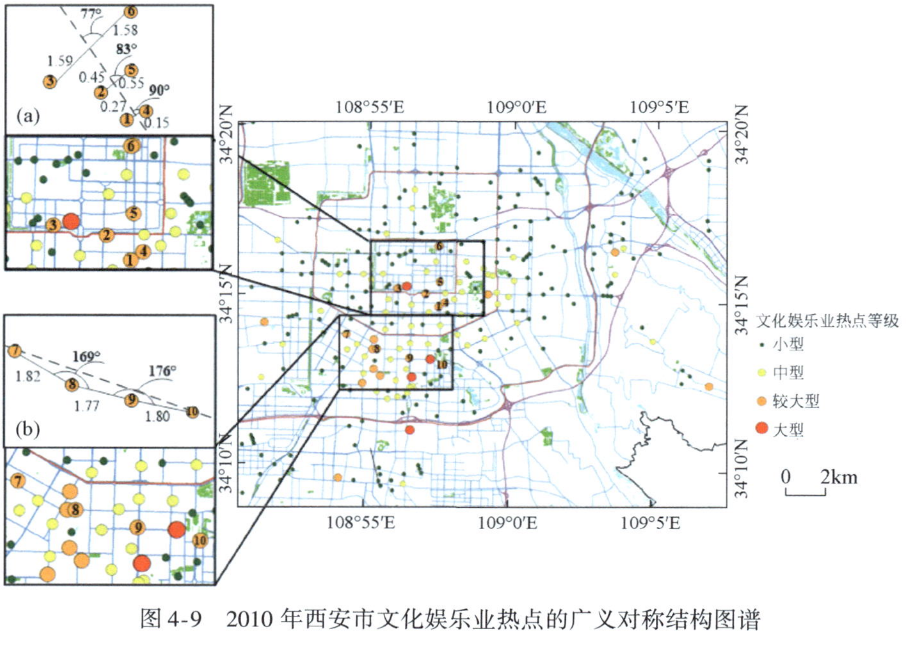

图 4-9　2010 年西安市文化娱乐业热点的广义对称结构图谱

教育科技产业开发区等，城市南北向中轴线对文化娱乐业空间集聚与扩展的引导和支撑作用开始凸显，特别是在曲江新区国家级文化产业示范区的主导下，带动区域内文化娱乐业形成较强的发展势头。城市较大型文化娱乐业热点有 20 个，较为集中地分布在绕城高速内的城市中心区和城南地区，靠近大型热点。城市中心区内，文化娱乐场所的发展也使得较大型热点规模分布，受到交通路网、政府政策等多种因素的综合作用，南一环附近的平移对称结构发展为表现形式更为复杂的轴对称结构［图 4-9（a)］，其对称轴为西北—东南走向。西二环附近原有的土门商圈的较大型热点消失，在大雁塔附近发育较大型热点，在区域内环状路网的带动下形成一组新的平移对称结构［图 4-9（b)］，但相对于上一阶段出现明显的东移。这集中显示出该时期西安市文化娱乐业对称结构形态不再局限于微观路网尺度下的平移对称结构，而是在范围更大的城市局部区域内进一步发育轴对称结构。

（3）2015 年。高等级文化娱乐业热点数量快速增加，共有 16 个大型热点（图 4-10），绕城高速内的城市中心区与城南地区有较为聚集的 12 个热点，其余热点分散分布在城西南的鱼化寨、郭杜街道及绕城高速的南部边缘地带。在城市中心区内，文化娱乐场所的空间集聚范围扩大，集聚强度进一步加强，原有的较大型热点进一步发展为大型热点，区域内 8 个大型热点形成了明显的对称结构。如图 4-10（a）所示，区域内编号为 1、2、3 和编号为 4、5、6 的大型热点构成一组平移对称结构，平移轴大致平行，形成一组东北—西南走向的斜对称结构

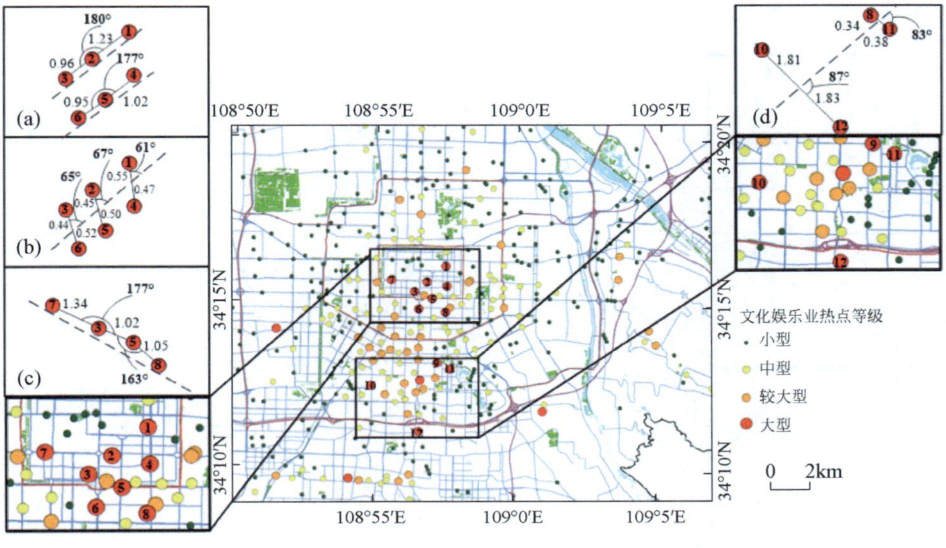

图 4-10　2015 年西安市大型文化娱乐业热点的广义对称结构图谱

[图 4-10（b）]，同时编号为 3、5、7、8 的大型热点，大致分布在南一环两侧，组合形成一组偏西北—东南走向的平移对称结构［图 4-10（c）］。这集中表明，城市中心区的文化娱乐业对称结构形态得到进一步发展，趋向复杂类型组合，表现为中微观尺度下的平移对称结构与斜对称结构，业态空间对称结构发育越发明显。

该时段内文化娱乐场所的主要发展方向仍然延续上一阶段，继续在城南方向集聚，重点打造以小寨—大雁塔为核心的新中心商务区。城市东南、西南区域布局的曲江新区与高新区内产业发展环境不断改善，导致新的大型热点在大雁塔、电子城和曲江街道内发育。同时，随着时间发展，盈利水平较低的网吧等文化娱乐场所不适合分布在城市中心区，往往选择较外围区域商业环境较好、年轻群体数量较大的地段，因此在鱼化寨街道和郭杜街道内发育大型热点。在城南地区，编号为 9、10、11、12 的热点形成如图 4-10（d）所示的轴对称结构，对称轴呈现东北—西南走向，热点分布主要沿着对称轴延伸。呈现广义对称结构并且已经初具规模的大型文化娱乐业热点在城市南部分布，这表明西安市文化娱乐业在城南的聚集强度与聚集规模增强，空间布局存在严重的"南重北轻"现象。

较大型文化娱乐业热点共 39 个（图 4-11），空间分布范围较广，集中分布在二、三环间的城南地区，同时在城北的经开区、城东的灞河新区以及绕城高速

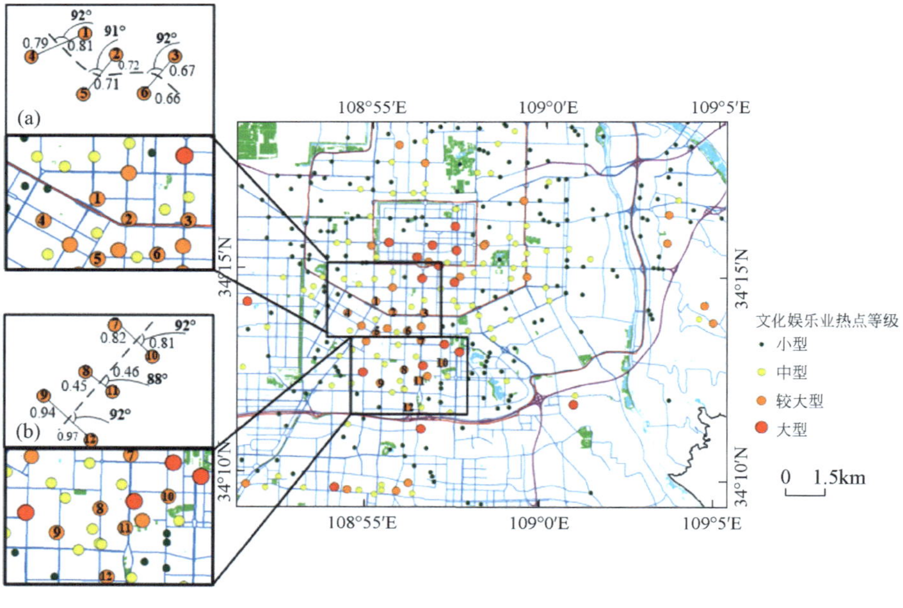

图 4-11　2015 年西安市较大型文化娱乐业热点的广义对称结构图谱

以南的区域形成一定集聚。以上述城南聚集区作为典型代表，区域内包含两组对称结构。其中，在南二环附近，编号1、2、3和编号4、5、6的较大型热点在环线两侧形成等距离分布，构成一组曲线对称结构图谱［图4-11（a）］。这表明随着文化娱乐业的空间集聚发展，微观道路格局对其的影响也在进一步凸显，促使原有平移对称结构进一步发育为曲线对称结构。在其南侧区域内，较大型热点的分布表现为靠近大型热点，在区域内形成了如图4-11（b）所示的轴对称结构，热点沿对称轴分布呈现东北—西南走向。在城南地区，大型热点与较大型热点均表现出东北—西南走向的轴对称结构，意味着该区域文化娱乐业空间的发展从一开始就具有明显的对称特征，同时城市西南部的高新区、郭杜科技教育产业开发区对文化娱乐业发展的带动作用明显。相较而言，城市东南部主要由曲江新区带动，其南侧的航天基地建设发展稍显不足，这使得区域内的热点分布具有东北—西南走向特征，凸显了中观尺度上的城市局部结构形态对区域对称结构形成的作用。

（4）2020年。大型文化娱乐业热点共有18个（图4-12），分布范围更广，其中14个热点集中分布在绕城高速以内的城区中部、南部和西南部，同时在城北的经开区与城东的灞河新区内各分布两个热点。以钟楼附近作为中心参考点，较为聚集的8个大型文化娱乐业热点构成一组呈现轴对称结构的图谱［图4-12（a）］，该对称轴位于南二环附近，偏西北—东南走向，而热点的分布主要是垂直于对称轴延伸，大致位于一条南北向的直线上。这表明该时期西安市文化娱乐业的分布重心在城中心以南，同时具有显著的南北轴向和潜在的西南—东北轴向特点，凸显了轨道交通2号线和4号线的开通运营对文化娱乐业发展的带动作用，使其空间布局具有明显的带状特点，沿南北主轴线进行轴向延伸。位于城市中心区与城南区域的众多大型文化娱乐业热点共同组成一组轴对称结构，这突出表明西安市文化娱乐业的对称空间发展已经由局部走向整体，其所描绘的是宏观尺度下的城市整体结构形态，即钟楼片区作为传统城市中心，在城市路网与轨道交通的支持下，城市空间沿着“南—北”轴线重点向南扩展，并随着西南部高新区的建设发展，空间要素分布出现“西南—东北”向的偏移。

该时期，文化娱乐业向城西南方向显著扩展，在电子城、丈八沟和长延堡街道内发育多个大型热点，构成如图4-12（b）所示的平移对称结构。这表明城西南高新区已经发展成仅次于城市中心区与城南地区的文化娱乐业聚集区，受整个区域内放射性加环状路网的影响，在更大范围内形成级别更高的平移对称结构。该平移对称结构的形成证明，城市的局部空间结构形态在很大程度上取决于城市的局部道路网格局。因此，平移对称结构的出现不应局限于微观的路网格局尺度，同时也出现在中观尺度的城市局部区域内。

较大型文化娱乐业热点共42个（图4-13），较为集中地分布在大型热点聚

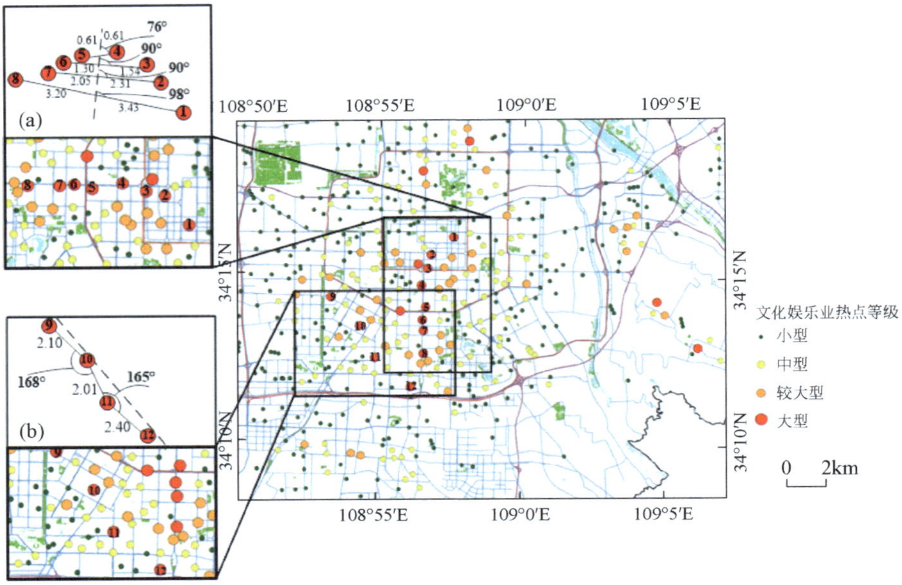

图 4-12　2020 年西安市大型文化娱乐业热点的广义对称结构图谱

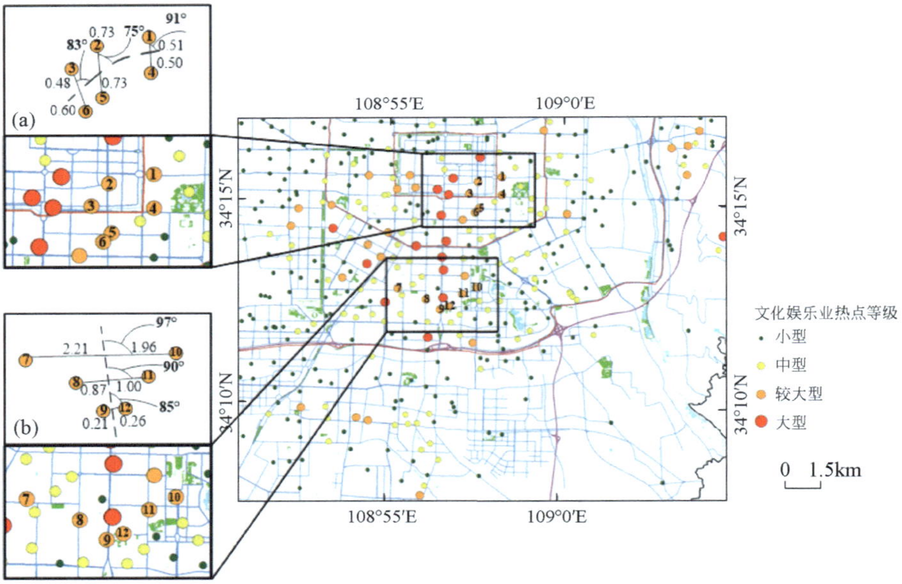

图 4-13　2020 年西安市较大型文化娱乐业热点的广义对称结构图谱

集区附近，并在绕城高速外的城南大学城、东三环和绕城高速之间的灞河新区内，出现了小型规模的聚集区域。在城市主城区，文化娱乐业的发展重点沿南北主轴线进行轴向延伸，东西方向的发展则稍显滞后，较大型热点在此形成了特定的规模分布，形成如图 4-13（a）所示的曲线对称结构图谱，热点的对称轴大致呈现东北—西南走向。在城南区域，较大型热点的发育成长同样会受到轨道交通的影响，编号 7、8、9 和编号 10、11、12 的热点沿南北中轴线对称分布［图 4-13（b）］，这集中反映出文化娱乐场所偏好于分布在主要道路沿线和区域商圈附近。这也意味着在城市局部区域内，受多种因素的综合作用，业态空间轴对称结构的发育开始具有普遍性，反映了城市空间的整体与局部空间结构形态。

各时段内大型、较大型文化娱乐业热点在局部区域内呈现出平移对称、斜对称、轴对称、曲线对称四种空间对称模式，在一定程度上反映了城市发展脉络与经济空间演变，凸显了不同区域间在城市物质基础与社会经济发展上的差异。以城市主要交通线路为主体的“线状”结构为依托，平移对称结构在研究早期首先出现，突出表现在南二环附近，随着时间推移，对称空间范围逐渐扩大，在城市局部区域内发展为等级更高、范围更广的平移对称模式，并进一步发育为曲线对称模式；城市的空间结构形态在很大程度上取决于城市的道路网格局，以城市特定地域的空间结构形态为依托，斜对称结构最开始与平移对称相伴出现，后发展为城市中心区内的主要对称形式，出现斜对称结构与轴对称结构并存的格局；相较而言，轴对称结构的出现较晚，在城市中心区、城南地区相继形成，并随着文化娱乐业的集聚发展，大型热点在城市中心区与城南地区形成连续分布的带状区，将轴对称结构的发展由局部推向整体。

总体而言，随着区域内社会经济发展水平的不断提高，局部区域内的空间结构形态均衡性增强，文化娱乐业态的空间对称结构发育越发明显。一方面，对称结构类型越来越多样化，表现出“平移对称（斜对称）—平移对称与轴对称—平移对称（曲线对称）与轴对称（斜对称）”的结构演化特征；另一方面，对称结构的空间尺度不断放大，早期主要受微观尺度上的路网格局影响，在小范围内发育对称结构，随着文化娱乐业在更大的地域范围内布局，中观尺度上的城市局部结构形态发挥显著作用，在城市局部区域内发育对称结构，后期对称格局发展打破局部限制，着重反映宏观的城市整体结构形态，在整个研究区域内形成对称。

基于对文化娱乐业各业态空间格局演化的分析发现，不同时段内各类文化娱乐场所的热点在数量规模与空间分布上存在显著差异。其中，一部分文化娱乐业态具有相似的时空演化特征，另一部分则在研究时段内表现为大型热点和较大型热点数量均较少，空间分布的对称结构特征发育不显著。同时，对文化娱乐业总体对称结构的提取结果表明，对称结构的探讨多基于局部区域的热点集聚展开，而网吧、公园等业态的热点以分散分布为主，其对称结构难以识别。在此基础上，选择歌舞厅、茶吧两类文化娱乐业态，利用广义对称结构图谱对其空间格局展开进一步分析，以进一步探讨广义对称结构在各业态时空演化中所具有的表现形式与特点。

（1）歌舞厅。2010 年，歌舞厅的大型热点与较大型热点均仅有 2 个（图 4-14），分布在绕城高速内的中部南院门、柏树林街道，以及南部小寨街道，这些街道属于城市典型商业功能区，流动人口数量大，客源市场充足，歌舞厅的分布强度较大。2010 年大型、较大型热点数量均较少，不对其对称结构做进一步提取。2015 年，歌舞厅共有大型热点 6 个，集中分布在城市中心区，而城南方向的热点相对独立。在城市中心区内，原有热点等级升高且范围扩大，在北院门、文艺路等以居住与文教功能为主的街道内发育，这些区域属于典型的人口密集区，当地的居民消费需求推动歌舞厅快速发展。在城市中心区内形成如图 4-14（a）、图 4-14（b）所示的两组平移对称结构图谱，其中编号为 1、2、3 的热点大致沿着东西大街分布，而编号为 2、4、5 的热点则明显受到棋盘式道路格局影响，在南北向与东西向道路的综合作用下，其平移轴表现为西北—东南走向。较大型歌舞厅热点共有 9 个，较为集中地分布在南二环及其以南的部分区域内，受放射状道路的影响形成一组平移对称结构［图 4-14（c）］，平移轴沿道路延伸，表现为东北—西南走向。这集中表明，该时期在西安市歌舞厅的集聚区域内，其场所空

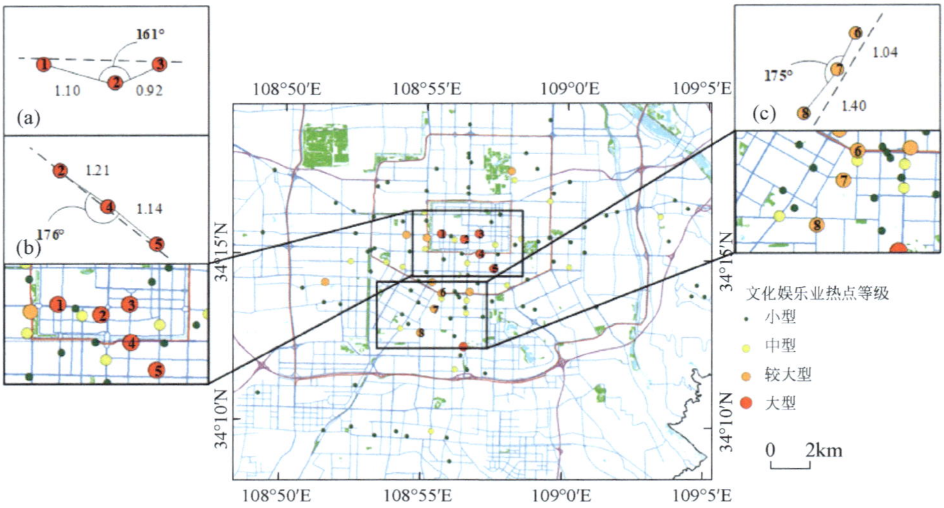

图 4-14　2015 年西安市歌舞厅热点的广义对称结构图谱

间分布受到区域道路网络的显著影响，在不同的微观路网格局作用下，形成不同走向的平移对称结构。

2020 年，歌舞厅共有大型热点 10 个（图 4-15），集中分布在三环以内的城区中部、南部和西南部，具有明显的集聚特性。该时段歌舞厅重点向南发展，沿南北中轴线的南稍门—小寨—长延堡发育大型热点，并进一步扩展到城西南的鱼化寨和电子城街道内。这一分布情况揭示轨道交通 1 号线和 2 号线的开通运营为沿线提供了便利的交通条件，带动南稍门、小寨、会展中心等站点周边发展为区域性商业圈，成为歌舞厅场所的集中布局地。在城市中心区内，原有的东西向平移对称结构被保留，表现为编号为 1、2、3 的热点沿东西大街分布［图 4-15（a）］。在城南区域内，编号为 4、5 和编号为 6、7 的热点形成一组轴对称结构图谱，其对称轴大致与南二环重合，热点沿南北中轴线分布，表明歌舞厅整体格局表现为以东西大街和南北中轴线为两条轴带分布［图 4-15（b）］。较大型热点共有 15 个，较为集中地分布在南二环外的城西南区域内，原有的东北—西南向平移对称结构被保留，表现为编号 8、9、10 的热点沿放射状道路分布［图 4-15（c）］。这集中表明，在西安市歌舞厅进一步集聚发展的背景下，原有的城市道路交通网络仍对其空间分布产生重要影响，形成不同走向的平移对称结构。同时，城市道路网络的进一步扩展，尤其是轨道交通的发展，带动歌舞厅场所沿线发展，对称空间扩展，从而形成轴对称结构。

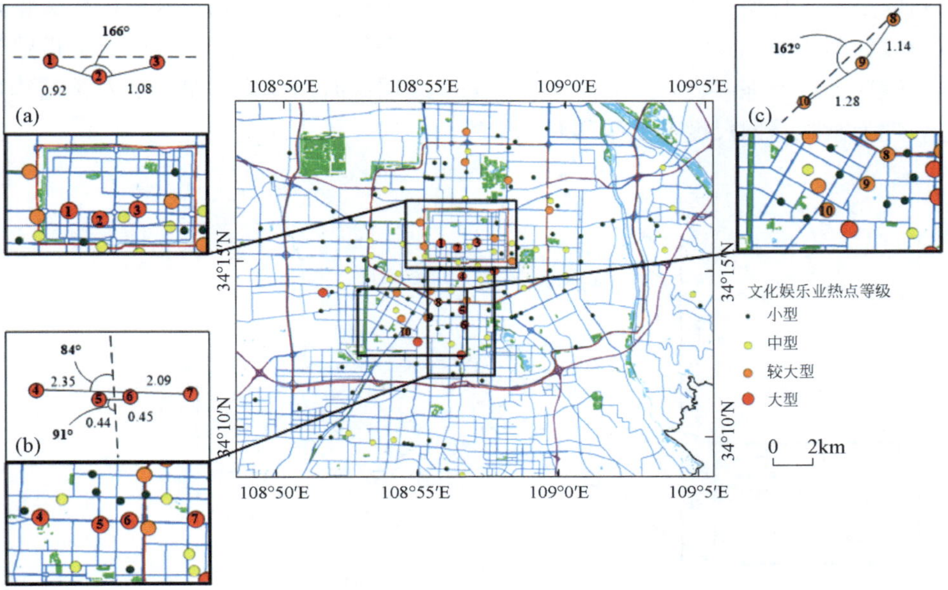

图 4-15　2020 年西安市歌舞厅热点的广义对称结构图谱

各时段大型、较大型歌舞厅热点在局部区域内呈现平移对称与轴对称等空间模式。歌舞厅作为新时代的城市休闲娱乐方式，其数量规模相较于整体或者茶吧较小，空间分布具有明显的集聚特性，因此早期歌舞厅热点少，对称结构无法提取。随着歌舞厅数量的增加、分布规模的扩大，并在微观路网格局的影响下，在城市中心区以及南二环外的城西南区域内发育平移对称结构。并且随着城市道路网络的进一步扩展，尤其是轨道交通的发展，对称结构出现在更大范围的区域间，在城南区域内形成一组轴对称结构，但该结构的形成属于上述平移对称结构的变形，结构较为简单。总体而言，歌舞厅的空间对称结构演化表现出“平移对称-平移对称与轴对称”的特征，与路网格局的形成发展密切相关，在中微观尺度上发育不同形式的对称格局。

（2）茶吧。2010 年，茶吧共有 3 个大型热点和 6 个较大型热点（图 4-16），分别分布在绕城高速内的城市中心区和城南地区。在城市中心区，南院门街道内茶饮业发展较早，形成德福巷咖啡茶馆一条街，而在文艺路街道内，政府着力打造文化演艺事业，对区域内茶馆的发展具有良好的带动作用，在传统历史街区内发育大型热点。在城南地区，电子城街道位于西安市高新区，是重要的中央商务区，区域内高新技术产业集聚，就业人口密集，为茶馆、健身中心等提供了良好的区位条件，从而在此地发育大型热点。其附近的小寨、长延堡区域内，拥有众多商场和院校，在高新区大型热点的带动作用下，发育多个较大型热点。该区域内路网采用较均匀、规划完整的棋盘式网格状布局，受其影响，区域内较大型热点形成如图 4-16（a）、图 4-16（b）所示的平移对称结构，平移轴沿着道路延伸，表现为近“东—西”“南—北”走向，表明该时期西安市茶吧的对称结构形态表现为微观路网尺度上的平移对称结构。

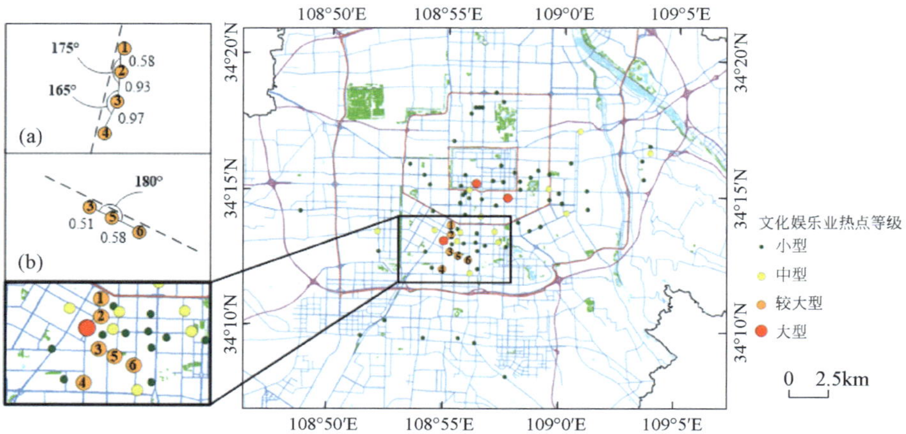

图 4-16　2010 年西安市茶吧热点的广义对称结构图谱

2015 年，高等级热点数量快速增长，共有大型热点 10 个（图 4-17），分布在绕城高速内的城市中心区和城南地区，以及城东的灞河新区内。该时期茶吧重点向南发展，在城南的小寨、长延堡街道内，科研教育服务产业和商业服务行业优势明显，具有人口密度大、文化素质水平高、交通便捷等优势，形成多个现代文化娱乐消费的集中地。在城南集聚区内，随着文化娱乐业的进一步发展，区域道路格局的影响效应也得到进一步放大，原有的平移对称结构向更大范围、更高等级的平移对称结构转变，编号为 1、2、3 和编号为 3、4、5 的大型热点组成两组平移对称结构图谱［图 4-17（a）、图 4-17（b）］，平移轴沿着道路延伸，仍表现为近“东—西”“南—北”走向。较大型茶吧热点共有 19 个，较为集中地分布在绕城高速以内的城南方向，其中编号为 6、7 和编号为 8、9 的较大型热点构成一组轴对称结构图谱［图 4-17（c）］，对称轴与热点延伸方向平行，均表现为沿南北向道路延伸。这表明该时期西安市茶吧对称结构形态仍以微观路网尺度上的平移对称结构为主，但对称结构空间规模逐渐扩展，并在小范围内出现路网格局影响下的轴对称结构。

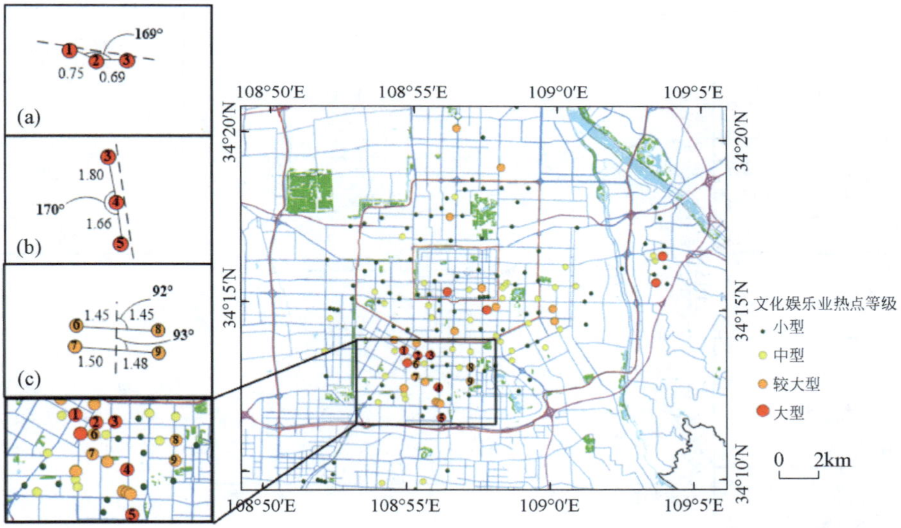

图 4-17 2015 年西安市茶吧热点的广义对称结构图谱

2020 年，茶吧的大型热点共有 16 个（图 4-18），在原有集聚区的基础上，分布范围进一步拓展到绕城高速内的城西地区、城东地区和城北地区。在城市中心区，茶吧的集聚发展带来大型热点的快速发育，在南一环附近的分布最为集中，表现为沿东西向道路横向分布，其中编号为 5、6、7 的热点构成一组平移对称结构［图 4-18（b）］，平移轴大致沿着南一环分布。在城北方向上，张家堡、红庙坡街道是区域商业服务中心，随着大型购物中心迁入、交通条件的改善，区域内茶吧、健身中心得到发展，发育大型热点。在城东的灞河新区内，纺织城街道内多种产业转型升级，高新技术、现代服务和商贸地产快速发展，成为人口分布的密集区和区域性商业中心，茶吧、网吧等类型的文化娱乐业依托此地的特色商业、主题公园和古建筑风貌等发展起来。因此，后续发展的城市北部和东部的4个大型热点形成一组轴对称结构图谱［图4-18（a）］，其对称轴为东北—西南走向，这突出表明茶吧这一业态在远离城市中心区、环境条件较好的外围区域，仍有一定的规模分布。

茶吧的较大型热点共有23个，主要分布在大型热点附近，在绕城高速以内的城南方向表现最为集中。如图4-18（c）所示，在南二、三环间区域内，6个较大型热点构成一组平移对称结构图谱，热点位于东西向的主要道路旁，平移轴与东西向延伸的城市主干线重合。该时期西安市茶吧的对称结构模式以平移对称和轴对称为主，平移对称结构出现在城南地区外的城市中心区，而城市新区内文化娱乐场所的发展，也使得城市局部区域出现显著的轴对称结构。

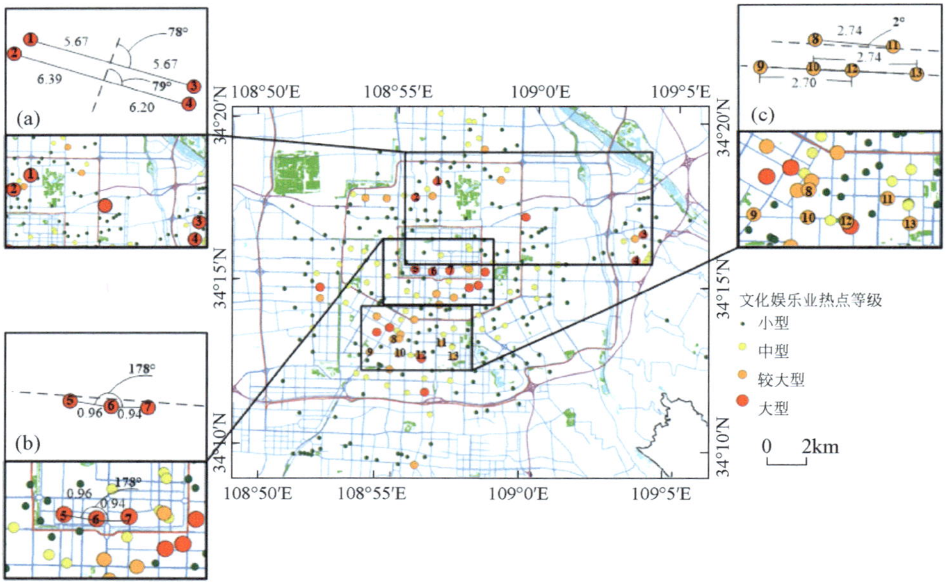

图4-18　2020年西安市茶吧热点的广义对称结构图谱

各时段大型、较大型茶吧热点在局部区域内呈现平移对称与轴对称的空间模式。在整个研究时段内，茶吧的空间分布都受到交通路网的显著影响，平移对称结构一直是西安市茶吧的主要对称结构模式，突出表现在二、三环的城南区域，并伴随时间发展，其空间规模逐渐扩展，在城市中心区内发育新的平移对称结构。相对而言，轴对称结构不突出，且出现时间较晚，早期表现为路网格局影响下的轴对称结构，具有范围小、结构简单的特点，后期随着城市新区的发展，局部区域间逐渐形成显著的轴对称结构。总体而言，茶吧的空间对称结构演化表现出“平移对称—平移对称与轴对称”的特征，对称结构的形成主要受路网格局和新区建设的影响。

文化娱乐业总体、歌舞厅与茶吧的空间对称结构演化具有相似性，在研究时段内均表现出“平移对称—平移对称与轴对称”的特征，且平移对称结构作为主要形式，其产生与区域路网的布局密切相关，突出表现在南二环外区域和城市中心区。另外，对称结构主要发生在小范围和局部区域内，作为微观路网格局和中观城市局部结构形态的突出表现，且随着时间推移，对称的空间尺度不断放大，后期对称结构出现在区域与区域间，试图表征宏观的城市整体结构形态。

同时，三者在业态属性、数量规模与发展时间等方面存在差异，使得其各自又具有一些特异性。其中，总体发展时间早、数量规模大，形成的大型、较大型热点数量多、分布广，在研究时段内对称结构类型具有多样性，在平移对称与轴对称的基础上，还发育了曲线对称与斜对称结构模式，且对称结构在更大的研究区域范围内形成，对称结构发育明显。相对而言，歌舞厅的数量规模最小，在早期不具有明显的对称结构，后期平移对称结构占有绝对优势。茶吧数量规模居中，其对称结构的发育状况明显比歌舞厅好，虽然平移对称结构一直是茶吧的主要对称结构模式，但后期局部区域内出现显著的轴对称结构。

三、等级层次结构图谱下的时空演化过程与特征

在密度场表面模型构建的基础上，根据热点等级划分的临界值将热点区划分为 4 个等级，包括一级、二级、三级和四级，分别对应热点等级中的大型、较大型、中型和小型。以一级热点区作为根节点，构建文化娱乐场所等级层次结构图谱（图 4-19 ~ 图 4-21）。基于等级层次结构图谱的研究结果表明，各时段不同等级热点区之间都具有一定的等级结构和包含关系。

（1）2005 年、2010 年。2005 年与 2010 年文化娱乐业的等级层次结构图谱非常相似（图 4-19），该时段内的 4 个大型文化热点所对应的 4 个一级热点区，在各个规模层级上与其他等级热点区都是一对一的关系，在四级才通过唯一节点聚合。这表明一级热点区之间相对独立，且其附近的二级、三级热点区的分布范围较小，整个区域内包含较少的较大型、中型热点，其分布在大型热点周边。这集中反映了该时间段内文化娱乐场所以集聚分布为主，但集聚强度处于较高等级

的热点单元分布范围较小，文化娱乐业总体的集聚水平有待提高。同时，各时段文化娱乐业集聚区在强度与规模上具有明显差异，2005 年城市中心区内一级、二级热点区的数量少、范围小［图 4-19（a）］，文化娱乐场所数量较少，等级层次较为单一，而其西部、西南部和南部的集聚区内，较高等级热点区更是呈现点状分布，低等级热点区占据绝对优势，层次极为单一。2010 年，城市中心区和城南地区的中高等级热点区规模有所扩大［图 4-19（b）］，文化娱乐场所得到进一步发展，层次结构的丰富性有所增强，但仍表现为以中低等级热点区为主，整体规模等级有待进一步提高。

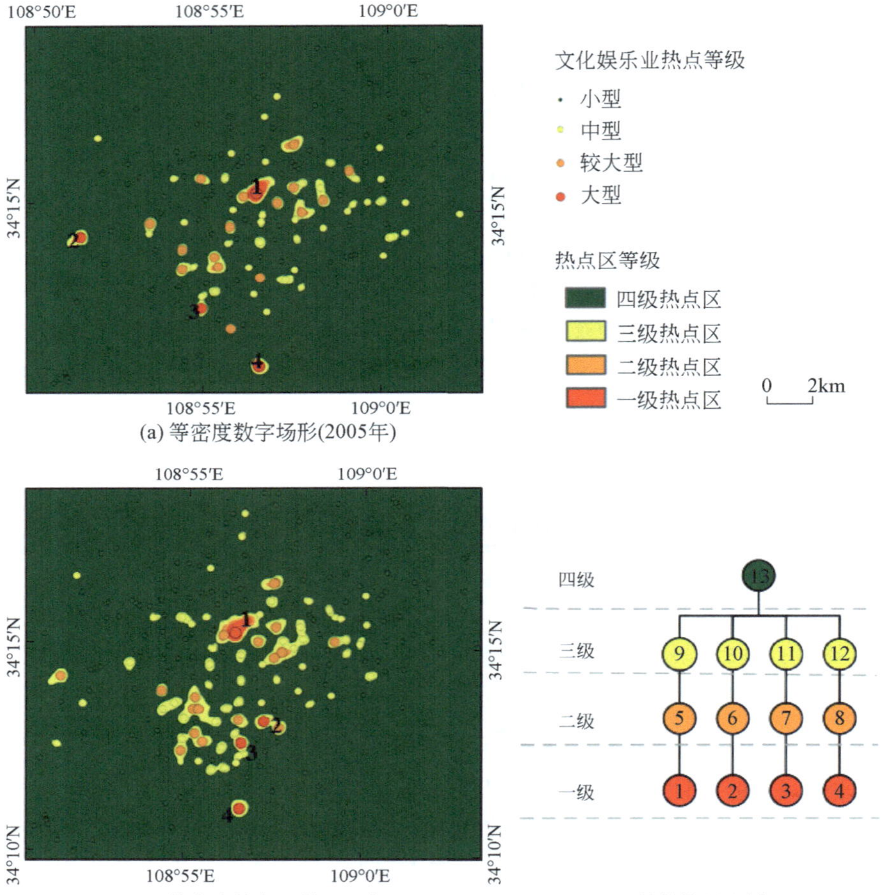

(a) 等密度数字场形(2005年)

(b) 等密度数字场形(2010年)

(c) 等值线层次树

图 4-19　2005～2010 年西安市文化娱乐业的等级层次结构图谱

相较而言，2015 年和 2020 年文化娱乐业以及热点区的数量大、分布广，等级层次结构图谱表现复杂。总体而言，等值线层次树共有 4 层（图 4-20 和图 4-21），位于下层的一级、二级热点区的节点，显著多于位于上层的三级、四级节点，级别越高，对应的热点区节点越少。这反映了规模较大的一级、二级热点区在空间分布上具有较为明显的空间分异特征，而规模较小的三级、四级热点区的空间分布相对均匀。

（2）2015 年。在局部层级关系方面（图 4-20），1 号一级热点区内包含 2 个大型文化娱乐业热点，高集聚等级的热点单元范围较大，区域内文化娱乐场所的集中态势显著，位于城市中心区。一级、二级热点区在 13 个节点上大部分表现为一对一的关系，仅在 1 个节点处出现一对二的关系，表明一级热点区通常是单

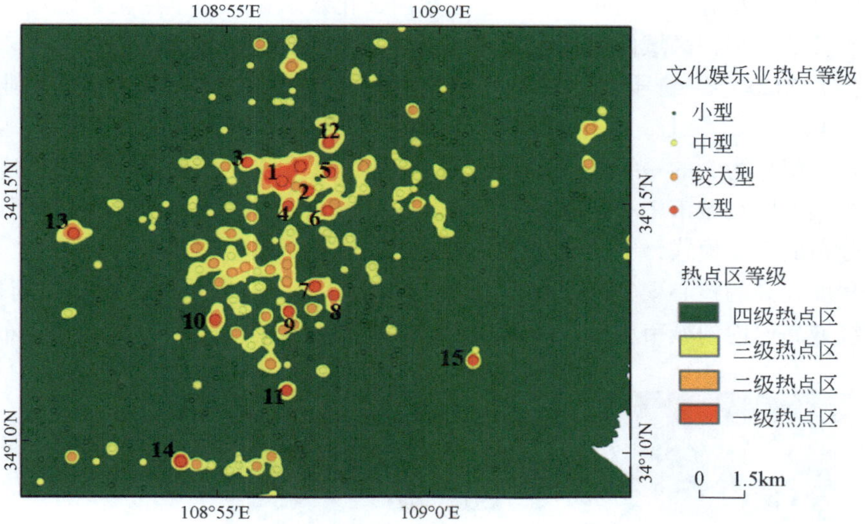

(a) 等密度数字场形

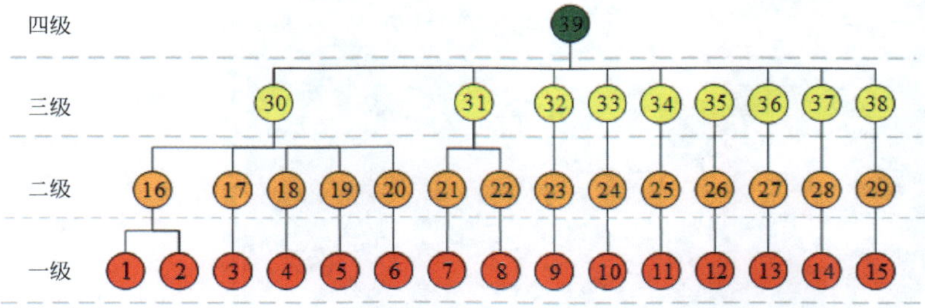

(b) 等值线层次树

图 4-20 2015 年西安市文化娱乐业的等级层次结构图谱

核分布，但也会出现双核分布的情况。1、2 号一级热点区呈现出集聚模式，高集聚等级的热点单元形成一定范围的集聚区域，这进一步表明文化娱乐场所的集聚强度与集聚规模在城市中心区达到最高。在三级上，编号为 1~6 的 6 个一级热点区通过 30 号节点聚合，编号为 7、8 的 2 个一级热点区通过 31 号节点聚合，这表明在城市中心区内中高等级文化娱乐业热点区多而密集，拥有高规模等级的完整层次结构。其次是城南地区，但区域内一级、二级热点区规模仍较小，层次结构表现得不够完整。在整体层级关系上，9 ~ 15 号一级热点区在不同规模等级均表现独立，表明一级热点区分布相对分散，且其周围其他低等级热点区范围小，表现为中高等级热点区在城西南的鱼化寨、郭杜街道及绕城高速的南部边缘地带内呈现点状分布。这集中反映了区域内文化娱乐场所的早期集聚强度与规模均处于较低水平，区域内以低等级热点区为主，层次结构表现单一。

（3）2020 年。编号为 1、5 的一级热点区内均包含 2 个大型文化娱乐业热点（图 4-21），在二级上，编号为 1 的一级热点区通过 17 号节点与 2、3 号一级热点区聚合，编号为 5 的一级热点区通过 18 号节点与 4 号一级热点区聚合。这意味着一级热点区在城市中心区和城南地区分布范围较大，且分别呈现出三核分布和双核分布的聚集模式，突出表明区域内文化娱乐场所的空间集聚特征明显，形成集中程度较高的核心聚集区。在三级上，1 ~ 8 号 8 个一级热点区发生提前聚合，表明绕城高速内的城市中部、南部和西南部地区形成了不同等级热点区分布相对

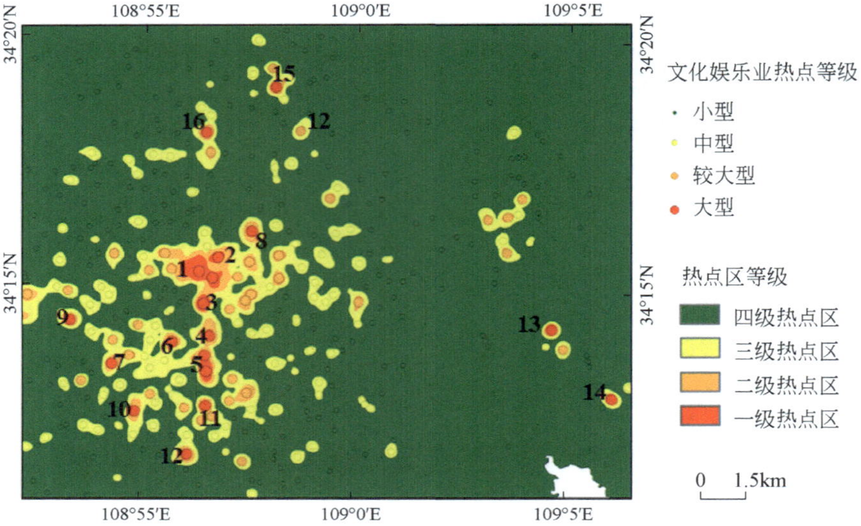

(a) 等密度数字场形

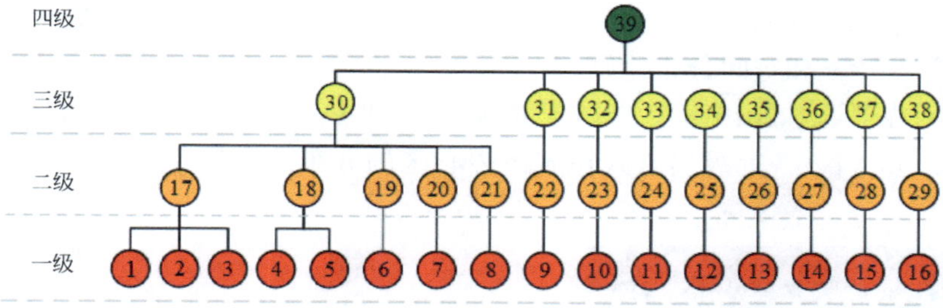

(b) 等值线层次树

图 4-21　2020 年西安市文化娱乐业的等级层次结构图谱

密集的带状区，但区域内的差异显著。城市中心区内热点区等级最高、规模最大，文化娱乐业发育成熟，拥有最高规模等级的完整层次结构；城南地区的一级、二级热点区已经初具规模，文化娱乐业发育活跃，出现又一高规模等级的完整层次结构；而城西南地区内以三级、四级热点区为主，一级、二级热点区仍呈现点状分布，文化娱乐场所数量较少，层次结构表现较为单一。编号为9～16的一级热点区在最后的四级才通过 39 号节点聚合，在整体层级上表现出独立的层次结构，表明编号为 9～16 的一级热点区空间分布相对独立，城北和城东的一级热点区更是远离其他热点区域，同时也意味着一级热点区以外的其他等级热点区范围小。城西南的丈八沟、城南的长延堡区域内的一级热点区受文化娱乐场所聚集规模的限制，未与上述带状聚集区发生提前聚合。

不同等级的文化娱乐业热点区在空间上呈现出差异显著的等级层次结构，并随着时间的推移逐渐成熟，文化娱乐业的整体规模等级渐次提升、结构层次越发复杂。总体而言，城市中心区和城南地区经历了文化娱乐业等级层次结构的完整演化过程，从早期的一级热点区独立分布、层级结构表现单一发展至今。随着区域功能的日益完善，文化娱乐场所的发展表现出活力大、势头强的特征，一级热点区走向聚集发展，拥有高规模等级的完整层次结构。相对而言，城西南地区的发展稍显滞后，目前虽与城市中心区、城南地区在三级上形成连续带状区，但一级、二级热点区的数量少、范围小，层次结构表现较为单一，而城东和城北的一级热点区发育显著独立，处于等级层次结构发展的早期阶段，表现极为单一。

本书在各业态密度场表面模型构建的基础上，提取各类文化娱乐场所的数字场层次结构图谱。结果表明，在整个研究时段内，酒吧、电影院剧院、歌舞厅、健身中心、网吧、公园游乐园 6 类文化娱乐场所的等级层次结构图谱非常相似，绝大多数一级热点区在整体层级上表现出独立的层次结构，在最后的五级才通过节点聚合，表明这些文化娱乐场所的一级热点区之间相对独立，同时整个区域内文化娱乐场所的集聚规模范围有限。基于以上分析，选择等级层次结构表现较为复杂的咖啡吧和茶吧这两类文化娱乐业态进行具体分析，以进一步探讨其所具有的规模等级特征和空间分布差异。

（1）咖啡吧。2010 年，咖啡吧的唯一一级热点区表现出独立的层级结构［图 4-22（a）］，各等级热点区在城市中心区的分布范围极小，呈点状集聚，整

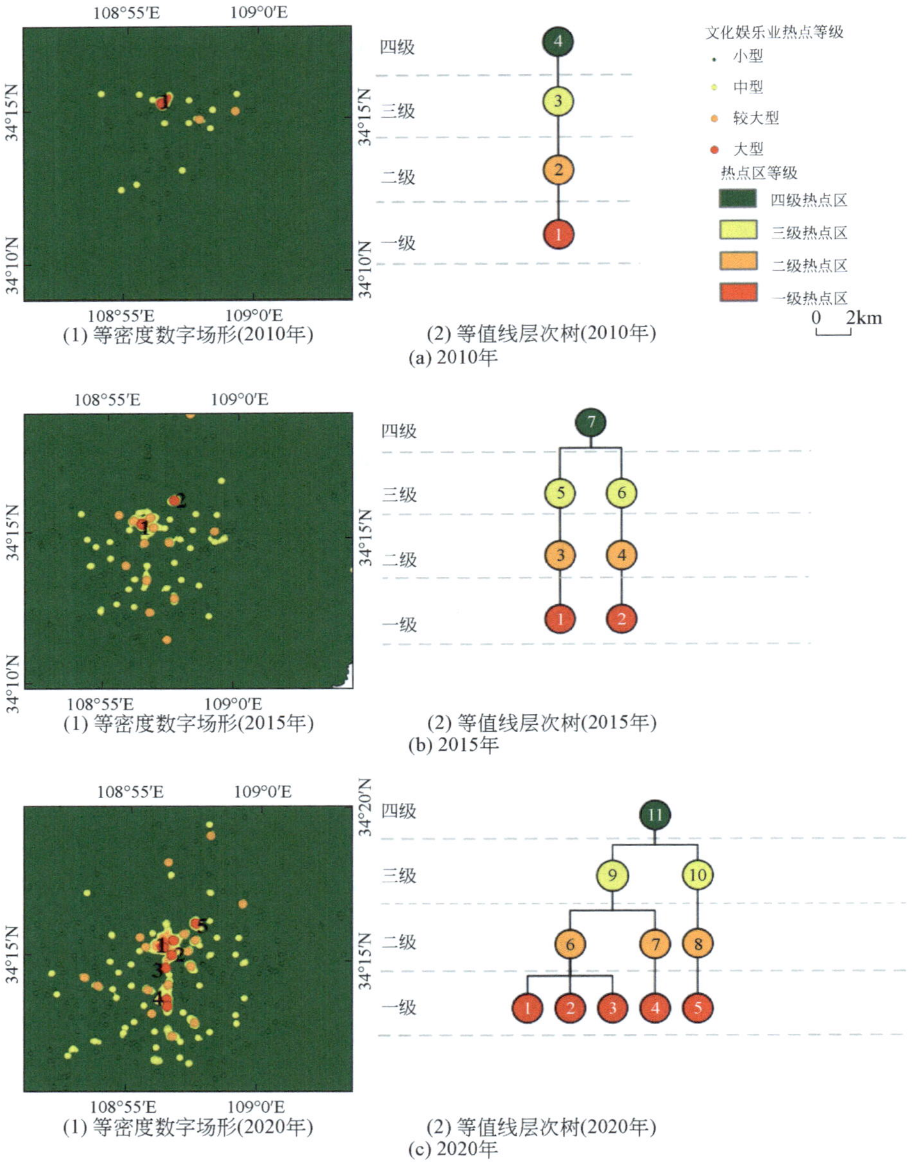

图 4-22　2010～2020 年西安市咖啡吧的等级层次结构图谱

体层级结构极为单一，表明该时期咖啡吧的分布范围小，高度集聚在城中心的南院门街道内。2015 年，咖啡吧的 2 个一级热点区仍在不同规模等级上保持独立［图 4-22（b）］，但在原有的一级热点区附近，其他低等级热点区的分布范围明显扩展，整个区域内中高等级热点区占比提高，层次结构丰富性增强，表明该时段内原有集聚核心地的业态发育程度高，对周边的溢出效益明显，其周边区域成为咖啡吧布局的优选，城市中心区内咖啡吧的分布范围得到扩展。

2020 年，在局部层级上，编号为 1 和 4 的一级热点区内包含两个大型热点［图 4-22（c）］，表明编号为 1 和 4 的一级热点区范围较大，形成一定规模的咖啡吧场所的高度集聚区。其中，编号为 1 的一级热点区在二级与 2、3 号一级热点区发生聚合，在三级与 4 号一级热点区聚合，这意味着一级热点区在城市中心区内呈现集聚分布态势，形成三核集聚分布状态，且其周边其他低等级热点区的分布范围较广，将位于城中心区与城南地区的一级热点区连接成轴。这突出表明在城市中心区内，咖啡吧的中高等级热点区都已达到规模分布水平，表现为高规模等级的完整层次结构；而在城南地区，虽然已经形成典型集聚区，但整体集聚范围明显小于城市中心区，区域内中高等级热点区占比仍较小，层次结构表现不完整。

不同等级的咖啡吧热点区在不同区域内构成差异显著的等级结构模式，并随时间推移，其模式不断变化。总体而言，城市中心区完整呈现了咖啡吧等级层次结构的演化过程，即从极为单一的层次结构发展为拥有高规模等级的完整层次结构。其次是城南地区，但与总体不同，咖啡吧热点区在该区域的发展严重滞后，2020 年才开始发育一级热点区，表现为中等级热点区范围偏小，层次结构表现较为单一。

（2）茶吧。2010 年，茶吧的 3 个一级热点区在不同规模等级都具有独立的层次结构［图 4-23（a）］，热点区的空间分布相对独立，中高等级热点区范围小，整体层次结构单一，表明该时段茶吧具有明显的空间集聚特性，但整体集聚强度与规模都有待进一步提升。

2015 年，在局部层级关系上，编号为 1、2 的一级热点区在二级通过 11 号节点聚合［图 4-23（b）］，在三级与编号为 3 的一级热点区通过 20 号节点提前聚合，这意味着茶吧的一级热点区在城南的小寨区域出现双核分布，且通过周边其他低等级热点区与西侧的高新电子城热点发生连接，这表明该时段茶吧这类文化娱乐场所在城南小寨的集聚特征最为明显，且集聚范围向周边扩展，区域内中高等级热点区面积占比增加，层级结构丰富性增强。在整体层级关系上，编号为 4～10 的一级热点区在不同层级规模都具有独立的层级结构，区域内中高等级热点区呈小规模点状分布，表明位于城中、城东和城南长延堡区域的茶吧热点区发育独立，整体层次结构表现单一。

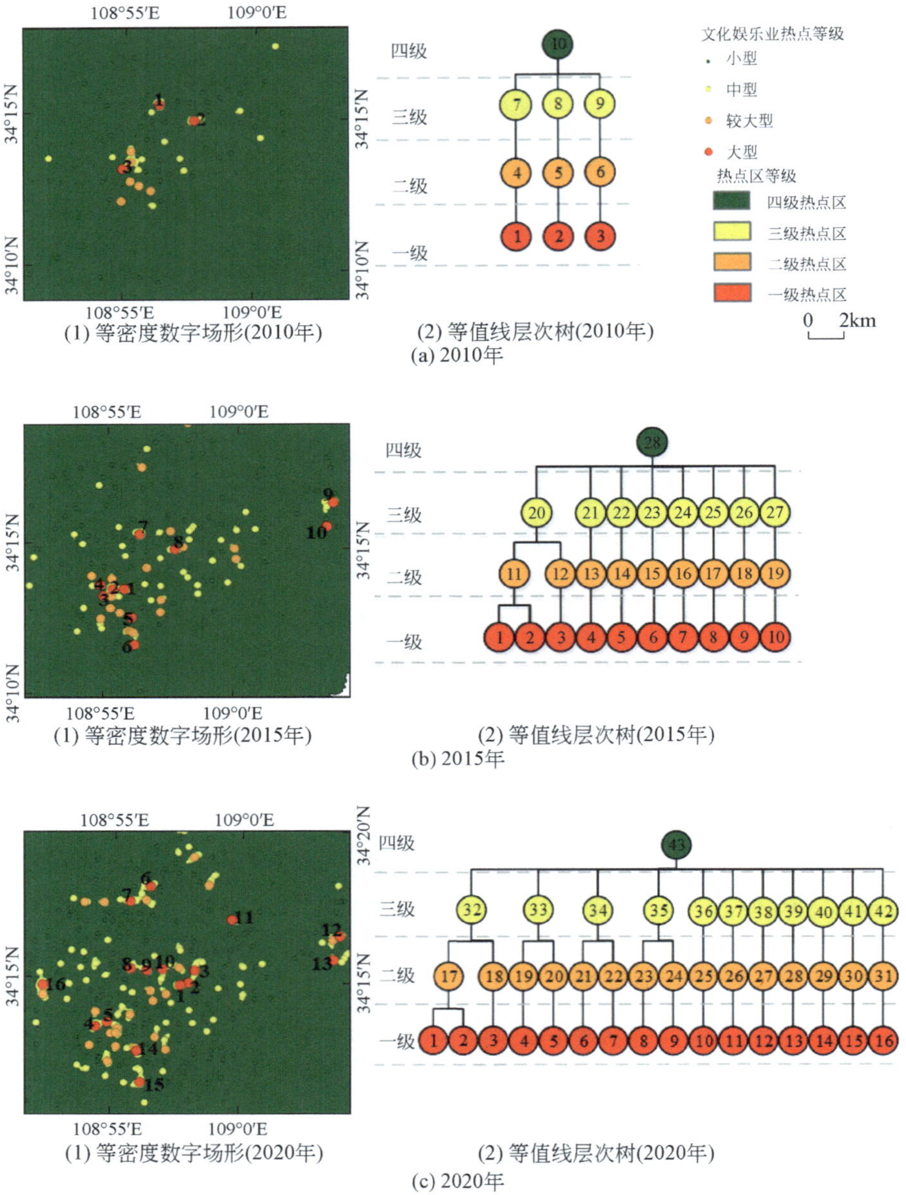

图 4-23　2010～2020 年西安市茶吧的等级层次结构图谱

2020 年，编号为 1 的一级热点区在二级与 2 号节点聚合［图 4-23（c）］，在三级与 3 号节点继续聚合。该时段在等值线层次树方面与上一阶段表现一致，但发生在城中的文艺路街道附近，表明该时段内茶吧的集聚强度在城市中心区达到最高。在三级上，城中 8、9 号一级热点区、城北 6、7 号一级热点区和城南 4、5 号一级热点区分别通过各自的节点提前聚合，表明在城市中心区内，茶吧的集聚规模扩大，中高等级热点区已经初具规模，层次结构较为完整。其次是城南与城北，相对于上一阶段，茶吧在高新电子城地区的比重有所下降，区域内一级、二级热点区规模较小，层次结构表现较为单一。编号为 10 ~ 16 的一级热点区呈现独立层次结构，表明茶吧在城西、城东和城南长延堡区域内总体集聚水平有限，区域内以低等级热点区为主，具有单一的层级结构。

不同等级的茶吧热点区在研究区域内构成差异显著的规模等级结构，并随着时间推移不断完善。总体上，城市中心区内茶吧等级层次结构的演化过程较为完整，层次结构由单一转变为较完整，但与总体不同的是，在城南小寨和电子城区域内，2015 年前表现为茶吧规模等级总体不断提升，但在 2015 年后层级结构丰富性却下降，这是该区域某些限制因素或其他区域的驱动因素所导致的，需要进一步探究。在其他区域内，中高等级热点区范围小，低等级热点区处于主导地位，层次结构单一。

文化娱乐业总体、咖啡吧与歌舞厅的等级层次结构演化，在不同区域间的表现具有明显的共同点。在大部分区域内，随着时间推移，其等级层次结构逐渐成熟，文化娱乐业的整体规模等级逐步提升、结构层次越发复杂。这一点在城市中心区表现得尤为突出，三者都经历了完整的等级层次结构演化过程，一级热点区由独立发展走向集聚，层级结构由单一走向完整形态，最终在区域内发展形成最高规模等级的完整层次结构。

同时，三者的等级层次结构演化过程在不同区域内的表现又不尽相同，突出表现在城南区域。就总体而言，城南区域能够反映其等级层次结构的完整演化过程，形成仅次于城市中心区的高规模等级完整层次结构，而对于茶吧而言，其等级层次结构在城南区域的发展却呈现出波动性，表现为 2015 年前规模等级总体不断提升，2015 年后层级结构丰富性下降。最后咖啡吧的发展长期集中于城市中心区，在城南地区的发展滞后明显，当前层级结构丰富性不断提高。在其他区域内，文化娱乐业态发育也具有明显差异性，但都是以中低等级热点区为主，层级结构表现单一。

四、本章小结

本章将西安市 4326 个文化娱乐场所分为酒吧、咖啡吧、电影院剧院、歌舞厅、茶吧、健身中心、网吧和公园游乐园 8 类，并根据场所的成立与注销时间，选取 2005 年、2010 年、2015 年、2020 年 4 个时间的断面数据（相邻年份的时间间隔为 5 年），旨在探讨文化娱乐业及其各业态发展的时空变化。通过运用核密度分析、热点探测模型和地学信息图谱等方法，在对西安市文化娱乐业及其各业态时空演变的基本特征进行探讨的基础上，进一步识别其空间结构图谱的演化过程与特征，主要结论如下。

（1）西安市文化娱乐业空间格局演化的基本特征。就总体而言，文化娱乐业核心数量增多且逐年向外扩散，空间分布演变呈现既集聚又扩散的特征，表现为以老城区内作为早期集聚核心，沿南北中轴线重点向南扩展，后期转向西南，在绕城高速内发育多个集聚核心，并进一步扩散到绕城高速外的开发新区内；文化娱乐业整体的空间结构呈现出由单中心向多中心的转变过程，2010 年前表现为单中心发育模式，文化娱乐场所集中在老城区内，2010 年后转变为多中心发育模式，绕城高速内的城南大学城、城西南高新区、城北经开区以及绕城高速以东的灞河新区等成为文化娱乐业分布的次级中心。就各业态而言，大部分业态的空间分布演变与总体基本一致，从城市老城区开始向外扩展，以南向扩展最为突出，其中酒吧和咖啡吧业态集聚强度最高，而网吧的发展则呈现出由集聚到扩散的发展历程。各业态的空间结构演化又具有一定的特异性，酒吧、咖啡吧呈现为单中心向双中心结构转变，业态场所高度集中于绕城高速内的老城区及其城南区域；电影院剧院、歌舞厅由点状集聚向片状集聚发展，业态场所在上述区域内表现为更广范围的集聚，不存在突出的高强度集聚单元；茶吧、健身中心的空间分布形态逐步转向多中心结构，集聚区域涵盖绕城高速内的城市中心区、城南地区和城西南地区，以及城东的灞河新区；网吧、公园游乐园在空间上表现为分散的点状集聚与小规模的片状集聚，广泛分布于城市的较外围区域内，远离城市中心区。

（2）西安市文化娱乐业对称结构演化过程与特征。就总体而言，对称结构类型表现出“平移对称（斜对称）—平移对称与轴对称—平移对称（曲线对称）与轴对称（斜对称）”的演化特征，对称结构的空间尺度日益多元，由微观尺度向宏观尺度不断发展。早期在微观尺度的路网格局作用下出现显著的平移对称结构，斜对称结构与之相伴出现，突出表现在南二环附近。伴随文化娱乐业态的快速集聚发展，对称空间范围逐渐扩大，在中观尺度的城市局部结构形态作用下进一步形成轴对称结构，最早出现在城市中心区，表现为与斜对称结构并存，后在绕城高速内的城南地区得到突出发展。后期微观的平移对称进一步发育为曲线对称，并在城市局部形成等级更高、范围更广的平移对称结构，轴对称结构的发展打破区域限制，在城市中心区与城南地区之间形成宏观尺度的轴对称结构。就各业态而言，选择歌舞厅、茶吧两类文化娱乐业态进行探讨，相对于总体，业态对称结构类型较为简单，表现出“平移对称—平移对称与轴对称”的演化特征，对称结构的空间尺度总体偏小，微观尺度下的平移对称结构长期占有绝对优势。歌舞厅早期不具有明显的对称结构，随着业态数量规模的发展，在城市中心区和南二环外区域的微观路网格局作用下，形成不同走向的平移对称结构，后期在轨道交通的影响下，在城南地区形成一组轴对称结构。茶吧早期的对称结构形态表现为微观路网尺度下的平移对称结构，突出表现在南二环外区域内，随着对称空间规模逐渐扩展，在小范围内出现路网格局影响下的轴对称结构，后期随着城市新区的发展，城北张家堡、红庙坡与城东灞河新区间逐渐形成显著的轴对称结构。

（3）西安市文化娱乐业等级层次结构演化过程与特征。就总体而言，不同等级文化娱乐业热点区在空间上呈现出差异显著的等级层次结构，并随着时间推移逐渐成熟，文化娱乐业的整体规模等级逐步提升、结构层次越发复杂。早期的一级热点区独立分布，周边其他等级热点区分布范围小，层级结构表现单一。随着文化娱乐场所的快速集聚发展，绕城高速内的城市中心区和城南地区内相继形成高规模等级的完整层次结构；城西南地区的发展稍显滞后，中高等级热点区分布范围小，层次结构表现较为单一；分布于城市较外围的一级热点区，受文化娱乐场所的集聚规模限制，中低等级热点区长期占据主导地位，层次结构极为单一。就各业态而言，选择咖啡吧、茶吧两类文化娱乐业态进行探讨，两者的等级层次结构相较于总体明显简单化，同时等级层次结构的演化与总体之间具有显著的共同点与不同点。咖啡吧在很长一段时间内都表现为独立的层次结构，后期在城市中心区形成高规模等级的完整层次结构，其他区域内层次结构表现较为单一。茶吧早期表现为独立的层次结构，但其不同于总体，其后的集聚发展主要集中在城南的电子城与小寨街道内，区域层级结构丰富性增强；而其他区域层次结构表现单一，后期发展重点才转向城市中心区，形成较为完整的层次结构；城南地区的层次结构丰富性则出现下降，整体表现较为单一。

第五章　西安市文化娱乐业空间结构成长原理

一、空间结构成长的测度

（一）测度指标选取

西安市文化娱乐业空间结构的形成是一个长期、复杂的过程，许多因素都会对文化娱乐业的空间布局产生或多或少的影响。根据上文定性分析结果，本章从交通因素、人口因素、区域经济、商业区位、政策因素 5 个方面出发，选取 13 个变量构建西安市文化娱乐业空间结构影响因素指标体系（表 5-1）。其中，1km 左右、步行约 10min 的距离是人们普遍可以接受的步行距离，也是街道的合理长度（丛丽等，2013）。因此，在变量描述中，对于等级高、数量少的变量使用“最短道路距离”，对于等级低、数量大的变量使用“1000m 服务区”，分别表征文化娱乐场所对重要实体要素的可达距离、步行约 10min（1000m）以内重要实体要素的分布状况。此外，功能区类型的权重赋值通过层次分析法计算得出，商业区（0. 2776）>大学城（0. 1798）>复合功能区（0. 1572）>居住区（0. 1516）>行政区（0. 1203）>工业区（0. 0500）>生态旅游区（0. 0379）>均质混合区（0. 0256），用于表征文化娱乐场所的空间功能依附性。

表 5-1　西安市文化娱乐业空间结构影响因素指标体系

影响因素	测度对象	测度指标
交通因素	道路距离（ROAD）	1000m 服务区内的道路密度
	地铁站点（METRO）	距离地铁站点的最短道路距离
	公交站点（BUS）	1000m 服务区内的公交站点数量
人口因素	人口数量（POP）	1000m 服务区内的人口密度
	人口年龄结构（CHILD、OLD）	1000m 服务区内的少儿人口占比/老年人口占比
	人口性别比（RATIO）	1000m 服务区内的男性人数与女性人数之比

续表

影响因素	测度对象	测度指标
区域经济	人均可支配收入（PCDI）	1000m 服务区内的人均可支配收入
	土地价格（PRICE）	1000m 服务区内的基准地价等级
商业区位	一级商服中心（ZHONGLOU）	距离一级商服中心钟楼的道路距离
	二级商服中心（COMMERCIAL）	距离二级商服中心的最短道路距离
	综合商场（MALL）	1000m 服务区内的大型商场数量
政策因素	功能定位（FPA）	热点所处的街道功能区类型
	文化产业示范园区（基地）(QUARTER)	距离文化产业示范园区（基地）的最短道路距离

（二）测度方法构建

根据第四章的内容，文化娱乐业的空间热点分布在研究时段内都具有明显的空间集聚特征，但运用传统的回归分析方法进行分析存在局限性，因此有必要引入时间因子和空间因子建立时空模型，以进一步探讨不同类型文化娱乐业空间结构的形成。

以上述 14 个影响因子作为解释变量，分别以平移对称结构、轴对称结构和独立层次结构、复杂层次结构中所包含的文化娱乐业热点的热点值作为被解释变量，对西安市文化娱乐业所表现出的空间对称结构与规模等级结构的影响因素进行测度。通过 SPSS 软件对 14 项解释变量进行 Z-score 标准化处理和多重共线性诊断，结果显示，各个模型中均存在共线性问题，根据各个解释变量的容忍度（tolerance）和方差膨胀因子（VIF），在平移对称结构和轴对称结构测度模型中剔除土地价格（PRICE）指标，在复杂层次结构测度模型中剔除少儿人口占比（CHILD）和土地价格（PRICE）2 个指标，而在独立层次结构测度模型中，剔除人口性别比（RATIO）、土地价格（PRICE）、二级商服中心（COMMERCIAL）3 个指标。

将上述指标分别进行剔除后，本研究运用 ArcGIS 10.2 软件中的 GTWR 工具进行时空地理加权回归分析。通过多次模型拟合试验，确定核类型为固定型高斯核，带宽选择采用修正赤池信息量准则（AICc）。值得注意的是，关于时间数据的设定，由于西安市文化娱乐业的空间结构影响因素分析以 2010 年为基准，因此将该年份转化为年度索引值并赋值为 1，2015 年赋值为 6，2020 年赋值为 11。模型计算过程中，根据回归拟合度（R^2）和校正拟合度（adjusted R^2）获取最佳的时空距离比（spatio-temporal distance ratio）（Huang et al.，2010）。在平移对称结构、轴对称结构、独立层次结构和复杂层次结构的测度模型中，时空距离比分别取0.4、0.5、0.1和0.6，使R^2和校正R^2有最大值。

二、文化娱乐业空间结构成长的影响因素分析

（一）平移对称结构的影响因素

从表5-2可以看出，平移对称结构GTWR模型中的R^2和校正R^2分别为0.482和0.360。GTWR模型得到的结果是解释变量对每个样点产生的一个特定回归系数（张波和王兴中，2007），将各指标的回归系数进行统计和汇总，包括最小值、下四分位数、中位数、上四分位数、最大值、平均值。此外，为了检验模型影响因子的显著性，本研究构造了检验统计量$T_k=V_{k_2}/SSE$。其中，V_k为因子k的回归系数方差；SSE为模型的残差平方和。采用T检验对以上统计量进行检验，得到每一指标回归系数的P值。

表5-2　平移对称结构的热点值GTWR模型回归结果

解释变量	最小值	下四分位数	中位数	上四分位数	最大值	平均数	P值
ROAD***	16.352	17.091	17.092	18.367	18.367	17.392	0.000
METRO***	0.000	6.849	6.849	7.406	7.406	6.818	0.000
BUS***	−9.133	−1.466	−1.062	−1.062	0.015	−1.216	0.000
POP***	12.217	12.370	12.370	12.457	12.458	12.359	0.000
CHILD***	5.384	6.270	6.270	10.456	10.456	7.565	0.000
OLD***	−0.258	6.966	6.966	8.548	8.548	7.057	0.000
RATIO***	−3.915	−3.915	−2.360	−2.360	3.547	−2.827	0.000
PCDI***	−12.238	−12.237	−8.288	−8.288	4.993	−8.955	0.000
ZHONGLOU***	6.588	11.326	11.326	13.639	17.644	11.569	0.000
COMMERCIAL***	−13.128	7.668	7.668	8.883	8.883	7.430	0.000
MALL***	14.478	17.220	17.220	19.097	19.097	17.179	0.000
FPA***	−2.731	−2.731	2.886	2.919	3.858	0.881	0.010
QUARTER***	−6.722	−6.722	−5.120	−5.120	−0.584	−5.557	0.000
	R^2	校正R^2	带宽	残差平方和	Sigma（ml）	AICc	时空距离比
GTWR	0.482	0.360	0.261	71700	32.236	729.254	0.4

注：在GTWR模型中，Sigma（ml）特指通过最大似然估计（maximum likelihood estimation，ml）得到的误差项（残差）的标准差，是模型回归结果中的一个重要参数，通常表示模型误差项的标准差估计值（即残差的离散程度）。下同。

***通过0.01显著性检验。

结果表明，从检验概率 P 值来看，各指标均<0.01，小于给定的显著性水平，表明各回归系数的时空非平稳性变化均具有显著性，随时间或位置的变化，其所表示的时空关系会发生明显改变。从回归系数的绝对值来看，各个指标的影响程度差异明显，按影响程度由大到小排序为 ROAD、MALL、POP、ZHONGLOU、PCDI、CHILD、COMMERCIAL、OLD、METRO、QUARTER、RATIO、BUS、FPA，且各指标系数的中位数和平均数方向一致，数值相差不大，这一定程度上说明各指标在空间多数范围内影响性质趋同，其中 ROAD 和 MALL 是平移对称结构形成的决定性因素，而 ZHONGLOU 和 POP 是影响其热点区位选择的重要因素，其他因子对该结构也具有一定的影响。借助 ArcGIS 10.2 软件进行可视化表达，能直观地表现系数估计值的空间变化情况，由于解释变量较多，仅将通过显著性检验的、影响最显著的 6 个指标回归系数的 69 个估计值一一列出（图 5-1）。

（1）道路距离的系数估计值为正值，与平移对称结构中的热点分布呈负相关关系，即距离主要道路越近，文化娱乐场所的数量反而越少，且回归系数数值

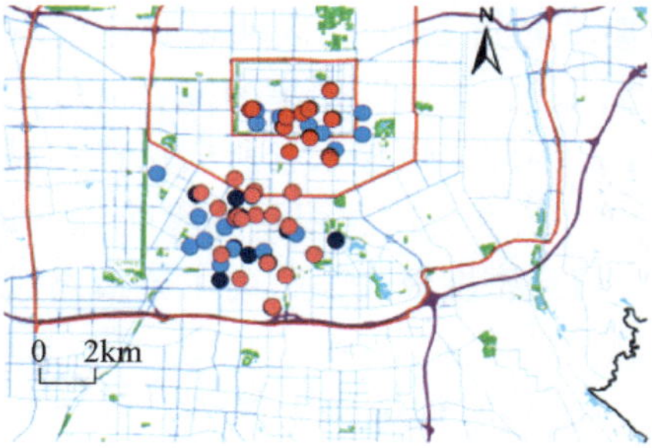

回归系数 ●16.352~16.353 ●16.354~17.092 ●17.093~18.366 ●18.367~18.368

(a) 道路距离

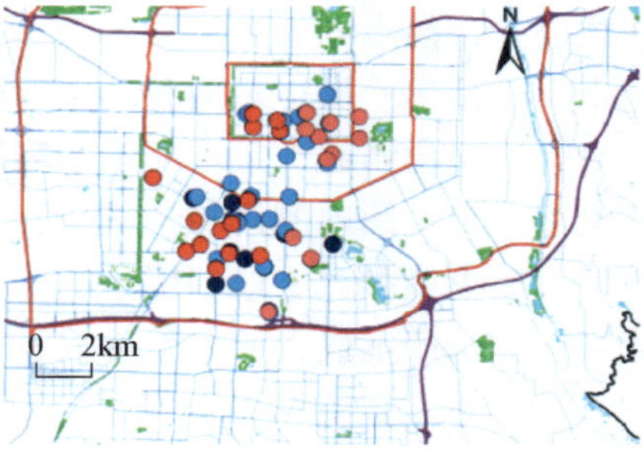

回归系数 ●14.478~14.479 ●14.480~17.220 ●17.221~19.096 ●19.097~19.098

(b) 综合商场

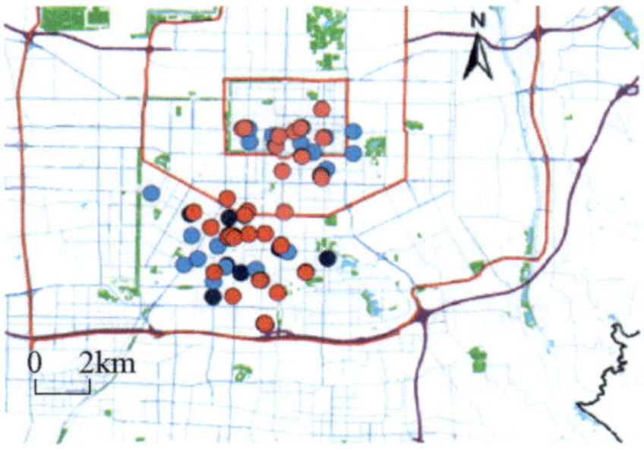

回归系数 ●12.217~12.218 ●12.219~12.370 ●12.371~12.456 ●12.457~12.458

(c) 人口数量

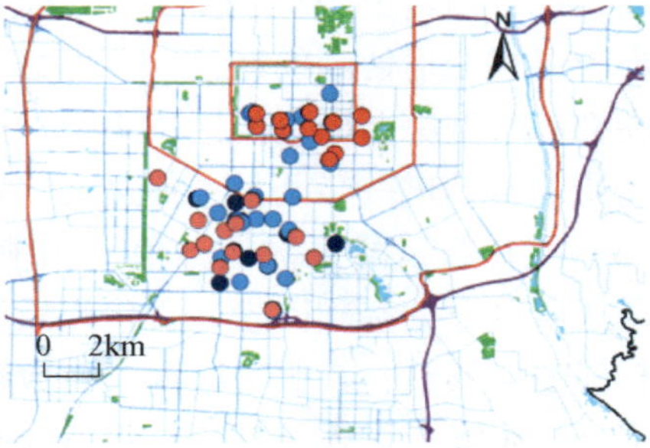

回归系数 ●6.588~6.589 ●6.590~11.326 ●11.327~13.638 ●13.639~13.640

(d) 一级商服中心

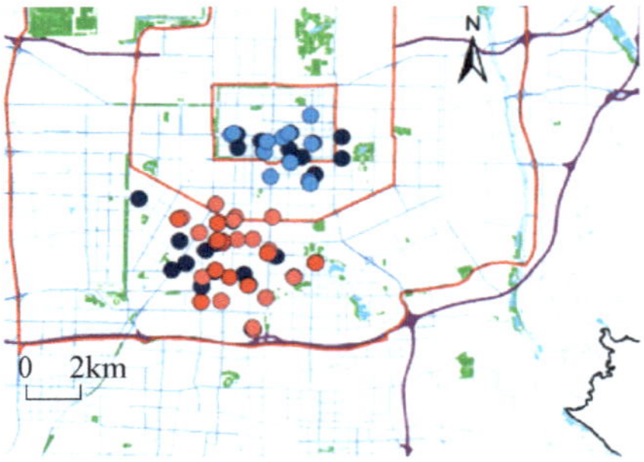

(e) 人均可支配收入

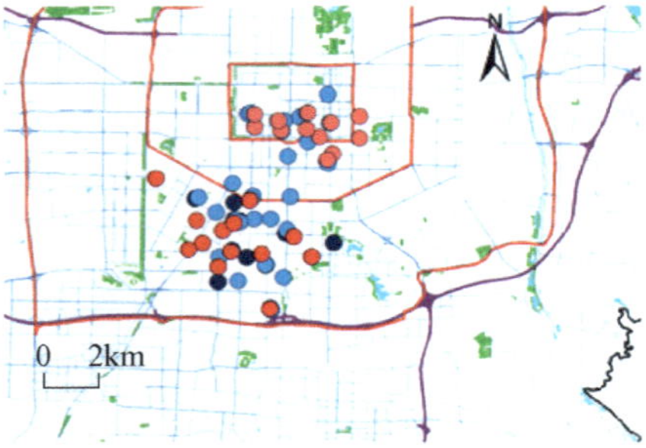

(f) 少儿人口占比

图 5-1　平移对称结构 GTWR 模型回归系数分布

差距小，其影响效果在空间上的表现较为稳定。道路距离指标的影响最为显著，证明平移对称结构的形成与城市道路网络格局密切相关，且两者之间呈负相关。值得注意的是，热点与主要道路的最远距离不超过 250m，表明毗邻主要城市道路会出现人员拥挤、噪声污染和环境污染等问题，而布置密集的或客流较大的文娱场所会影响交通畅通，且不便于顾客停留，因此文化娱乐场所会选择布局在距离主要道路一定范围内的区域。其中，城市老城区受这一因素的影响程度最大，该区域建设历史悠久、土地利用集约性强、道路密度极高，距离主要道路过近易对文化娱乐场所产生较大的负面影响。

（2）综合商场的系数估计值为正值，对平移对称结构中的热点分布发挥正向作用，即文化娱乐场所 1000m 服务区内的综合商场数量越多，文化娱乐场所的数量也会随之增长，其影响程度仅次于道路距离，且正向影响作用的空间分异程度较低。其回归系数的正值高值区与现实中综合商场的集中分布区相吻合，而研究表明，综合商场的空间分布受到道路交通、人口规模和经济因素的临近性影响，亦布局在交通便利的区位（周丽娜和李立勋，2020）。因此，文化娱乐业倾向于在拥有大型综合商场的区位集中，这在一定程度上使得城市道路结构对文化娱乐场所的影响进一步凸显，促进文化娱乐业的热点形成平移对称分布态势。

（3）人口数量的系数估计值为正值，且数值差距极小，表明人口数量是文化娱乐场所分布的基础因素。文化娱乐场所作为城市的服务性营业设施，对人口具有较强的依赖性，其服务区内人口数量增加所带来的消费需求增长，会吸引更多的文化娱乐场所进入。其中，正值的相对高值区域主要出现在二、三环间的城市西南部地区，这主要是由于西安市人口密度围绕主城区中心呈等级圈层分布，在钟楼片区、小寨片区和高新片区形成人口密度高值区（李维维和马晓龙，

2019）。由于老城区内人口分布密集，城市中心区内的文化娱乐场所服务区内的人口数量差异较小；而城市西南区域的人口数量差异相对明显，因此人口数量对文化娱乐场所分布的影响在该区域表现得更为突出。

（4）一级商服中心的系数估计值均为正值，与文化娱乐业热点的空间布局主要呈负相关关系，即靠近一级商服中心会使文化娱乐场所减少，其中一环以内的老城区受影响程度最大。通过深入考察发现，文化娱乐场所在一级商服中心的主要分布受到城市主要道路、局部商圈的深刻影响，突出表现为回归系数高值点在城市中心区内沿东西中轴线、南一环等分布，一级商服中心的作用受到限制。这表明文化娱乐场所在局部区域进行布局选择时，更加偏向于靠近城市主要道路和局部商业综合体。

（5）人均可支配收入的系数估计值有正有负，不同空间位置的相关性的方向不同，其正向影响作用在空间上突出表现在二、三环间的城市西南部地区。这一区域位于西安高新区内，具有居住环境优美、高端消费人群数量大以及基础设施完善等优点，区域居民文娱消费需求较高，对文化娱乐场所的集聚分布具有极大的促进作用。

（6）少儿人口占比的系数估计值为正值，对文化娱乐业的热点形成具有正向促进作用，即文化娱乐场所服务区内少儿人口占比增加，会带来文化娱乐场所数量的增长。这表明城镇家庭少儿人口占比具有显著的文娱消费需求效应（曹佳斌和王珺，2019），服务区内少儿人口占比的提高会在一定程度上助推文化娱乐消费增加。其回归系数的正值高值区位于二、三环间的城市西南部地区，该区域与城市中心区相比，具有少儿人口占比较高、人均收入水平较高和受教育程度较高的特点，消费群体数量大，在一定程度上能够促进当地文化娱乐业的繁荣和发展。

综上所述，不同要素对文化娱乐业平移对称结构形成的影响方向、影响程度、影响范围均存在较大的空间异质性。其中，道路距离和综合商场对平移对称结构形成的作用最为明显，反映出该结构形成与城市道路网络格局密切相关，而人口数量和人均可支配收入是促进文化娱乐业热点发育的重要因素；少儿人口占比和一级商服中心则在一定程度上对文化娱乐业的热点形成与平移对称结构发育起到助推作用。在空间形态上，城市中心区与二、三环间的城市西南部区域的文化娱乐业平移对称结构的形成都主要是受道路距离和综合商场的影响，道路距离的突出影响表现在城市中心区，综合商场的突出影响表现在城西南区域。

（二）轴对称结构的影响因素

从表 5-3 可以看出，轴对称结构 GTWR 模型的 R^2 和校正 R^2 分别为 0.925 和

0.881，模型拟合效果好，解释力度强。对各个指标的回归系数进行统计发现，除 OLD、RATIO 和 FPA 外，其余变量均在 99% 的置信区间下显著，这些系数表示的时空关系具有明显的时空非平稳性。根据回归系数，各个指标按影响程度由大到小排序为 POP、COMMERCIAL、QUARTER、ZHONGLOU、PCDI、ROAD、METRO、BUS、CHILD、MALL、OLD、RATIO、FPA。各个解释变量的回归系数均有正有负，但除 OLD 影响因素外，中位数与平均值的数值符号方向相同，表明各类因素的促进或抑制效应是同时作用的，但在大范围区域内的作用方向具有一致性。但是各个指标的系数估计值之间差异显著，其中 POP 系数最大，影响最为明显，而 OLD、RATIO 和 FPA 系数低，且未通过显著性检验。

表 5-3　轴对称结构的热点值 GTWR 模型回归结果

解释变量	最小值	下四分位数	中位数	上四分位数	最大值	平均数	*P* 值
ROAD***	-75.838	-56.468	-30.424	-8.177	30.882	-27.730	0.000
METRO***	-32.490	-24.205	-21.518	-18.914	1.320	-21.155	0.000
BUS***	-64.283	-40.660	-9.206	2.594	16.377	-17.133	0.000
POP***	0.767	36.061	50.751	96.564	122.918	61.727	0.000
CHILD***	-49.488	-32.904	-28.028	3.837	81.966	-15.958	0.001
OLD	-23.778	-16.669	-0.314	15.350	76.715	2.427	0.517
RATIO	-80.184	-23.648	2.129	32.000	62.885	2.023	0.764
PCDI***	-19.895	19.399	32.446	36.951	48.079	28.452	0.000
ZHONGLOU***	-45.892	10.481	23.264	41.975	174.933	30.945	0.000
COMMERCIAL***	-20.271	29.782	70.861	85.946	115.402	53.939	0.000
MALL***	-6.159	-2.483	7.794	15.315	19.725	6.714	0.000
FPA	-30.889	-11.650	-4.130	10.033	29.884	-0.121	0.954
QUARTER***	-84.655	-75.195	-53.210	-22.091	28.587	-42.741	0.000
	R^2	校正 R^2	带宽	残差平方和	Sigma（ml）	AICc	时空距离比
GTWR	0.925	0.881	0.179	8243	15.132	684.111	0.500

*** 通过 0.01 显著性检验。

（1）人口数量的系数估计值为正值，即文化娱乐场所服务区内人口数量的增长会带来文化娱乐场所数量的显著增加。回归系数的数值差异明显，高值区域在二、三环间的城南地区，是西安市人口分布的高密度区，区域内人口分布具有明显的空间非均衡性，文化娱乐场所进行区位选择时对于人口数量的变化较为敏感，区位布局时倾向于靠近人口集中居住区。而低值区域位于老城区内，是西安市人口分布的主中心，整个区域内人口数量的空间分布差异较小，人口数量要素对文娱消费的正向效应具有较不明显性。

（2）二级商服中心的系数估计值在空间上具有较大的差异性，影响文化娱乐热点的方向有正有负。回归系数的负值低值区分布在老城区内，文化娱乐场所具有靠近二级商服中心分布的布局偏好，表明二级商服中心对该区域内早期文化娱乐热点的形成具有重要的促进作用。回归系数的正值高值区主要位于二、三环间的城南地区。通过考察发现，该区域内的文化娱乐场所主要分布在城市南北主干线东西两侧，偏好于靠近城市主要道路布局，而二级商服中心却分布在上述热点区域外的东西侧，故而文化娱乐业热点远离二级商服中心分布。

（3）文化产业示范园区（基地）的系数估计值主要为负值，对文化娱乐业的热点分布主要发挥正向影响，即距离文化产业示范园区（基地）越近，文化娱乐业的热点值越大。可见，文化娱乐场所具有靠近文化产业示范园区（基地）布局的区位选择偏好，这种正向影响在空间上的突出表现区域在二、三环间的城南地带。西安市文化产业示范园区（基地）主要分布在三环以内的城市南部，其所带来的优惠政策与直接投资等，对周边文化娱乐场所的快速发展起到推动作用。

（4）一级商服中心的系数估计值主要为正值，与文化娱乐业热点的空间布局具有明显的负相关性，在一、二环间的城北区域表现最为明显，老城区及其以南的长安路沿线次之。在这些区域内，文化娱乐场所主要分布在城市主干线两侧、地方性的商业中心和文化产业示范园区（基地）附近，一级商服中心的作用受到限制，对文化娱乐场所显示出负向作用。

（5）人均可支配收入的系数估计值绝大多数都为正值，与文化娱乐业热点的空间分布呈明显的正相关关系，即文化娱乐场所服务区内居民收入水平越高，文化娱乐场所的数量越多。回归系数的正值高值区主要分布在老城区及其以南的长安路沿线。这些区域不仅有中高档居住区，还存在低收入群体居住区，人均可支配收入的区域差异明显，这使得该要素对文化娱乐业热点的空间分布作用更为显著。

（6）道路距离的系数估计值主要为负值，在大多数区域内发挥正向作用，这表明文化娱乐业的布局倾向于靠近城市主要道路，距离主要道路越远，文化娱乐场所的数量越少。但是两者间的作用关系存在明显的空间差异，老城区和二、三环间的城市南部为典型代表。在老城区内，据上述分析，其文化娱乐场所的形成主要受到二级商服中心、文化产业示范园区（基地）和人均可支配收入等要素的正向促进作用，道路距离的正向作用效应不突出，并在局部区域呈现出负向影响。而在城市南部区域，文化娱乐场所分布受城市南北向主干线影响较大，倾向于靠近城市主要道路布局，两者呈现出明显的正相关关系。

综上所述，文化娱乐业轴对称结构的形成受到不同要素的作用，人口数量、文化产业示范园区（基地）、人均可支配收入和道路距离主要发挥正向作用，是局部区域内文化娱乐热点形成的主要驱动因素，二级商服中心和一级商服中心的影响结果主要为负向，正向作用仅出现在局部区域。而人口数量和各类居民活动场所与道路基础设施的联系非常紧密，可达性、便捷性一般是人们考虑的主要因素（余洋和甄峰，2009）。社会经济要素所固有的对称性，在道路距离的助推作用下，会在城市局部空间结构形态中凸显出来，并通过文化娱乐业的空间分布特征进行表征。在空间形态上，城市中心区文化娱乐业轴对称结构的形成主要受人口数量、二级商服中心、文化产业示范园区（基地）、人均可支配收入和道路距离等多因素的综合影响，人均可支配收入占据主导地位；而二、三环间的城市南部则主要受人口数量、文化产业示范园区（基地）和道路距离的突出影响，主导因素为人口数量（图 5-2）。

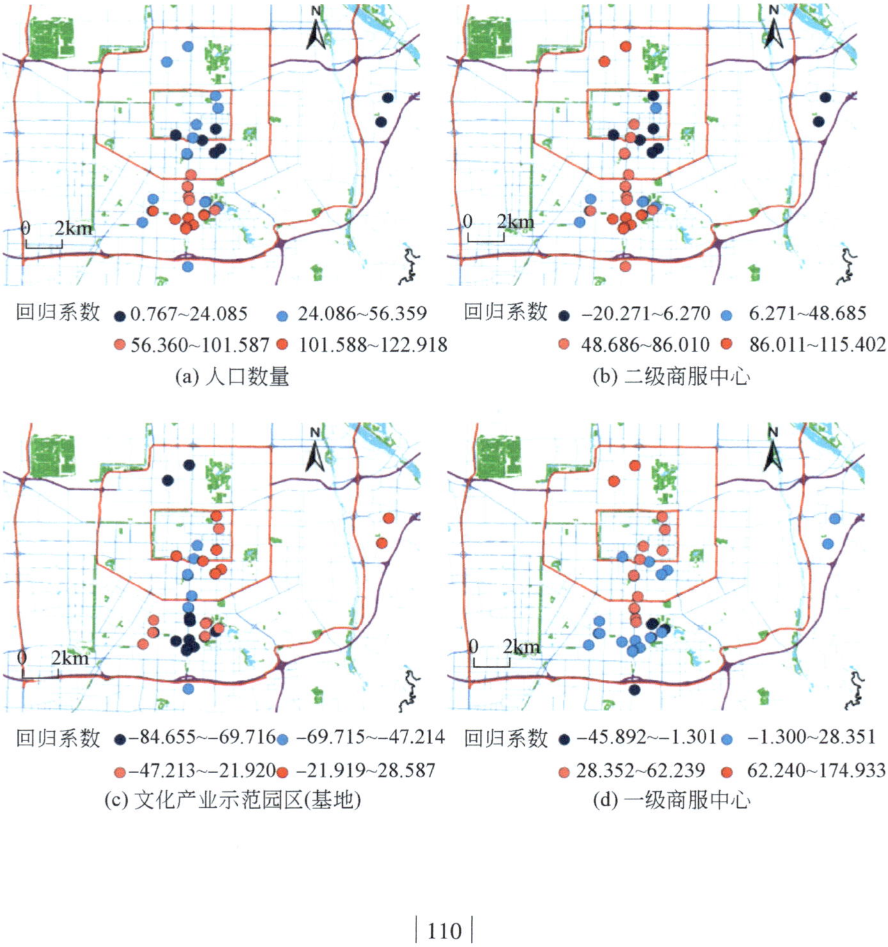

(a) 人口数量　(b) 二级商服中心

(c) 文化产业示范园区(基地)　(d) 一级商服中心

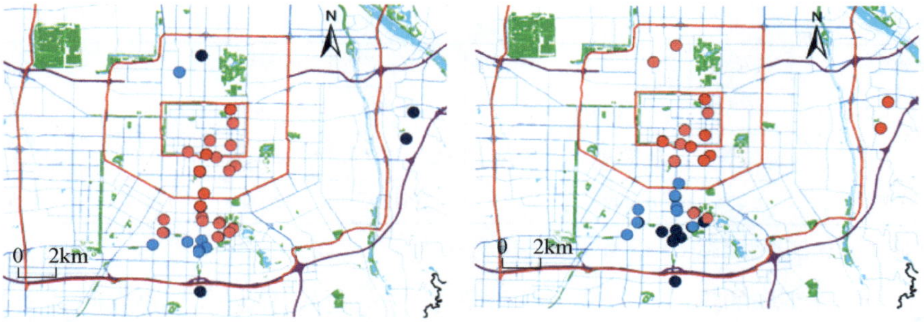

(e) 人均可支配收入　　(f) 道路距离

图 5-2　轴对称结构 GTWR 模型回归系数分布

(三) 独立层次结构的影响因素

从表 5-4 可以看出，独立层次结构 GTWR 模型的 R^2 和校正 R^2 分别为 0. 474 和 0. 242，统计结果显示：ROAD、BUS、POP、ZHONGLOU、MALL、FPA、QUARTER 的 P 值均为 0. 000，表明在 99% 的置信区间下显著，OLD 和 PCDI 在 95% 的置信区间下显著，而 METRO 和 CHILD 未通过显著性检验。根据影响程度排序，该结构主要受到 MALL、POP、QUARTER、ZHONGLOU、ROAD、BUS 等因素影响，且绝大多数指标在空间上的多数范围内作用方向一致。

表 5-4　独立层次结构的热点值 GTWR 模型回归结果

解释变量	最小值	下四分位数	中位数	上四分位数	最大值	平均数	P 值
ROAD***	6. 299	12. 189	16. 175	17. 026	19. 925	15. 006	0. 000
METRO	-31. 231	-0. 145	3. 776	4. 797	6. 345	-1. 063	0. 534
BUS***	-22. 057	-11. 440	-9. 036	-2. 788	-0. 908	-7. 794	0. 000
POP***	-27. 399	-18. 546	-18. 135	-17. 909	-16. 120	-18. 590	0. 000
CHILD	-27. 063	-5. 076	-1. 007	6. 141	7. 786	-1. 798	0. 186
OLD**	-5. 970	-4. 111	0. 707	6. 577	31. 637	3. 233	0. 057
PCDI**	-34. 181	-14. 302	-5. 398	6. 707	19. 768	-4. 740	0. 045
ZHONGLOU***	8. 805	10. 316	13. 334	18. 627	28. 821	15. 037	0. 000
MALL***	11. 698	15. 230	21. 876	25. 479	36. 025	21. 282	0. 000
FPA***	-18. 544	-6. 175	-2. 887	-1. 613	-0. 394	-4. 979	0. 000

续表

解释变量	最小值	下四分位数	中位数	上四分位数	最大值	平均数	P 值
QUARTER ***	−41. 578	−23. 617	−21. 558	−11. 518	8. 743	−18. 348	0. 000
	R^2	校正 R^2	带宽	残差平方和	Sigma（ml）	AICc	时空距离比
GTWR	0. 474	0. 242	0. 311	56409	39. 046	478. 290	0. 100

** 通过 0. 05 显著性检验；*** 通过 0. 01 显著性检验。

（1）综合商场的系数估计值均为正值，与文化娱乐业热点的空间分布呈显著正相关，在南二环外的城市西南部区域和东三环外的城市东部区域出现峰值。这表明在城市的较外围区域内，文化娱乐业热点的形成与商业综合体所营造的良好商业氛围密切相关，成为一定范围内文化娱乐场所聚集的主要影响因素，是文化娱乐场布局的主要依附载体。

（2）人口数量的系数估计值均为负值，与文化娱乐业热点的空间分布表现为负相关关系，即服务区内人口数量的增长反而会使得区域内文化娱乐场所的数量出现下降，原因可能在于：当文化娱乐场所服务区内的人口数量达到所需要的门槛人数时，就会拉动城市不同文化娱乐场所的布局与发展，表现为在较外围的区级行政中心和学校集中地等区域内，人口的高密度分布使热点发育。但受其他要素的影响，其文化娱乐集聚区的形成规模与形成时间都明显滞后于城市中心区，且更加依赖当地服务区的人口数量，故而在空间上出现两者不匹配的现象。

（3）文化产业示范园区（基地）的系数估计值主要为负值，对文化娱乐业热点的空间分布主要发挥正向作用。系数的正值主要出现在城市较外围的东部区域，由于该区域内文化产业示范园区（基地）数量少且分布分散，文化娱乐场所对于其表现得不敏感。

（4）一级商服中心的系数估计值为正值，与文化娱乐业热点呈负相关关系。具有独立层次结构的热点多数分布在城市较外围区域内，远离城市中心钟楼。热点的形成与局部商圈、政策环境等密切相关，一级商服中心因子则受距离影响，对文化娱乐场所的形成表现为负向作用，突出表现在城市二环西南角外的局部区域，以及东三环外的城市东部地区。

（5）道路距离的系数估计值均为正值，独立层次结构中文化娱乐业热点的分布受到道路距离的负向影响。城市中心区是西安市交通路网中密度最大的区域，整体路网以明城墙为中心，按照“环状+棋盘式”的格局向外辐射扩展；城市较外围区域则表现为道路网密度低、道路尺度大。这使得较外围区域的文化娱乐业热点距离城市主要道路的距离远大于城市中心区，而较外围区域的文化娱乐业热点发育时间晚、聚集强度高，故而两者之间表现为负相关关系，突出表现在二、三环间的城市西南部区域。

（6）公交站点的系数估计值均为负值，对文化娱乐业热点的分布发挥负向作用，其原因可能与一级商服中心指标一致，即西安公交站点的空间分布密集区与独立层次结构中热点的分布不一致，两者的空间错位导致出现负相关关系。回归系数的负值高值区主要出现在城市中心区，该区域内公交站点分布最为密集，公共交通便利，文化娱乐场所的数量较多，因此综合作用下两者的负相关关系不显著。

综上所述，文化娱乐业独立层次结构的形成主要受到综合商场和文化产业示范园区（基地）的正向作用。在城市的局部地区内，区域商圈营造良好的商业氛围，城市居民分布与人均收入的增长带动消费需求的持续增长，政府支持所带来的优惠政策与直接投资推动基础设施改善与相关产业发展，使得大量的独立文化娱乐热点发育，但受到驱动要素的规模限制和其他要素的阻碍作用，尚未形成热点集聚，与之对应的高等级热点区分布范围小，层次结构表现单一。在空间形态上，各区域文化娱乐业独立层次结构的形成都与综合商场和文化产业示范园区（基地）的正向作用密切相关。其中，文化产业示范园区（基地）的突出影响表现在城市西南部区域，而其他区域的主要驱动因素为综合商场（图 5-3）。

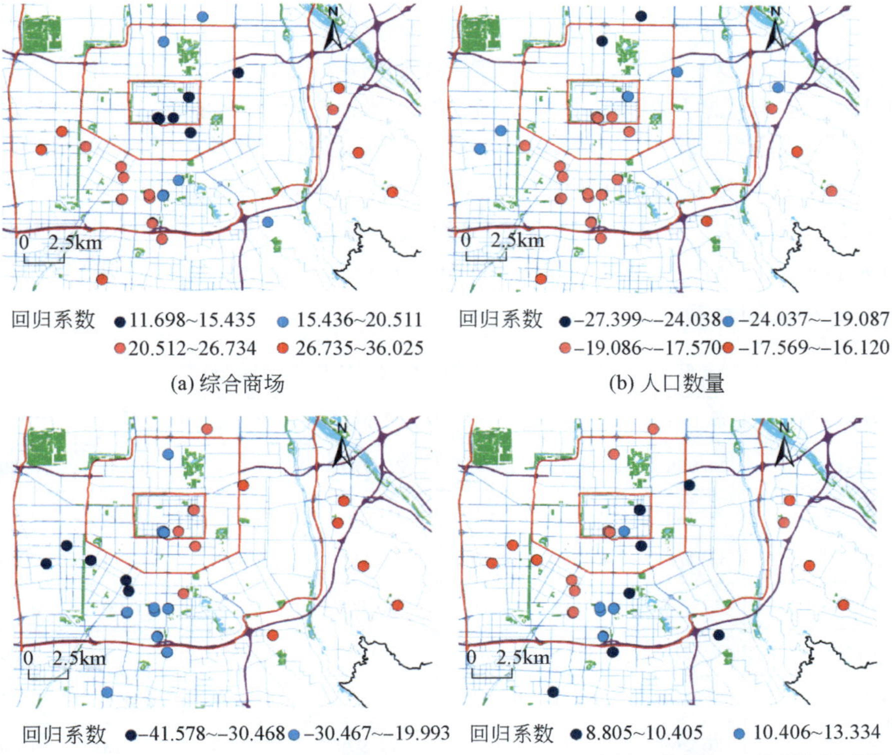

(a) 综合商场

(b) 人口数量

(c) 文化产业示范园区(基地)

(d) 一级商服中心

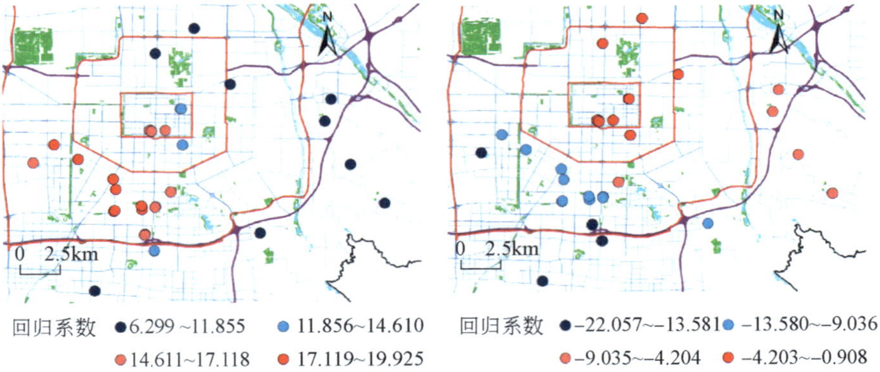

(e) 道路距离　　(f) 公交站点

图 5-3　独立层次结构 GTWR 模型回归系数分布

（四）复杂层次结构的影响因素

从表 5-5 可以看出，复杂层次结构 GTWR 模型的 R^2 和校正 R^2 分别为 0. 474 和 0. 163。数据汇总后发现，除 METRO 外，其他指标的 P 值均小于 0. 01，均通过 0. 01 的显著性检验，而 METRO 未通过显著性检验。各项指标回归系数的中位数和平均数之间相差小，且数值符号保持一致，表明这些要素在空间大范围内的影响效果差距不大。根据回归系数的绝对值，将影响程度由大到小排序为 BUS、ZHONGLOU、ROAD、MALL、FPA、PCDI、POP 等，上述指标均对该结构的形成产生一定程度的影响。

表 5-5　复杂层次结构的热点值 GTWR 模型回归结果

解释变量	最小值	下四分位数	中位数	上四分位数	最大值	平均数	P 值
ROAD***	24. 996	27. 539	28. 858	35. 970	39. 087	30. 748	0. 000
METRO	-1. 723	-0. 905	-0. 108	0. 336	3. 143	-0. 072	0. 345
BUS***	33. 272	34. 176	35. 166	35. 642	36. 442	34. 965	0. 000
POP***	-17. 779	-17. 143	-17. 002	-16. 830	-16. 267	-17. 007	0. 000
OLD***	1. 181	1. 853	3. 021	4. 156	6. 535	3. 160	0. 000
RATIO***	2. 242	3. 880	5. 532	9. 356	13. 342	6. 653	0. 000
PCDI***	-26. 269	-21. 403	-20. 570	-17. 920	-14. 677	-20. 181	0. 000

续表

解释变量	最小值	下四分位数	中位数	上四分位数	最大值	平均数	P 值
ZHONGLOU ***	-34. 035	-33. 574	-33. 015	-32. 446	-30. 783	-32. 907	0. 000
COMMERCIAL ***	-5. 752	-5. 638	-5. 112	0. 582	0. 888	-3. 369	0. 000
MALL ***	23. 760	24. 625	25. 492	30. 474	32. 746	26. 942	0. 000
FPA ***	-28. 276	-25. 764	-17. 669	-17. 463	-16. 615	-20. 433	0. 000
QUARTER ***	4. 731	7. 332	8. 489	8. 840	9. 537	8. 088	0. 000
	R^2	校正 R^2	带宽	残差平方和	Sigma（ml）	AICc	时空距离比
GTWR	0. 442	0. 163	0. 681	149365	63. 537	472. 979	0. 600

*** 通过 0. 01 显著性检验。

（1）公交站点的系数估计值均为正值，与文化娱乐业热点的分布呈正相关关系，即文化娱乐场所 1000m 服务区内的公交站点越多，文化娱乐业热点值越高。公交站点对公共交通便捷性的提升，能够带动区域内文化娱乐业场所规模的增长。从空间分布来看，回归系数表现较为稳定，最值、中位数和四分位数之间相差小，表明公交站点要素对文化娱乐业热点分布的作用效果空间分异程度较低。其中，效应最值集中分布在城市中心区的南一环附近，南二环外的小部分区域次之。城市中心区是公交站点分布最密集的区域，公共交通条件发达，流动人口出行的便捷性高，具备形成文化娱乐业集聚热点区的天然优势。而城市西南部地区由于缺乏地铁站点，公交站点的相对规模分布对该区域交通便捷性的改善起到了较为重要的作用。

（2）一级商服中心的系数估计值均为负值，对文化娱乐业热点形成具有正向促进作用，即距钟楼越近，文化娱乐场所的数量在一定程度上越多。其正向效应的影响程度相近，表现为回归系数的空间分异程度较低，其负值的相对低值区分布在城市中心区的南一环西段附近和南二环西段外缘。

（3）道路距离的系数估计值为正值，与文化娱乐业热点分布呈显著负相关关系。统计结果显示，热点与主要道路的距离最远不超过 250m，表明文化娱乐场所分布在主要道路的一定范围内，但会与主要道路之间保持一定距离，以减少其所带来的人员拥挤、噪声污染和环境污染等问题，同时便于顾客停留。对道路距离最敏感的热点分布在城市中心区的南一环附近，以及南二环西段外侧的小部分区域内。

（4）综合商场的系数估计值均为正值，对文化娱乐业热点的空间分布具有较强的正向作用，突出表现在城市中心区的南一环附近，该区域内综合商场的规模分布为健身中心这一文化娱乐场所带来了丰富的客源市场。

(5) 功能定位的系数估计值为负值，即热点所处街道的功能区划类型的赋值越高，文化娱乐场所的数量范围越小，原因可能在于：复杂层次结构中的热点大多数分布在商业区、大学城、居住区，以及这几种类型的复合功能区，而这些功能区的赋值均较高；但功能定位数据以街道为尺度，适合反映具有显著差异的功能区划类型之间的文化娱乐业分布差异，在表征赋值接近的功能区划类型中文化娱乐业热点的形成原因时，综合商场、公交站点等更小尺度的因素更具有解释力。

(6) 人均可支配收入的系数估计值为负值，与文化娱乐业热点的空间分布具有明显的负相关关系，即人均收入水平的提高未带来文化娱乐场所的集中分布。西安市的中高收入群体主要聚居在近郊区自然与人文环境优越的地带，其中曲江新区、高新区和经开区分布着中高档居住区，这些区域的人均可支配收入明显高于城市中心区；但钟楼片区拥有最高规模的完整层次结构，文化娱乐场所集聚特征最为明显，因此出现人均可支配收入与文化娱乐业分布不匹配的现象。

综上所述，文化娱乐业复杂层次结构的形成受到多种因素的综合作用，公交站点、一级商服中心和综合商场等表现为正相关关系，道路距离、功能定位和人均可支配收入表现为负相关关系。复杂层次结构的热点多分布在城市发育成熟的地区，该地区具有社会经济环境好、流动人口或居住人口规模大、交通条件便利等优势，这使得文化娱乐业热点发育具有良好的环境基础。局部区域内提升型要素的出现，对于区域内文化娱乐热点规模等级的提高、完整层次结构的形成具有重要作用。在空间形态上，区域内复杂层次结构的形成均受到公交站点、一级商服中心与综合商场等的正向作用，各项指标均对该结构的形成产生一定影响，区域间差异不明显（图 5-4）。

(a) 人均可支配收入　　(b) 道路距离

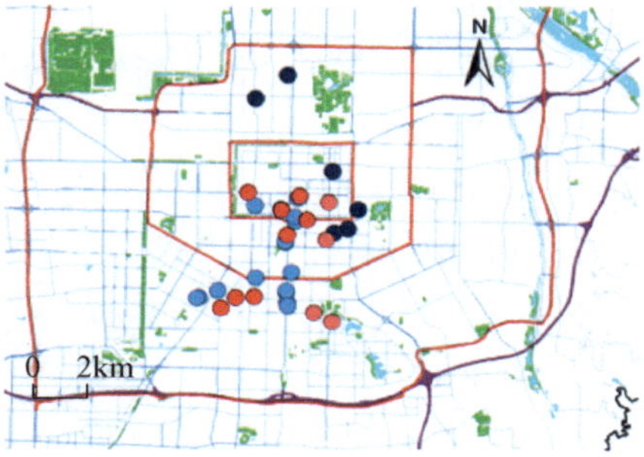

回归系数 ●31.261~31.381 ● 31.382~31.494 ●31.495~32.164 ● 32.165~32.256

(c) 综合商场

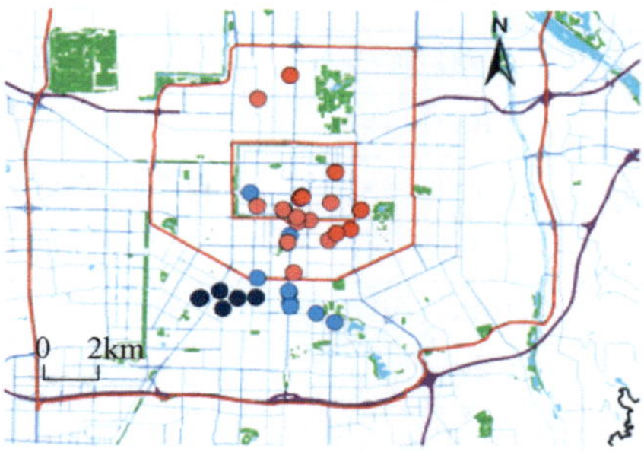

回归系数 ●-26.548~-26.406 ● -26.405~-26.182 ●-26.181~-26.049 ● -26.048~-25.900

(d) 一级商服中心

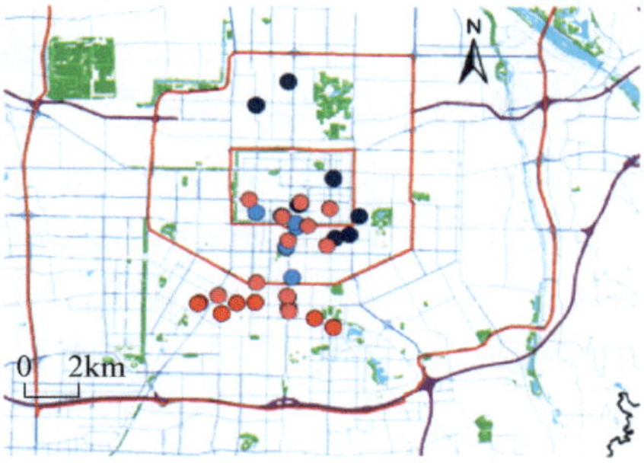

回归系数 ●25.468~25.599 ● 25.600~25.751 ●25.752~25.942 ● 25.943 ~26.254

(e) 公交站点

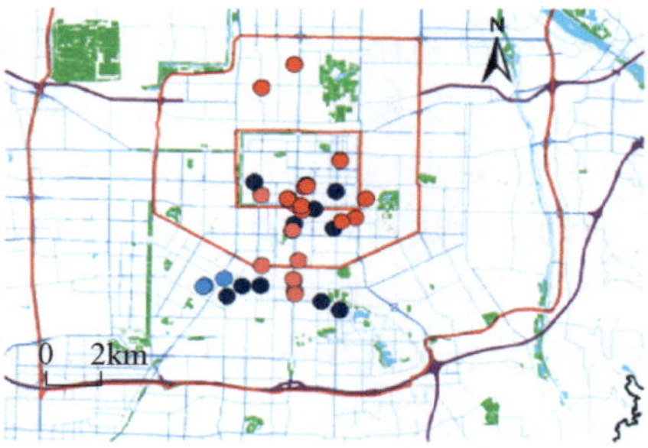

回归系数 ●-25.864~-25.491 ● -25.490~-24.206 ●-24.205~-24.005 ● -24.004~-23.770

(f) 功能定位

图 5-4 复杂层次结构 GTWR 模型回归系数分布

三、文化娱乐业空间结构图谱成长原理的解析

文化娱乐业空间结构是城市发展演变的阶段性与区域性特征的集中体现，其形成受到宏观环境因素与微观人口特征的交互作用，同时还受到交通因素、人口因素、政策因素、区域经济、商业区位 5 个方面 14 个指标的交叉影响。不同类型的文化娱乐业结构，其主要驱动因素之间存在明显的相似性与差异性（表 5-6）。

表 5-6　不同类型文化娱乐业空间结构的影响因素排序及影响效应

序号	平移对称结构	轴对称结构	独立层次结构	复杂层次结构
1	ROAD（−）	POP（+）	MALL（+）	BUS（+）
2	MALL（+）	COMMERCIAL（−）	POP（−）	ZHONGLOU（+）
3	POP（+）	QUARTER（+）	QUARTER（+）	ROAD（−）
4	ZHONGLOU（−）	ZHONGLOU（−）	ZHONGLOU（−）	MALL（+）
5	PCDI（−）	PCDI（+）	ROAD（−）	FPA（−）
6	CHILD（+）	ROAD（+）	BUS（−）	PCDI（−）

根据不同指标对不同文化娱乐业热点的空间分布影响效应进行分析，将影响因素指标划分为基础型因子、发展型因子和辅助型因子，分别通过供需机制、触发机制和强化机制作用于文化娱乐场所空间布局与区位选择。由于受到多种因素的综合作用，文化娱乐业热点存在个体选址的差异，经过个体积累效应，形成不同类型的静态热点空间格局，再经过时间积累效应，空间结构形态得到进一步发展，形成动态的热点时空演化规律。由此从影响因子、作用机制、作用过程 3 个方面构建西安市文化娱乐业空间结构演化的发育机制，见图 5-5。其中，基础型因子对文化娱乐业热点的形成起基础性作用，包括人口数量、少儿人口占比、人

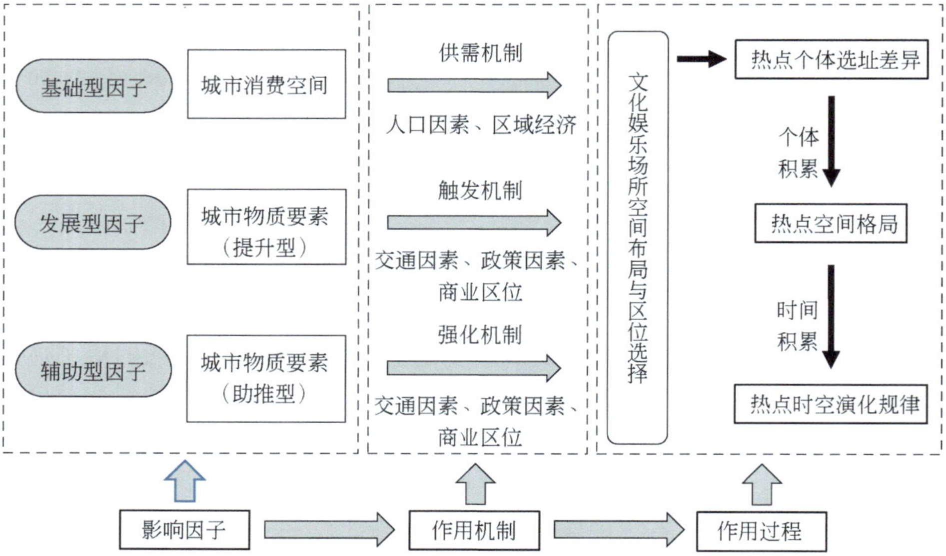

图 5-5　西安市文化娱乐业空间结构演化的发育机制

均可支配收入等因素，这些指标决定了文娱的消费市场规模及服务对象规模，文化娱乐业的热点发育需要依托区域内的文娱消费供给和需求关系。发展型因子促使文化娱乐业热点排列组合形成不同类型的对称结构与等级结构，包括道路距离、综合商场、文化产业示范园区（基地）、公交站点、一级商服中心等因素，不同类型的文化娱乐业空间结构的形成是不同发展型因子刺激与引导的结果。辅助型因子则对文化娱乐业热点及其结构的形成未表现出突出的正向作用，但这些指标的空间分布在一定程度上助推了城市文化娱乐业空间结构的形成，包括二级商服中心、功能定位等。

四、本章小结

本章首先根据相关研究结果对西安市文化娱乐业的相关影响因素进行定性分析，在此基础上遴选出 5 个方面 14 项指标用于定量测度。其次，通过调用 ArcGIS 10.2 软件中的 GTWR 分析工具，构建模型分别测度西安市文化娱乐业热点横向空间分布表现出的平移对称结构和轴对称结构，以及纵向规模等级所表现出的独立层次结构和复杂层次结构的主要驱动因素，并在此基础上提取出西安市文化娱乐业空间结构演化的发育机制，主要结论如下。

（1）西安市不同类型文化娱乐业空间结构的主要驱动因素。基于两种对称结构与两种等级结构的 GTWR 模型结果分析发现，不同类型文化娱乐业空间结构的影响因素之间存在显著的相似性与差异性。

就平移对称结构而言，人口数量所带来的消费需求增长和人均可支配收入所带来的消费能力上升是促进文化娱乐业热点形成的重要原因。在此基础上，道路距离和综合商场的突出影响促使文化娱乐业的热点分布与城市道路结构密切联系，在空间上形成平移对称的分布态势，而少儿人口占比和一级商服中心则在一定程度上对上述热点的形成与排列组合产生助推作用。

就轴对称结构而言，人口数量是其文化娱乐业热点形成的首要因素，其正向作用突出表现在二、三环间的城南区域，而人均可支配收入对文化娱乐业热点发挥重要的正向作用，是城市中心区内热点形成的主导因素。文化产业示范园区（基地）等社会经济指标与道路建设联系紧密，而城市局部空间结构形态在很大程度上取决于社会经济因素和局部道路网格局，因此社会经济要素所固有的对称性在道路距离的助推作用下，会在城市局部的空间结构形态中凸显出来，并使得受其影响的文化娱乐业空间结构具有普遍对称性，而一级商服中心和二级商服中心则在一定程度上助推了对称结构的形成。

就独立层次结构而言，与前两者不同，其热点的空间分布主要受到人口数量的负向影响，且人均可支配收入的影响并不显著。这主要是由于位于独立层次结构中的文化娱乐业热点多分布在城市的较外围区域。一方面，城市居民分布与收入水平达到一定规模会驱使文化娱乐业热点发育；另一方面，受到人口数量规模和人均可支配收入水平的限制，文化娱乐业热点分布表现为更加依赖当地的人口数量，城市居民分布与人口规模增长带动消费需求的持续增长，热点表现出数量少且分布分散的特征。综合商场通过区域商圈营造良好的商业氛围；文化产业示范园区（基地）通过优惠政策与直接投资推动基础设施改善与相关产业发展，对区域内文化娱乐业热点的区位选择具有明显的正向引导作用，受热点规模以及本身影响范围限制，未形成热点的集聚分布区。一级商服中心、道路距离、公交站点等其他因素多表现为不显著甚至以负向影响为主，在一定程度上阻碍了局部区域内文化娱乐业热点的发育，并进一步促进文化娱乐业独立层次结构的形成。

就复杂层次结构而言，与前三者表现都不同，文化娱乐业热点的分布主要是受到人口数量和人均可支配收入的负向影响作用。这主要是由于复杂层次结构的热点多分布在城市发育成熟的地区，这些区域具有社会经济环境好、流动人口和居住人口规模大以及人均收入水平较高的特点，在良好的环境基础上发育了大量的文化娱乐热点。基于此，热点的分布主要受到局部区域内提升型要素的突出影响，如公交站点、一级商服中心和综合商场等。功能定位和道路距离等空间差异较小的要素则表现不显著，对复杂层次结构的形成仅起到一定的辅助作用。

（2）西安市文化娱乐业空间结构的发育机制。在对不同类型文化娱乐业空间结构的影响因素分析与主导因素识别的基础上，将文化娱乐业的影响因素指标划分为基础型因子、发展型因子和辅助型因子 3 类。其中，基础型因子通过供需机制促使文化娱乐业热点发育，主要包括人口数量、人均可支配收入、少儿人口占比等；发展型因子通过触发机制引领文化娱乐业空间结构的形成，包括道路距离、综合商场、文化产业示范园区（基地）、公交站点、一级商服中心等因素；辅助型因子则通过强化机制助推文化娱乐业结构的形成与发展，包括二级商服中心、功能定位等。基于此，从影响因子、作用机制、作用过程 3 个方面构建西安市文化娱乐业空间结构演化的发育机制。

出 行 篇

第六章　西安市文化娱乐业空间可达性综合测度与总体格局

城市交通网络是城市空间的基本骨架，不同等级和不同密度的道路联系着城市不同的功能空间，塑造并改变着城市空间的基本形态。交通可达性作为衡量城市不同功能空间联系程度的指标之一，能够最直观地测度始发地通过交通网络到达目的地的时间成本。文化娱乐业核心的可达性反映了城市居民在一定时限内接近文化娱乐业的难易程度，以及交通基础设施对其腹地支撑能力的大小。由可达性范围划分的文化娱乐业“时空圈”，以不同交通方式的时耗距离来定义可达空间半径。可达范围的空间半径越大，则表示城市之间通过交通方式产生的联系越紧密，文化娱乐业能够支撑和覆盖的空间尺度也就越大。因此，对西安市文化娱乐业的可达性进行综合测度并挖掘其总体格局，有利于从城市交通基础设施的角度出发，揭示文化娱乐业的空间供给与城市居民消费需求的耦合程度，进而解析不同地区城市空间的拓展模式。

本章基于步行、小汽车和公共交通 3 种交通方式，测度西安市不同地区的住宅楼宇至文化娱乐等级核心的出行时耗，描绘城市分业态和分等级文化娱乐业的可达性画像，进一步提取综合交通可达性“时空圈”，总结文化娱乐空间依托交通可达性的区位布局规律，定位文化娱乐场所分布的典型薄弱区，进而提出相应的空间优化策略。

一、西安市文化娱乐业中心交通可达性阈值标准

文化娱乐业的区位选址具有显著的交通指向型，主要位于路网密集区和道路节点区，并靠近公交站点和地铁站点布局，即遵循“最优距离法则”。城市居民会根据自身需求和时间精力选择距离较近的文化娱乐场所进行消费；考虑到文化娱乐业不同等级核心的吸引强度对居民出行活动的影响，当消费者为了享受更高等级和品质的文化娱乐服务时，往往会提高出行时耗的心理耐受度，从而愿意付出更高的时间和距离成本。

不同出行方式的丰富和交通基础设施的完善，不仅提高了城市空间的利用效率，也在不断塑造和改变着城市空间结构的发展轨迹。每一类交通出行方式都有

其相应的优缺点：步行方式的灵活性最强，但是速度最慢，且可覆盖的距离阈值最短；小汽车出行的灵活性较好、速度较快，但容易受道路通行、高峰时段交通实况和停车位置的影响；公共交通的出行费用较低，低碳环保，但易受制于站点位置以及候车、换乘和排队时间的约束。因此，居民需要在机动性、便捷性和成本之间权衡利弊，选择最适合的交通出行方式。任何商品和服务都有其传播与覆盖的限度，文化娱乐空间的服务供给范围在很大程度上是由不同交通方式所连接的道路距离所决定的。居民选择不同交通方式的差异，决定了其可接受的文化娱乐业辐射能力各不相同；同时，文化娱乐业受自身等级、规模和宣传效应的影响，也呈现差异化的服务覆盖范围。

居民出行目的不同，可忍受的最大出行时耗也不同（Kwan et al.，2003）。其中，工作出行的耐受时长为60min；购物出行的耐受时长为40min；游憩出行的耐受时长为90min。国内关于出行时间耐受度的研究成果较少，但关于出行时耗、出行方式和出行流向的调查研究较多，可以与国外的研究成果相互印证。居民的出行时耗是居民在综合考虑出行目的、通行状况和个人偏好等综合因素后理性选择的结果。因此，城市居民基于不同目的和不同方式的出行耗时可以视为居民愿意从事某项活动所耗费的通行时间。居民以文化娱乐为出行目的的出行时耗在工作日为31.32min，在非工作日为26.08min。除非工作日外，居民日常出行中，除了工作外出所必要的通勤时间（33.48min），以文化娱乐为出行目的的单次出行时耗明显高于其他出行（上班25.45min，购物23.61min，回家21.53min）（王北海，2016）。这说明当居民拥有更多自主支配的时间时，他们对于以文化娱乐为目的的出行，可以忍受更长的出行时耗。

（一）居民文化娱乐出行圈

居民文化娱乐出行圈是指居民根据自身需求展开文化娱乐出行的空间范围。出行方式是基于居民的经济基础、设施环境和个体偏好等因素综合决策的结果，是影响文化娱乐出行圈半径的关键因素。按照出行方式的不同，可以将居民文化娱乐出行圈划分为步行文化娱乐出行圈、小汽车文化娱乐出行圈、公共交通文化娱乐出行圈（常规公交、轨道交通）。同时，根据通行速度，不同交通方式表现出不同的出行时耗和出行半径（表6-1）。

按照交通出行方式对居民文化娱乐出行范围进行圈层划分（图6-1），从而综合分析出文化娱乐核心通过不同交通方式辐射和覆盖的服务范围。以文化娱乐业为中心，按照步行文化娱乐出行圈、小汽车文化娱乐出行圈和公共交通文化娱乐出行圈的顺序，后者的覆盖半径均超过前者。理论上，居民可以任意选择和组合不同交通方式到达文化娱乐圈的任意位置，但根据理性经济人原则，通常设定当较大出行圈包围较小出行圈时，处于该交叉重叠区域的居民优先使用较小出行圈的交通方式。随着距离的递减效应，居民距文化娱乐核心的物理距离越远，越倾向于使用较大出行圈的交通方式出行。但是，当不同层次等级的文化娱乐业受规模效应、交通设施和品牌宣传的影响时，文化娱乐出行圈会表现出不同程度的扩张和收缩效应。

表 6-1 居民文化娱乐出行圈半径参考值

居民文化娱乐出行圈类型		参考半径/km	参考速度/(km/h)	参考时耗/min
步行文化娱乐出行圈		1.5	3	30
小汽车文化娱乐出行圈		15	30	30
公共交通文化娱乐出行圈	常规公交	5	15	20
	轨道交通	25	35	40

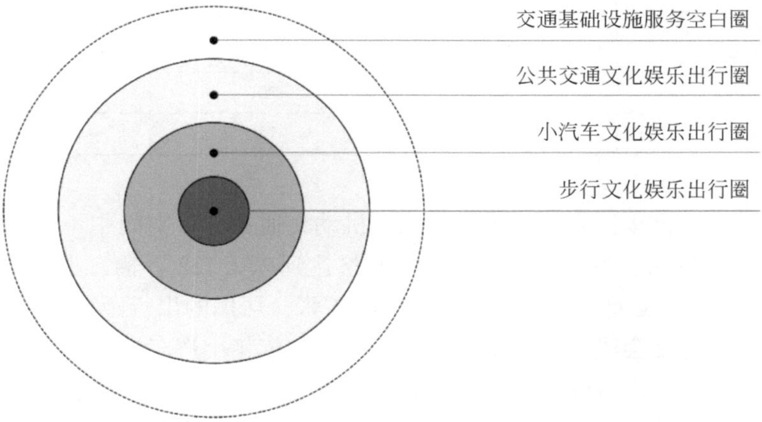

图 6-1 居民文化娱乐出行圈基本模型

（二）文化娱乐业核心的出行阈值

步行是人类最基本的出行方式，具有自由灵活、低碳环保和经济方便等特点，同时还可以促进人际交往、激发街道活力，从而折射出城市环境的人性化和宜居性（王慧等，2013）。除职住通勤以外，居民出行的最主要的目的就是获取城市服务，以便满足其生存需求或提高其生活品质；并且由于经济成本、时间成本和同类同质等因素，居民对城市服务的获取通常表现为就近偏好。因此，城市某一区域步道网络的发育程度，在很大程度上取决于该区域通过步行获取各类城市服务的可能性与难易度。不考虑年龄结构和性别差异，个体的步行时速通常为0.8m/s，选择步行出行的居民主要分布于文化娱乐场所周围1500m（25min）的范围内。根据国内外众多城市交通出行的调查结果，15min为步行可达性优劣分异的界线（表6-2），30min则为步行可达性出行阈值的极限（王慧等，2013）。因此，将步行可达性的时限范围统一设定为30min（表6-3）。

表6-2　路径距离、步行时耗及可达状态评价分级

路径距离/m	(0，300]	(300，600]	(600，900]	(900，1200]	(1200，1500]	>1500
步行耗时/min	(0，5]	(5，10]	(10，15]	(15，20]	(20，25]	>25
可达状态	舒适可达	易于到达	一般可达	较少到达	勉强可达	难以到达

表6-3　文化娱乐业等级核心在不同交通方式下的出行阈值

文化娱乐业等级核心	步行出行阈值/min	小汽车出行阈值/min	公共交通出行阈值/min
一级核心	30	30	60
二级核心	30	20	40
三级核心	30	15	30

随着私人小汽车拥有量的迅猛增长，机动交通在城市空间中不断发展。截至2018年底，西安市全社会私人小汽车拥有量达到279.522万辆，小汽车占机动车总量的85.84%。随着西安城市空间的不断扩张，居民的出行距离也在不断增加。有汽车的家庭通常会优先选择小汽车出行，因此依赖小汽车出行的居民数量日益增加。选择小汽车出行的居民，活动范围通常在文化娱乐场所周围15km，按照一般城市小汽车的平均时速（30km/h）计算，其到达最大等级核心的出行阈值范围可达30min。在参考相关文献（浩飞龙等，2017）的基础上，结合《中国国民休闲状况调查（2020）》和《2020年度全国主要城市通勤监测报告》，并考虑到文化娱乐业等级体系差异对服务范围的影响，将二级核心的小汽车出行阈值设定为20min，三级核心的小汽车出行阈值设定为15min（表6-3）。

在可持续的绿色交通理念指引下，城市逐步构建起节能低碳、公平高效的公共交通网络。通过在机动交通潜在需求量较高的区域增设公共交通节点，可以在一定程度上降低对机动交通的实际需求，尤其是以公共交通为导向的发展模式越来越得到城市居民的青睐。公共交通可细分为常规公交和轨道交通。从空间格局来看，西安市文化娱乐业的等级核心均布局于常规公交站点1km左右的范围内，且大部分靠近轨道交通站点。轨道交通的发车频率高、行驶速度快，可以规避交通拥堵的路况压力，对于距离较远的城市出行活动是最为经济便捷的交通方式。因此，居民进行距离超过 15km 的文化娱乐出行活动时，通常会采用常规公交+轨道交通的出行方式。前者的耐受距离通常为 5km，按照 15km/h 的公交行驶速度，其出行阈值为 20min；后者的耐受距离在 25km 左右，按照 35km/h 的地铁行驶速度，其出行阈值为 40min 左右。因此，考虑组合换乘的方式，将文化娱乐业一级核心的公共交通出行阈值设定为 60min；考虑到居民对不同等级文化娱乐业的出行耐受度存在差异，将基于公共交通出行方式的二级、三级核心的出行阈值分别设定为 40min 和 30min（表 6-3）。

二、西安市文化娱乐业总体交通可达性格局

（一）基于步行的空间可达性

统计不同步行时段内总体文化娱乐业等级核心能够覆盖的小区数量（图 6-2）。考虑到 30min 是人们步行可达性的极限，因此以 5min 为间隔，对总体文化娱乐业各等级核心 30min 内覆盖的小区数量及比重进行测度。

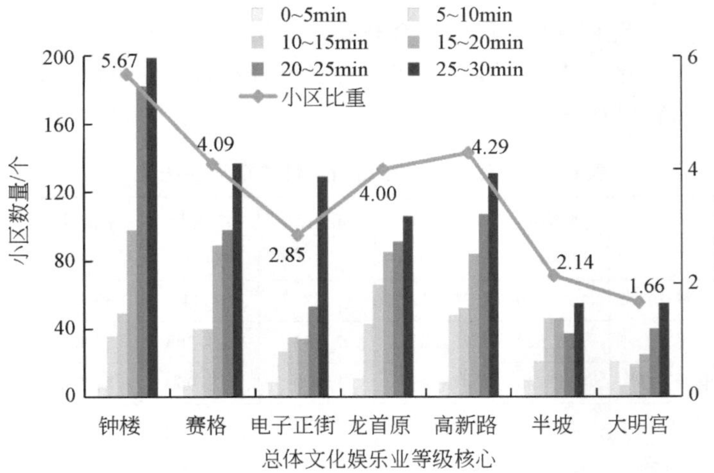

图 6-2　步行 30min 时不同出行时耗所覆盖的小区数量和比重

不同文化娱乐业等级核心由于出行时耗不同而表现出不同的趋势。30min 内，各等级核心随着步行时耗的增加，能够覆盖的小区数量整体呈现指数型增长

趋势。15min 内能够步行到达一级核心（钟楼和赛格）的小区数量有 178 个，30min 内则有 981 个，占西安市全部小区数量的比重为 9.76%；15min 内能够步行到达二级核心（电子正街和龙首原）的小区数量有 191 个，30min 内则有 689 个，占西安市全部小区数量的比重为 6.85%；15min 内能够步行到达三级核心（高新路、半坡和大明宫）的小区数量有 233 个，30min 内则有 813 个，占西安市全部小区数量的比重为 8.09%。总体来看，钟楼在步行 30min 内能够覆盖的小区数量最多、比重最高，同时西安市各住宅小区到达钟楼的步行时间平均值和中位数最低，分别为 109.319min 和 99.117min（表 6-4）。其主要原因是钟楼位于西安市的中心区域，即西安市老城区内，其建设历史悠久，土地利用集约性很高。此外，多个方向和多种类型的巷道、广场、地下通道和十字路口相互交叉，人行道路的路网密度极高。因此，该地区住宅小区的空间分布具有高密度和集中性强的特点，随着时间间隔呈 5min 递增，其所覆盖的小区数量呈阶梯式增长。电子正街位于西安市高新区，建设历史较短，主干道分布较多，但人行道路密度较低，因此住宅小区步行可达性均较低。半坡位于西安市东郊，界于城市三环路和绕城高速之间，人行道路的建设密度较低，大部分住宅小区距文化娱乐业等级核心的可达性较差，西安市全部住宅小区到达半坡的步行时耗均值也最高(200.770min)。大明宫核心布局有大明宫国家遗址公园，限制开发政策的推行使得这里的住宅小区密度最低，路网较为稀疏，因此 30min 内辐射和覆盖的小区数量最少，仅占全市住宅小区的 1.66%，但在 5min 内覆盖的小区在 6 类等级核心中数量最高，这与此地商业地产的综合开发密切相关。由各等级核心步行可达性的变异系数可知，除半坡外，其余等级核心步行时耗的变异系数均较高，表明城市内部空间的步行可达状况存在较大差异。

表 6-4　文化娱乐业步行可达性的描述性统计

等级核心		平均值/min	最大值/min	最小值/min	中位数/min	标准差/min	变异系数
一级核心	钟楼	109.319	392.117	1.883	99.117	60.408	0.553
	赛格	116.627	431.833	2.233	103.383	65.030	0.558
二级核心	电子正街	135.138	478.467	1.900	118.950	74.238	0.549
	龙首原	134.999	423.283	3.083	129.850	65.093	0.482
三级核心	高新路	131.312	457.200	2.367	121.383	72.238	0.550
	半坡	200.770	511.167	0.633	200.350	79.504	0.396
	大明宫	162.451	474.317	0.117	156.433	73.864	0.455

从各等级核心步行 30min 的可达范围来看（图 6-3），总体文化娱乐业各等

级核心在 30min 内的可达范围均在 11km² 以下，其中钟楼、赛格和高新路在 30min 内的可达面积最大，均在 10km² 左右；电子正街、半坡和大明宫的 30min 步行可达范围相对较低，路网建设仍然不足，导致步行可达性较差，均位于 8km² 左右。对于 15min 的步行文化娱乐出行圈，钟楼、赛格和龙首原的步行可达范围在 2.5km² 左右，而半坡和大明宫的步行可达范围仍然最低，分别为 1.305km² 和 1.665km²，电子正街的步行可达范围相对适中，这与前述研究结果相对应。分时段来看，25～30min 的步行时耗内，西安市 6 个文化娱乐业等级核心覆盖范围最大，达到 22.01km²，而 0～5min 的步行可达范围最小，为 1.37km²。

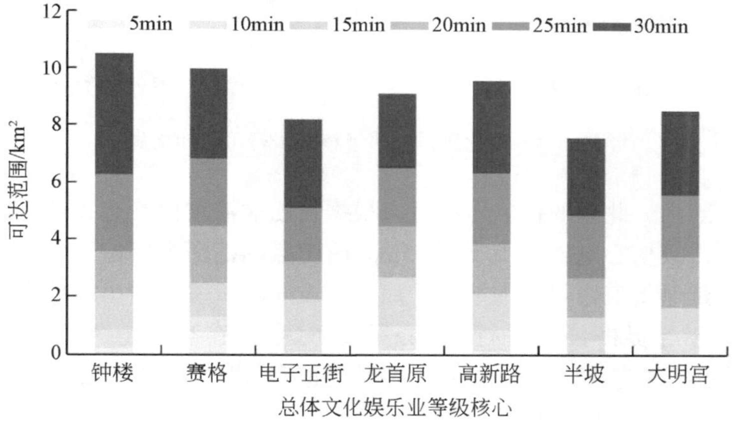

图 6-3 文化娱乐业等级核心步行 30min 的可达范围

通过对比总体文化娱乐业各等级核心的步行可达性格局（图 6-4）可以发现，30min 的步行可达性形成明显的圈层结构，越靠近等级核心，步行时耗范围越小。钟楼和高新路的步行可达范围近乎“同心圆状”，各个方向受干扰因素较小。而赛格、龙首原和大明宫的步行可达范围受道路延展方向影响，呈菱形或“十”字状拓展。电子正街的东南方向受西安烈士陵园阻隔明显，步行可达范围在东南方向呈现收缩趋势。半坡东南方向的住宅小区布局紧凑，城市路网相对密集，因此步行可达范围在东南方向略有拓展。

对于一级主中心钟楼来说，步行 15min 所覆盖的住宅小区主要集中于南院门街道，步行 30min 所覆盖的住宅小区还包括北院门、西一路、柏树林、长安路和张家村街道的部分地区；一级次中心赛格步行 15min 所覆盖的住宅小区主要位于小寨街道东部，步行 30min 所覆盖的住宅小区在长安路和大雁塔街道的部分地区均有分布。长安路街道北接钟楼主中心，南邻赛格副中心，且均位于其 30min 步

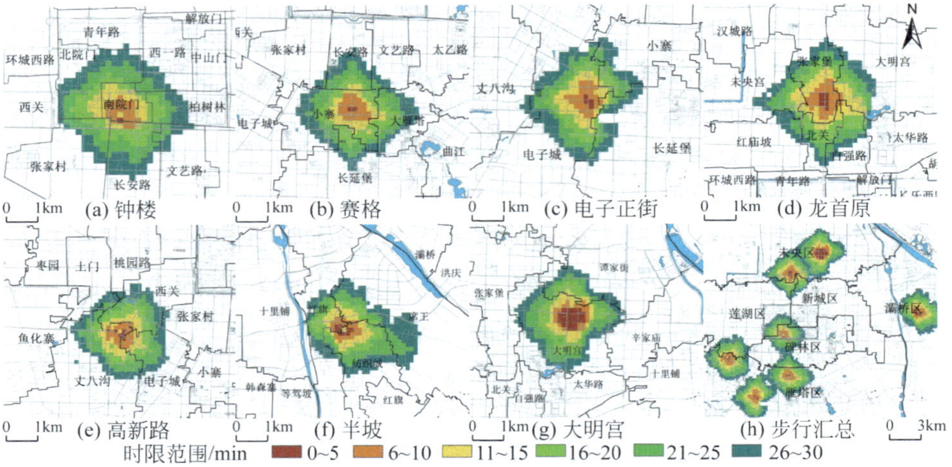

图 6-4　文化娱乐业等级核心步行可达性格局

行可达时空圈内，此地的住宅居民可以根据自己的需求偏好选择适宜的文化娱乐消费场所。二级核心电子正街步行 15min 所覆盖的范围主要位于电子正街东北部近赛格和长延堡街道边界处的地区，而步行 30min 所覆盖的小区范围主要向小寨街道拓展，并与赛格核心步行 30min 可达时空圈在空间上邻接。龙首原步行 15min 所覆盖的住宅小区主要位于张家堡街道和大明宫街道，20～30min 步行圈受大明宫国家遗址公园布局的影响，向东阻隔明显。三级核心高新正街 30min 步行圈位于电子正街 30min 步行圈的西北部；半坡 30min 步行圈向东南方向的纺织城街道和席王街道延展；大明宫 30min 步行圈与西南部龙首原 30min 步行圈相连，形成文化娱乐业等级核心的互补效应。

总体来看，西安市文化娱乐业等级核心的 30min 步行圈主要分布于西安市三环线的北部和中南部，并且在东三环和绕城高速之间也有低等级核心分布。其中，城北龙首原和大明宫核心彼此相连；钟楼、赛格、电子正街和高新路 30min 步行圈或空间邻近，或端点相接，形成一、二、三级核心交织共生的步行圈层网络；半坡 30min 步行圈则在城东边缘区域形成“孤岛”。

（二）基于小汽车的空间可达性

随着家庭小汽车的普及，驾车出行越来越成为城市居民日常出行的优先选择。小汽车的使用极大地提高了城市空间运行效率，使其在相同的时限范围到达的空间距离更远，对文化娱乐业的支撑作用也更强，也在不断塑造和改变着城市空间格局。然而，过于依赖小汽车出行也会带来交通拥堵、环境污染，以及占用城市公共空间等不良影响（王丰龙和王冬根，2014）。因此，许多研究者将小汽车视为“交通出行优先级”的最劣级，并将控制小汽车数量增长、降低小汽车出行概率等途径作为践行低碳化和绿色交通理念的核心内容。统计基于小汽车的不同出行时耗所覆盖的小区比重（图6-5）发现，西安市不同等级的文化娱乐业核心在不同出行时耗上表现出一定的相似性与差异性。

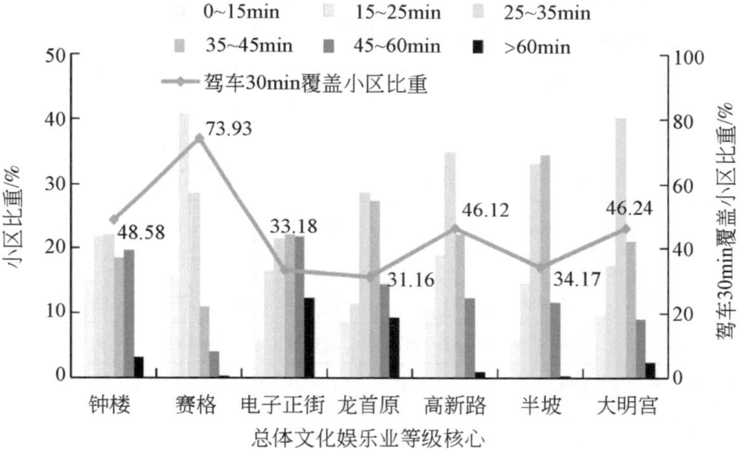

图6-5　小汽车出行时不同出行时耗所覆盖的小区比重

钟楼和电子正街随着出行时耗的增长，其变化比重和趋势相近，住宅小区均集中于15～60min的驾车时耗，并呈现扁平化趋势。钟楼在25～35min为住宅小区出行的高峰时段，占住宅小区的比重为21.89%；而电子正街的高峰时段处于35～45min，占住宅小区的比重为22.22%。赛格、龙首原、高新路、半坡和大明宫则呈现中间高四周低的数据分布趋势，赛格在15～25min达到住宅小区比重的峰值（40.92%），在6类文化娱乐业等级核心的单时段出行时耗中占比最大，表明其交通便捷度较高。住宅小区驾车前往龙首原、高新路和大明宫的出行峰值均为25～35min，其所覆盖的住宅小区比重分别达28.65%、34.2%、40.24%。半坡在25～35min、35～45min覆盖的住宅小区比重相当，均在34%左右。从小汽车出行30min所覆盖的住宅小区比重来看，赛格在30min内覆盖的住宅小区数量最多，为7434个，占西安市全部住宅小区的比重为73.93%，在6类文化娱乐业等级核心中占比最高。并且西安市全部住宅小区驾车至赛格的平均值和中位数为24.758min和24.483min（表6-5），在6类文化娱乐业等级核心中时耗最低。这主要是由于赛格介于南二环和南三环之间，北向通过长安中路连接南二环及长安路立交，通过长安南路或曲江路延伸段接入绕城高速，因此西安市各个地区至赛格的驾车出行时耗最短。钟楼处于南大街和北大街 2 条交通主干线与西安市环城路相接的中心位置，在驾车 30min 内覆盖的住宅小区比重次之，达到 48.58%。大明宫和高新路驾车 30min 覆盖的小区比重相近。其中，大明宫通过大明宫桥与二环北路邻接，向西与向东分别临靠未央路立交和辛家庙立交，交通较为便利；高新路紧邻二环南路，通过唐延路和太白路 2 条主干线与城市空间相连。其余等级核心的交通便捷性相对较弱，30min 驾车所覆盖的小区比重均低于 35%。从内部差异来看，总体小汽车可达性的标准差和变异系数分别为 4.54 和 0.14，且各等级核心小汽车可达性的变异系数值均低于 0.5，表明城市内部空间小汽车可达性差异较小。

表 6-5　文化娱乐业小汽车可达性的描述性统计

等级核心		平均值/min	最大值/min	最小值/min	中位数/min	标准差/min	变异系数
一级核心	钟楼	31.980	91.033	0.683	30.733	15.207	0.476
	赛格	24.758	81.350	3.050	23.483	9.906	0.400
二级核心	电子正街	38.971	102.000	1.850	37.800	16.286	0.418
	龙首原	36.754	87.883	2.150	35.333	15.372	0.418
三级核心	高新路	31.258	78.417	0.630	31.000	12.193	0.390
	半坡	33.362	81.867	0.930	34.183	10.490	0.314
	大明宫	31.330	79.983	0.030	30.817	12.115	0.387

根据前文研究结果，对不同等级的文化娱乐业基于小汽车交通方式的出行阈值进行划分，得到文化娱乐业等级核心小汽车可达性格局（图 6-6）。可以发现，不同出行时耗的各等级文化娱乐业驾车圈呈现明显的圈层结构。其中，钟楼、赛格、电子正街和高新路的驾车圈近同心圆状，龙首原、半坡和大明宫由于邻近城市环线和绕城高速，向交通干线方向延伸的形态较为明显。

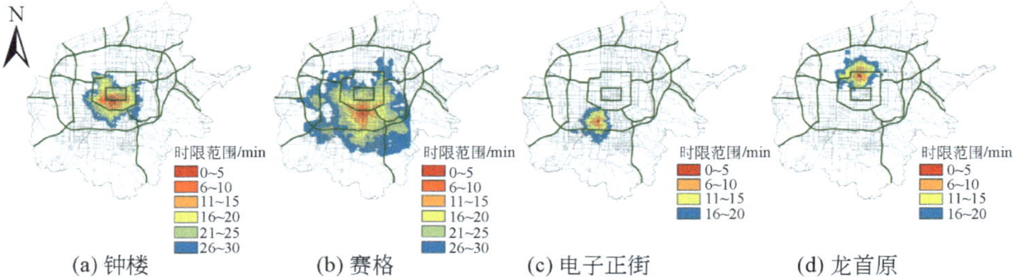

(a) 钟楼　(b) 赛格　(c) 电子正街　(d) 龙首原

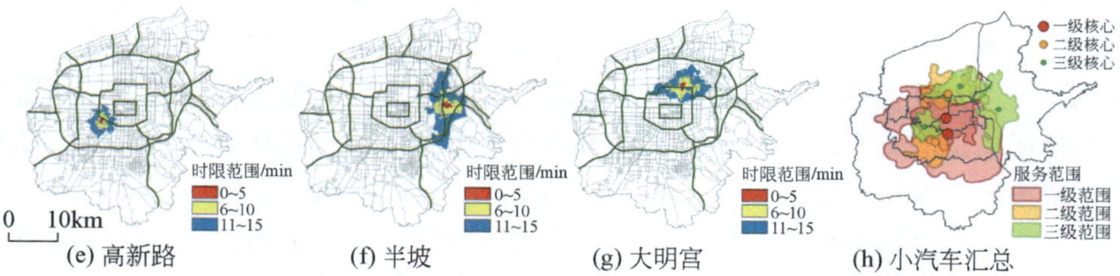

图 6-6 文化娱乐业等级核心小汽车可达性格局

由图 6-6 可以看出，一级核心钟楼 30min 驾车可达范围较小，主要位于城市二环线以内以及城南二、三环线之间的区域，包括碑林区、莲湖区、新城区和雁塔区以北的部分街道，其 15min 驾车可达范围则沿东西大街横向拓展。一级次中心赛格的驾车可达范围显著优于钟楼，其 30min 的驾车可达范围覆盖钟楼的服务区域，并在空间上主要向南部区域延展。在 30min 的时限范围内，赛格覆盖了西安市 73.93% 的住宅小区，约占研究区域面积的 30%，其空间可达范围最大。从空间格局来看，赛格由于邻近城市快速路，其驾车可达范围主要沿城市二环路和绕城高速向城市边缘拓展。30min 驾车可达范围主要包括雁塔区、碑林区、新城区、莲湖区以及长安区以北和未央区以南的部分街道，15min 驾车可达范围则向南北方向的拓展特征明显。二级核心电子正街 20min 驾车可达范围较小，主要服务城市二、三环间西南部的部分街道。二级核心龙首原主要沿城市二环北线向东西方向拓展，主要覆盖未央区的张家堡街道、大明宫街道、汉城路街道和未央宫街道的住宅小区。三级核心高新路的驾车可达范围与电子正街相似，依托二环南路在二、三环线之间的西南部形成小汽车 15min 出行圈，主要覆盖雁塔区、莲湖区和碑林区交界处部分街道的住宅小区。三级核心半坡介于东三环和绕城高速之间，其 15min 驾车可达范围沿东三环呈现显著的南北拓展特征，服务灞桥区以东大部分街道的住宅小区，其中 11 ~ 15min 的可达面积最大。三级核心大明宫 15min 驾车可达范围与龙首原相似，主要沿二环北路向东西方向拓展，主要涵盖大明宫街道、谭家街道、辛家庙街道、太华路街道的部分住宅小区。

总体来看，西安市各等级文化娱乐业小汽车出行圈形成了交织共生的可达网络，存在部分区域服务范围重叠的特征。靠近城市环线的等级核心的可达程度与其他核心相比整体较优，且沿城市主要交通干线的“轴向”拓展特征更为显著。其中，一级核心赛格在 30min 可达范围将钟楼驾车出行圈包围，并呈现向城市南部扩张的格局。二级核心电子正街与龙首原 20min 驾车出行圈在空间上彼此独立，其中电子正街 20min 驾车出行圈与赛格 30min 驾车出行圈重叠，而龙首原则在大明宫街道、张家堡街道、汉城路街道和自强路街道填补了一级核心赛格服务的空白区域。三级核心高新路15min驾车出行圈与钟楼、赛格彼此重叠；大明宫出行圈与龙首原部分重叠，并填补了谭家街道、辛家庙街道和太华路街道的空白区域；半坡与其他等级核心的出行圈联系不太紧密，在城东区域形成了主要服务于灞桥区街道的驾车出行圈。可以看出，西安市文化娱乐业基于小汽车的可达范围主要集中于城市三环线以内，未央区以北、长安区西南和灞桥区东北地区的部分街道仍布局有较为密集的住宅小区，这些区域通过小汽车到达文化娱乐业各等级核心的可达性较差，交通供给与出行需求存在空间“错位”现象。

（三）基于公共交通的空间可达性

公共交通具有集约高效、低碳环保和成本低廉等优点，在缓解交通拥堵、提升消费水平、解决“大城市病”等方面具有十分重要的作用。作为与城市发展和人民生活十分相关的交通基础设施，公共交通对文化娱乐业的支撑作用也十分显著。尤其是随着以公共交通为导向的发展模式开始兴起，满足居住、出行、消费、娱乐等需求的多功能城市空间形态成为新的业态诉求。西安市公共交通主要分为常规公交和轨道交通，居民通过公共交通的组合换乘实现文化娱乐消费行为的区位选择。因此，公共交通可达性水平可以反映文化娱乐业各等级核心腹地的公共交通基础设施对其支撑能力的大小。

不同于小汽车的出行方式，公共交通的出行通常都有固定的站点和线路，因此消耗时间较长，公共交通的使用者只能通过站点间的步行、乘坐和换乘等方式实现意向路径。统计基于公共交通的不同出行时耗所覆盖的小区比重（图6-7）。

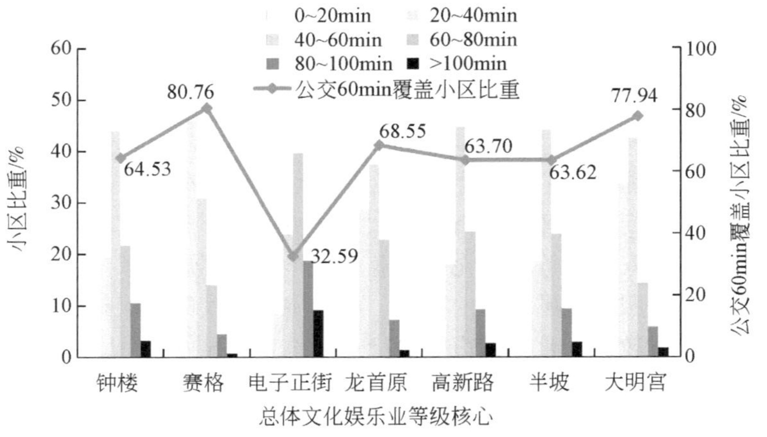

图6-7　公共交通出行时不同出行时耗所覆盖的小区比重

从西安市各居住小区至各等级文化娱乐业的公交出行时耗来看，其所覆盖的小区比重均呈现中间高、四周低的格局，但其出行时耗的峰值区间各有不同。赛格出行时耗的峰值最短，为 20 ~ 40min，对应覆盖的住宅小区的比重也最大，达到 45.95%；钟楼、龙首原、高新路、半坡和大明宫的出行峰值均在 40 ~ 60min，其所覆盖的住宅小区比重介于 37.36% ~ 44.71%；电子正街的出行时耗峰值最大，为 60 ~ 80min，且其覆盖的小区比重为 39.63%。利用常规公交和轨道交通等方式的 60min 出行时耗的小区比重，可以测度城市公共交通的服务能力，也可以反映出基于公交系统的城市娱住空间的匹配度。从 60min 公共交通出行阈值所覆盖的小区比重来看，赛格至城市各区域的公共交通网络较为完善，可达性程度较高，公共交通 60min 出行时耗所覆盖的小区比重达到 80.76%；大明宫的公共交通可达性次之，60min 所覆盖的小区比重为 77.94%；钟楼、龙首原、高新路和半坡在 60min 内所覆盖的住宅小区比重相当，于 63% 左右呈现上下摆动；由于附近无地铁站点的布局，电子正街的公共交通可达性最弱，60min 内所覆盖的小区比重仅为 32.59%。

对文化娱乐业公共交通可达性的测算结果进行统计分析发现（表 6-6），研究区域内各住宅小区至总体等级核心的平均值为 54.69min，均值范围介于 43.924 ~ 69.406min。其中，赛格的平均值和中位数最低，分别为 43.924min 和 40.050min；电子正街的平均值和中位数最高，分别为 69.406min 和 67.950min。在内部差异方面，总体文化娱乐业等级核心可达性的标准差和变异系数分别为 7.99 和 0.15，表明其内部差异较小，但略高于小汽车可达性，主要是由于公共交通线路覆盖率低于道路网络密度。

表 6-6　文化娱乐业公共交通可达性的描述性统计

等级核心		平均值 /min	最大值 /min	最小值 /min	中位数 /min	标准差 /min	变异系数
一级核心	钟楼	56.259	190.500	15.150	52.333	20.260	0.360
	赛格	43.924	161.533	9.320	40.050	18.955	0.432
二级核心	电子正街	69.406	220.033	16.730	67.950	22.158	0.319
	龙首原	51.623	172.583	10.330	49.583	19.830	0.384
三级核心	高新路	56.168	208.300	16.200	54.183	19.399	0.345
	半坡	56.500	187.733	14.180	53.650	19.430	0.344
	大明宫	48.943	162.217	9.080	46.333	19.393	0.396

根据前文对公共交通出行阈值的划分，得到文化娱乐业等级核心公共交通可达性格局（图 6-8）。整体来看，除电子正街和高新路的可达性格局呈现同心圆

状外，其余等级文化娱乐业可达性格局均呈现沿轨道交通线拓展的“指状”特征。从可达程度来看，一级核心中，赛格的公共交通可达性优于钟楼。钟楼和赛格均布局于西安城市的中轴线。其中，钟楼位于西安市城市中心，经过或发往各个方向的公共交通路线相对更多，公交站点也更为密集；而赛格位于西安地铁2号线和3号线的换乘站，由于轨道交通速度更快，且候车、排队时间较短，因此轨道交通的空间辐射效率相对于常规公交更高，其空间可达范围相对更大，60min的公交出行时耗内覆盖城市七区。二级核心电子正街公共交通40min的可达面积较小，主要覆盖电子正街街道以及小寨街道、长延堡街道和丈八沟街道(现为丈八街道)的部分住宅区域。二级核心龙首原的可达面积依托地铁线路的辐射，其覆盖面积较大，主要服务未央区南部，以及莲湖区、新城区和碑林区近地铁站点的住宅小区。三级核心高新路、半坡和大明宫的公交可达性格局依托轨道交通3号线和4号线同样呈现沿“指状”延展的特征。

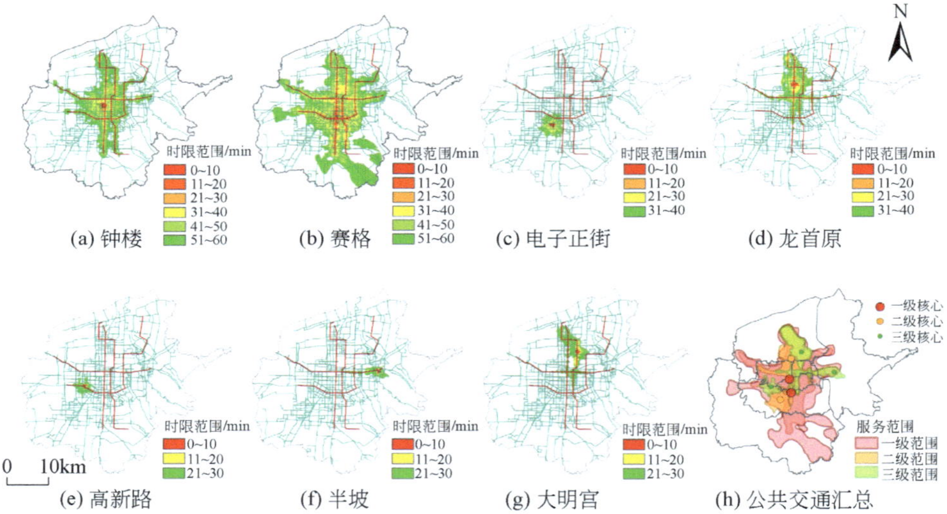

图6-8 文化娱乐业等级核心公共交通可达性格局

总体来看，在轨道交通基础设施的建设下，西安市居民的空间移动性大为增强。西安市公共交通可达性格局主要呈现南北延展的空间特征，与城市小汽车可达性格局实现空间互补。随着出行时耗的增加，各等级核心的公共交通可达范围主要沿轨道交通干线的“指状”拓展。从可达程度来看，原来相互独立的等级核心，依托城市公交网络实现了客源范围的叠加，城市核心区的文化娱乐业由于优越的交通位置而产生更大规模的边际效应。从空间格局来看，城市三环线之内近地铁站点分布的小区，其公共交通可达性较优；三环线之外，钟楼和赛格依托较强的辐射能力和完善的公交网络向长安区中南部的住宅小区拓展。从不同等级文化娱乐业公共交通出行的范围来看，赛格由于其便利的交通通达度覆盖了其余各个等级的文化娱乐服务圈。因此，居民可根据时间成本、消费需求和自身偏好选择适宜的文化娱乐业核心进行消费。二级核心电子正街和龙首原 20min 公交出行圈实现空间互补，三级核心高新路、半坡和大明宫互不相交，但大明宫由于在地理位置上与龙首原邻近，因此其公共交通可达范围与龙首原相互重叠交错。

（四）综合交通可达性

在城市更新和道路交通建设的影响下，西安市文化娱乐业逐步形成了体系化的客源网络，产生了较大强度的规模效应。同一等级文化娱乐业在空间溢出效应和客源交互效应的影响下，其服务范围正逐步趋于一体化发展，客源边界渐趋模糊。不同等级核心的文化娱乐业随着城市空间结构网络化的增强，不同区域之间的空间流动不断形成强度关联以及不同层次的等级效应。基于 3 种交通出行方式，将文化娱乐业等级核心的可达出行圈相叠加，得到各等级核心的综合交通可达性格局（图 6-9）。

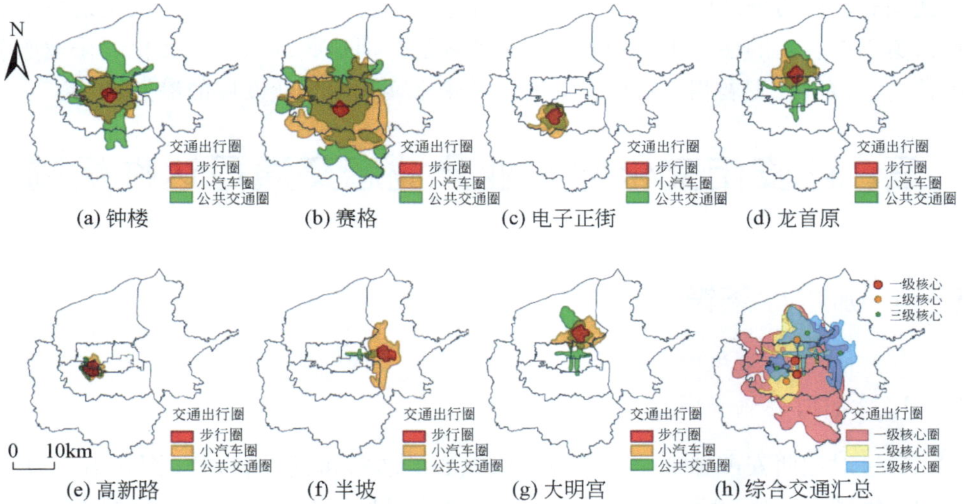

图 6-9　文化娱乐业等级核心综合交通可达性格局

由图 6-9 可以看出，步行圈、小汽车圈和公共交通圈在不同的区域实现了空间重叠和空间互补，也显示出城市扩展在西安市域范围内推进的节奏时差。一级核心赛格的交通位置优越，其小汽车和公共交通出行所覆盖的客源范围均将钟楼包围，且2种出行方式通过不同方向的延伸实现空间互补。电子正街和高新路由于交通基础设施配套薄弱，因此步行圈、小汽车圈和公共交通圈的覆盖面积差异较小，且小汽车的可达范围要大于公共交通。龙首原、半坡、大明宫的小汽车圈和公共交通圈由于道路设施的布局而呈现相反的拓展方向，实现了空间的互补效应。总体来看［图6-9（h）］，文化娱乐业的一级核心圈由于规模等级最大，其辐射效应最广，覆盖了研究区域面积的42.63%。二级核心圈主要位于城市一环路及其以北地区，以及南二环与绕城高速之间的区域，占其研究区域面积的14.50%。三级核心圈在空间上主要分布于城市一环路至绕城高速之间的北部和东部区域，并在二环路的西南部也有小范围的分布，占其研究区域面积的12.60%。

早期的城市开发和全域建设形成了相对孤立的文化娱乐业核心，随后，公共交通和道路设施的建设推动了文化娱乐业消费的网络化。三大核心圈在空间上相互叠加交错，其中一级核心圈将二级、三级核心圈覆盖，且城北地区的部分街道实现了一级、二级、三级核心圈层的叠加，这些次等级的核心区域在城市更新的推动下不断形成新的消费热点，也逐渐改变了以主城区为主的单一消费结构。城东南曲江新区未与其他等级核心圈相重合，缺少次等级核心圈服务范围的分布。与此同时，城市外环区域的草滩街道、徐家湾街道、灞桥街道、洪庆街道以及郭杜街道仍有较多的住宅小区和潜在的消费客群，但这些区域存在文化娱乐业服务覆盖的空白区，发展相对滞后，同时也是未来文化娱乐业发展的潜力区域。

三、西安市文化娱乐业分业态交通可达性格局

（一）咖啡厅茶馆

1. 步行可达性

通过对比西安市咖啡厅茶馆各等级核心的步行可达性格局（图6-10）可以发现，钟楼、赛格30min以内的步行可达性格局呈菱形延展；大明宫的步行可达范围则呈现“十”字形；科技路和建工路在各个方向的受干扰因素较小，步行可达范围呈同心圆状；会展中心和半坡受路网密度的影响，步行可达范围呈现不同方向的收缩或拓展。

总体来看，西安市咖啡厅茶馆各等级核心的30min步行圈沿城市轴线形成“十”字形对称格局。其中，钟楼、赛格和会展中心的步行圈彼此相连为串珠

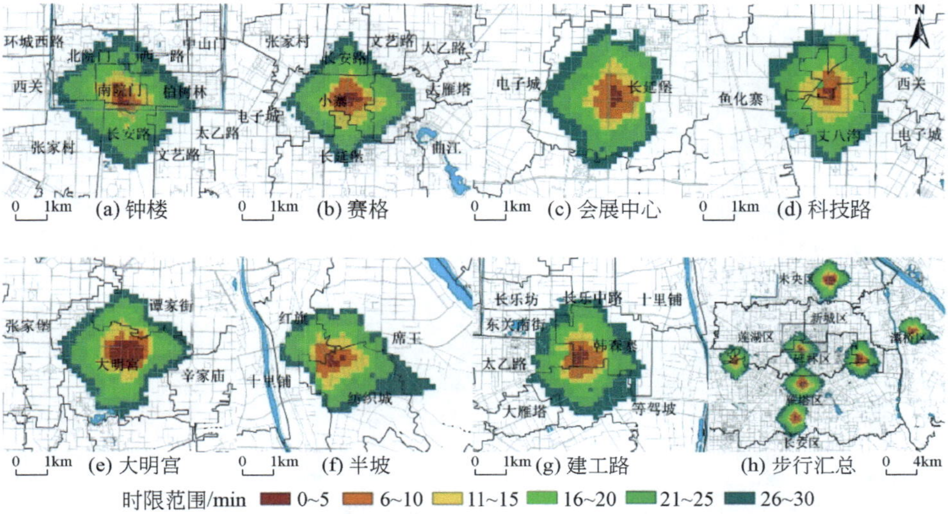

图 6-10　咖啡厅茶馆各等级核心的步行可达性格局

状，其他等级核心的步行圈则在不同区域呈跳跃式分布，形成该区域附近居民选择咖啡厅茶馆消费的步行休闲圈。

2. 小汽车可达性

从咖啡厅茶馆各等级核心的小汽车可达性格局来看，各等级核心的小汽车出行圈呈现明显的“中心–外围”结构（图 6-11）。钟楼、赛格和建工路的小汽车出行圈近同心圆状，其中赛格 30min 小汽车出行圈所覆盖的可达面积最大，小区数量最多，跨越城市三条环线，涵盖研究区域近 30% 的面积。会展中心、大明宫和半坡由于靠近城市快速路和绕城高速，在城市二、三环路之间呈现东—西或南—北向延伸。科技路、建工路依靠城市主干道向外辐射，呈现近同心圆状的小汽车可达性格局。总体来看，咖啡厅茶馆一级核心的小汽车出行圈的覆盖范围最广，且赛格的小汽车出行圈面积最大，并将钟楼小汽车出行圈包围，其辐射效应主要围绕城市中心向外拓展，涵盖碑林区、新城区、莲湖区、雁塔区以及长安区以北的部分街道。二级核心会展中心和科技路 20min 小汽车出行圈彼此相连，并与一级核心出行圈西南部相重叠。三级核心小汽车出行圈与二级核心的出行圈以西北—东南走向为轴对称，在新城区、未央区、雁塔区和灞桥区的交界带彼此相交，同时也填补了其他等级核心在未央区和灞桥区的服务空白区域。

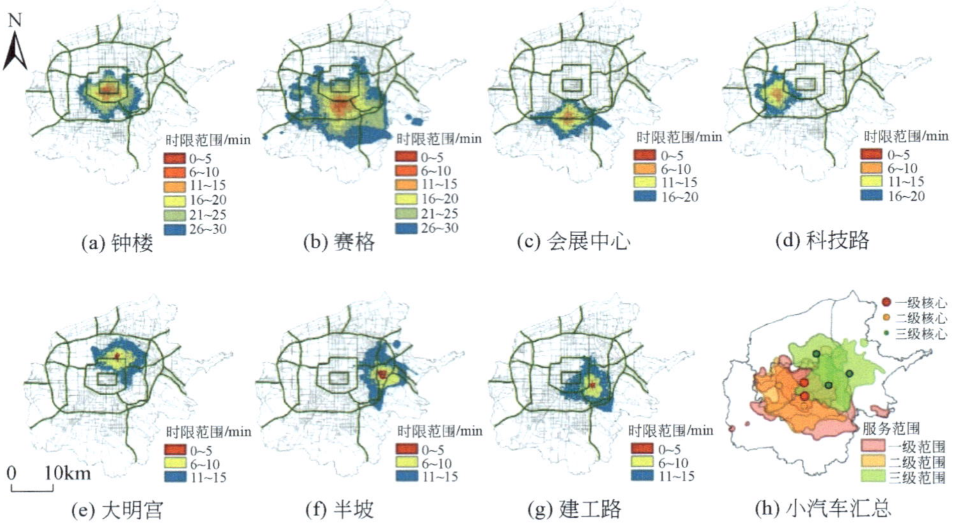

图 6-11　咖啡厅茶馆各等级核心的小汽车可达性格局

3. 公共交通可达性

不同等级核心基于公共交通出行的可达性格局存在显著的空间分异（图 6-12）。赛格基于公共交通的出行范围最广，依托城市轨道交通线向外扩散，南—北指向的拓展显著，跨越城市七区，且公共交通出行可达面积仍然涵盖其他等级核心的公共交通出行圈。除建工路外，其他等级核心的公共交通可达范围均沿轨道交通线呈指状拓展，且互不重叠交错，在空间上对称分布。建工路由于距离地铁站点较远，依托常规公共交通的可达范围较小，主要服务韩森寨街道和等驾坡街道的部分地区。

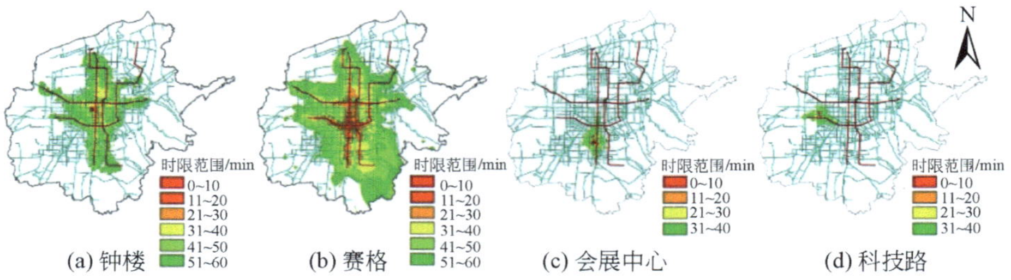

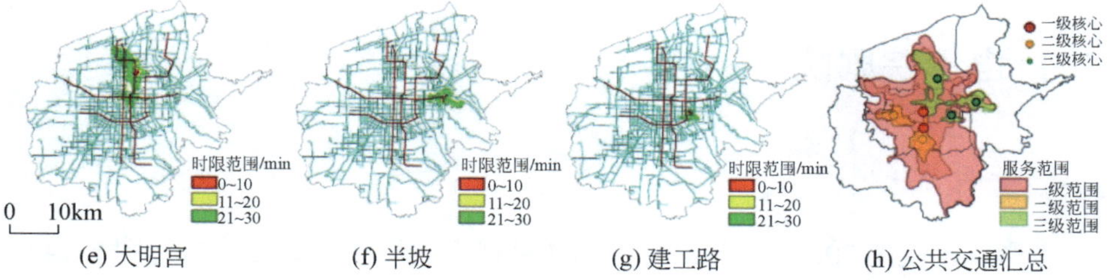

图 6-12　咖啡厅茶馆各等级核心的公共交通可达性格局

4. 综合交通可达性

综合来看，3 种出行方式形成了不同延伸方向、不同覆盖面积的辐射半径（图 6-13）。其中，钟楼和赛格的公共交通可达面积大于小汽车，且 2 种交通方式均呈现不同方向的延展，表明地铁建设对于距离城市中心较远地区的住宅居民具有较好的核心辐射效应。其余等级核心的公共交通圈面积均小于小汽车圈，表明小汽车仍是住宅小区前往这些核心最为便利的出行方式，即居民到达咖啡厅茶馆的交通出行方式主要是小汽车，公共交通系统建设较为薄弱。将同一等级核心的不同出行圈进行合并发现，咖啡厅茶馆一级核心圈的辐射范围包括二级、三级，且二级、三级的核心圈沿西北—东南轴线对称且覆盖面积相当。与此同时，西安市西南和东北方向均存在较大面积的辐射空白区域，需要布局次等级的咖啡厅茶馆，以满足当地居民的消费需求。

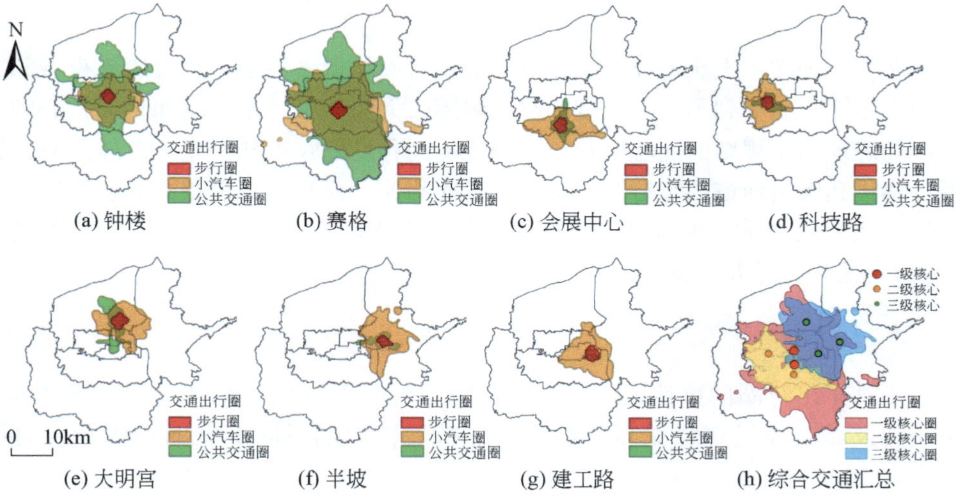

图 6-13　咖啡厅茶馆各等级核心的综合交通可达性格局

（二）电影院剧院

1. 步行可达性

电影院剧院的 30min 步行出行圈同样呈现不同形状的圈层结构（图 6-14）。

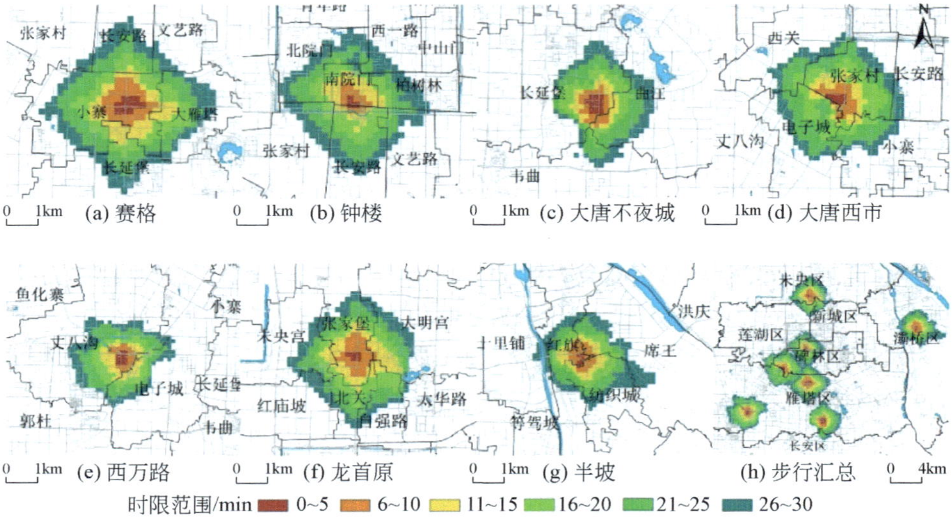

图 6-14　电影院剧院各等级核心的步行可达性格局

赛格、钟楼、大唐不夜城和龙首原的步行圈均近乎菱形，且大唐不夜城和龙首原在不同方向受到了一定程度的空间阻隔。大唐西市、西万路和半坡核心的步行圈均表现出不规则的同心圆状，并呈现不同程度的收缩和扩张。总体来看，钟楼、赛格和大唐西市的步行圈在空间上彼此相连，而其他等级核心的步行圈则同样沿西北—东南方向呈轴对称分布，形成了服务于城市周边地区住宅居民的 30min 电影院剧院步行圈。

2. 小汽车可达性

小汽车出行圈的可达范围较大，不同等级核心的小汽车出行圈均围绕城市主干道及城市环线和绕城高速快速向外扩展，形成不同形状的小汽车等时圈（图 6-15）。

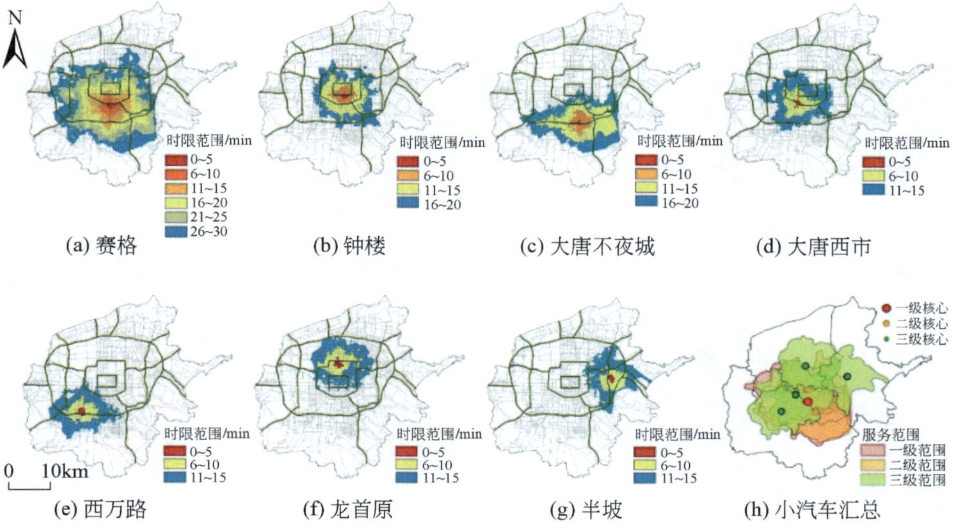

图 6-15 电影院剧院各等级核心的小汽车可达性格局

分等级来看，赛格作为电影院剧院布局密度最高的地区，交通区位优势最佳，30min 小汽车出行圈范围跨越城市三条环线，主要满足雁塔区住宅居民前往电影院剧院的娱乐活动。二级核心大唐不夜城新区依托西安绕城高速形成东西方向上的延展，覆盖面积较大，并与钟楼小汽车出行圈于二至三环的部分街道互相重叠，但仍位于一级核心小汽车出行圈范围内。大唐西市、西万路、龙首原和半坡分别邻近城市二环路和绕城高速，从而使得小汽车出行圈呈现不同方向上的指状延展，满足了未央区、灞桥区和长安区部分街道的住宅小区居民前往电影院剧院进行休闲娱乐的消费需求。

3. 公共交通可达性

电影院剧院各等级核心公共交通出行圈的覆盖面积除赛格外，均比小汽车出行圈小（图 6-16）。赛格的公共交通最为便捷，通过轨道交通几乎实现 60min 各地铁站点附近 2～3km 住宅小区的全覆盖。二级核心钟楼和大唐不夜城的 40min 公共交通圈南北相连，三级核心大唐西市和西万路由于距离地铁站点位置较远，公共交通圈的覆盖面积较小。龙首原和半坡则依托轨道交通分别覆盖其南北方向和东西方向的住宅居民。整体来看，同一等级电影院剧院的公共交通出行范围实现了空间互补，而不同等级公共交通出行圈彼此重叠交错，客源范围相互叠加。

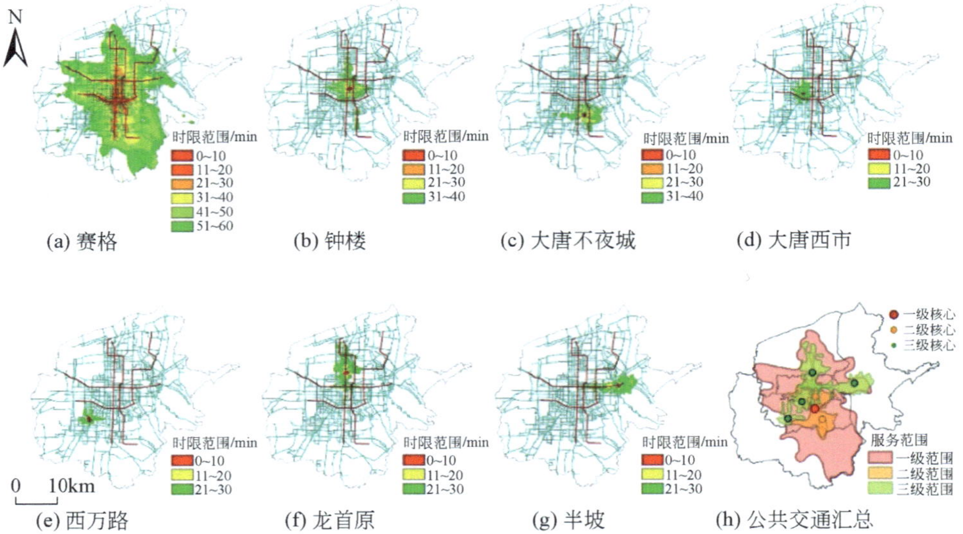

图 6-16 电影院剧院各等级核心的公共交通可达性格局

4. 综合交通可达性

将 3 种不同类型的交通出行圈相叠加，得到电影院剧院各等级核心的综合交通可达性格局（图 6-17）。赛格具备较为完善的公路网络和公交系统，且轨道交通对其辐射范围的支撑能力更强，覆盖从城南至城北的住宅居民。而其他等级核心的小汽车圈均大于公共交通圈，导致城市主干道与快速路的压力较大。将同一等级不同出行方式的出行圈相叠加发现，同一等级出行圈相互连接，不同等级出行圈在城市三环区域内彼此重叠，成为电影院剧院服务水平最高的区域。

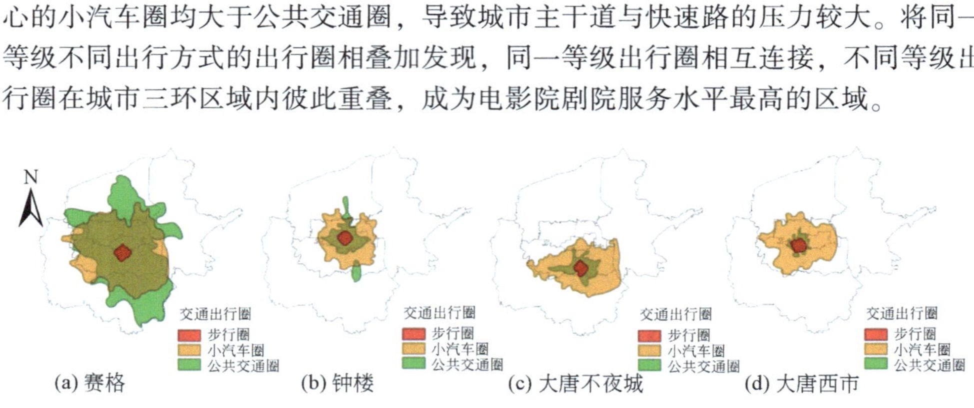

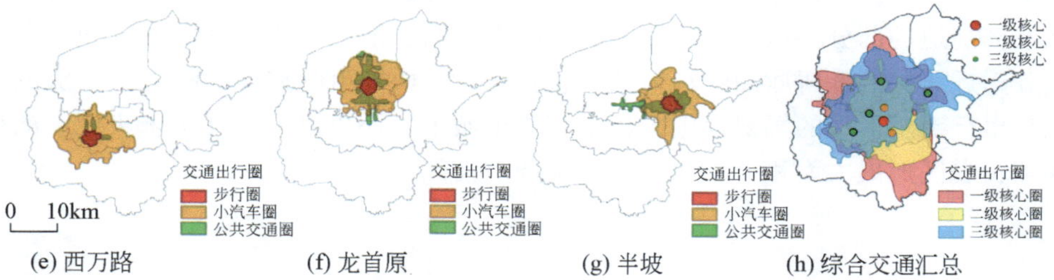

图 6-17　电影院剧院各等级核心的综合交通可达性格局

（三）歌舞厅酒吧

1. 步行可达性

从歌舞厅酒吧 30min 内的步行可达性格局来看（图 6-18），随着步行时耗的增加，歌舞厅酒吧各等级核心所覆盖的小区数量逐渐增多，面积逐渐增大。

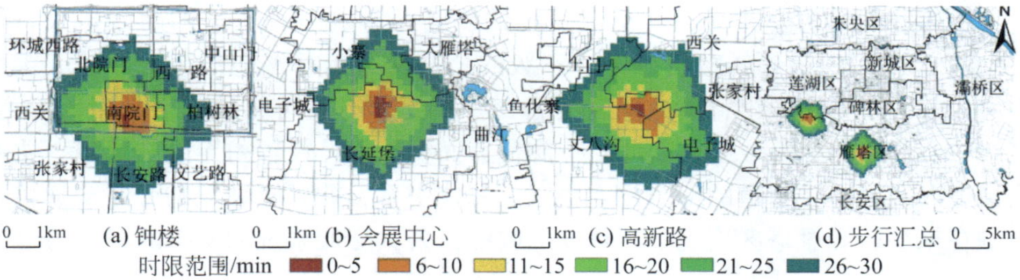

图 6-18　歌舞厅酒吧各等级核心的步行可达性格局

一级核心钟楼覆盖南院门及其附近 7 个街道的住宅小区，二级核心会展中心 15min 步行圈的覆盖范围主要包括长延堡街道北部的住宅小区，30min 步行出行圈逐渐向小寨、大雁塔街道拓展。三级核心高新路步行圈将西关街道、电子城街道、丈八沟街道和土门街道相连接，形成服务于周边住宅居民的次等级歌舞厅酒吧消费圈。

2. 小汽车可达性

歌舞厅酒吧的小汽车可达性格局与其他业态相比，在空间上出现明显收缩（图 6-19），一级核心钟楼的歌舞厅酒吧沿交通主干道的辐射面积最大，覆盖西安市三环线以内的住宅小区。二级核心会展中心的辐射范围向南移动，包含长安区北部街道的部分小区。三级核心高新路则在西安市三环线内的西南部地区形成服务附近居民的歌舞厅酒吧辐射圈。整体来看，西安市歌舞厅酒吧三个等级的小汽车出行圈所形成的辐射范围仍集中布局于城市三环线以内，并于未央区、灞桥区和长安区形成大面积的歌舞厅酒吧服务空白区。

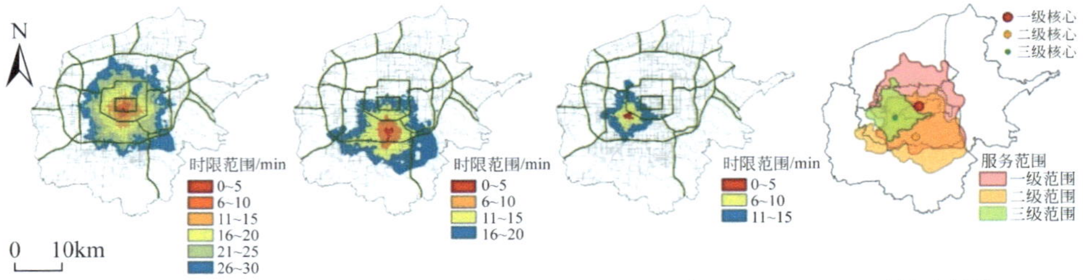

(a) 钟楼　(b) 会展中心　(c) 高新路　(d) 小汽车汇总

图 6-19　歌舞厅酒吧各等级核心的小汽车可达性格局

3. 公共交通可达性

歌舞厅酒吧的公共交通可达性受地铁线路的影响呈现明显的南北拓展特征（图 6-20）。一级核心钟楼将二级、三级的公共交通出行圈包围，二级核心会展中心 40min 公共交通出行圈在轨道交通 2 号线的影响下向北延伸至张家堡街道。三级核心高新路 30min 公共交通出行圈覆盖面积较小，仅辐射至西关街道、丈八沟街道以及电子城街道的部分住宅小区。总体来看，歌舞厅酒吧的公共交通可达范围在未央区和雁塔区出现不同程度的收缩，公共交通系统的支撑能力较弱。

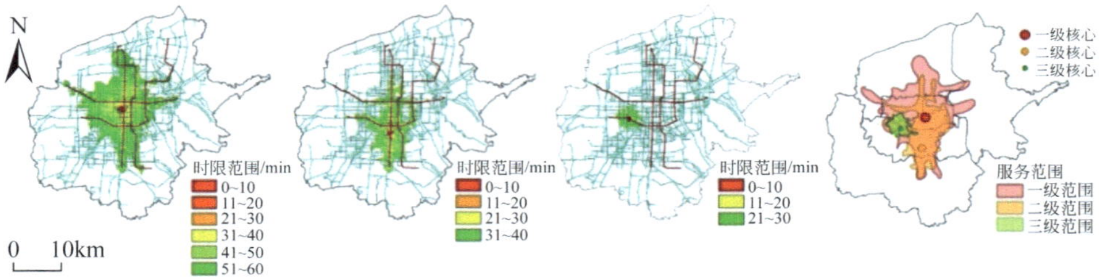

(a) 钟楼　(b) 会展中心　(c) 高新路　(d) 公共交通汇总

图 6-20　歌舞厅酒吧各等级核心的公共交通可达性格局

4. 综合交通可达性

将歌舞厅酒吧各个等级核心的步行圈、小汽车圈和公共交通圈相叠加，得到歌舞厅酒吧的综合交通可达性格局（图6-21）。由图6-21可知，歌舞厅酒吧等级核心的综合交通可达性格局与小汽车出行圈大致相同，说明在城市路网建设日渐完善的条件下，快速路系统成为居民到达歌舞厅酒吧的主要选择。而较低等级核心的公交系统所承担的交通出行量较为有限，对歌舞厅酒吧的支撑力度较弱。

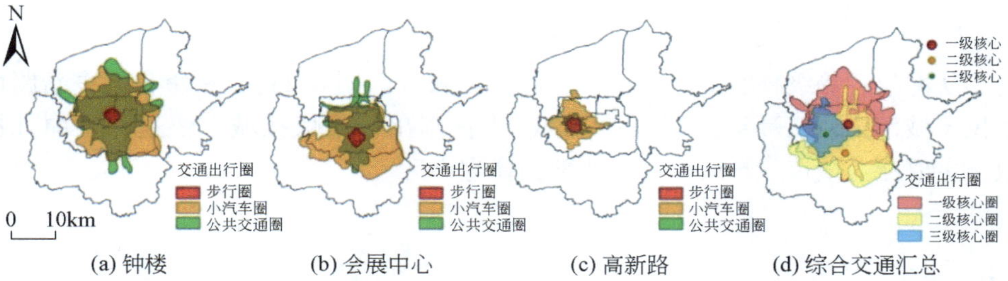

图6-21 歌舞厅酒吧各等级核心的综合交通可达性格局

（四）网吧

1. 步行可达性

网吧各等级核心30min步行出行圈的空间布局较为分散（图6-22），且有向城市边缘区域扩散的趋势。

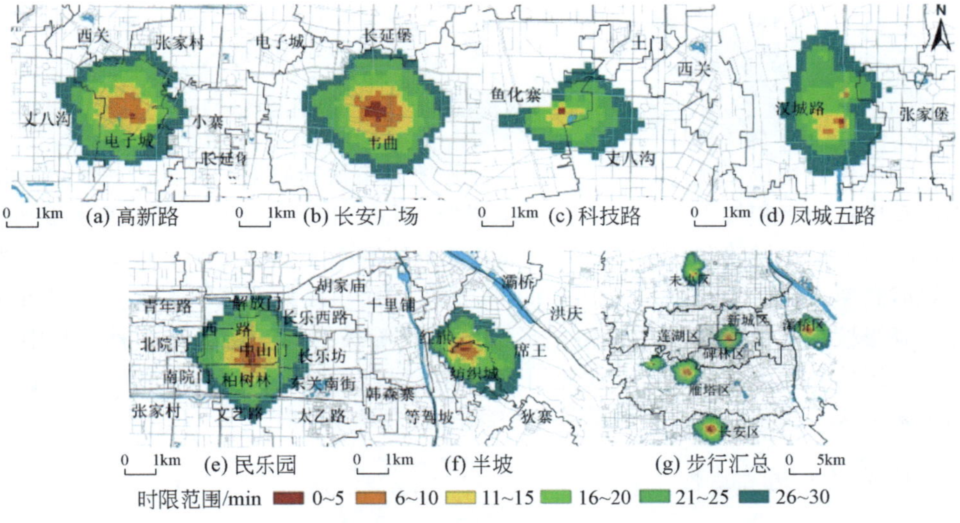

图6-22 网吧各等级核心的步行可达性格局

高新路、长安广场和民乐园的30min步行圈呈同心圆状。科技路西北部周围住宅小区较少，且步行道路稀疏，不利于行人通行，因此西北部的步行出行圈呈现收缩趋势，且可达面积最小。凤城五路和半坡受路网建设的影响，分别呈现南—北指向和西北—东南指向的步行出行圈，且可达面积较广。

2. 小汽车可达性

从网吧各等级核心的小汽车可达性格局来看（图6-23），一级核心高新路由于位于城市二、三环线之间，其30min小汽车出行圈依托城市快速路网向外扩散，主要覆盖城市三环线以内中西部的住宅小区。

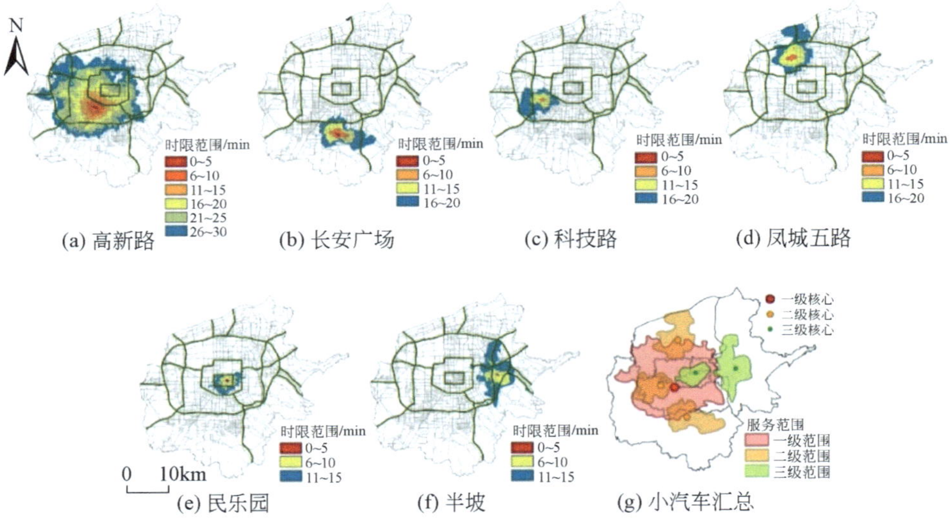

图6-23　网吧各等级核心的小汽车可达性格局

二级核心均位于城市二环线之外，且距离城市快速路入口较远，因此20min小汽车出行圈面积较小。三级核心民乐园的15min小汽车出行圈覆盖面积最小，仅包括西安市环城路和一至二环线南部的部分住宅小区；半坡介于西安市三环线和绕城高速之间，因此15min小汽车出行圈覆盖面积较大。总体来看，西安市网吧各等级核心的小汽车可达性格局形成了不同等级的空间重叠与互补，其中二级、三级核心的小汽车出行圈彼此间隔布局，凤城五路、长安广场和半坡核心分别于未央区、长安区与灞桥区填补了一级核心的服务空白。

3. 公共交通可达性

从网吧各等级核心的公共交通出行圈来看（图6-24），高新路依托公共交通，尤其是轨道交通线路，主要服务城市三环以内的住宅小区，其余等级核心同样呈现依托轨道交通的指状延展特征。网吧的二级、三级核心由于靠近城市外缘，公共交通系统支撑作用较弱，覆盖面积较小，且与小汽车圈的空间格局相似，在凤城五路、半坡和长安广场间隔分布，弥补了一级核心高新路的辐射范围。

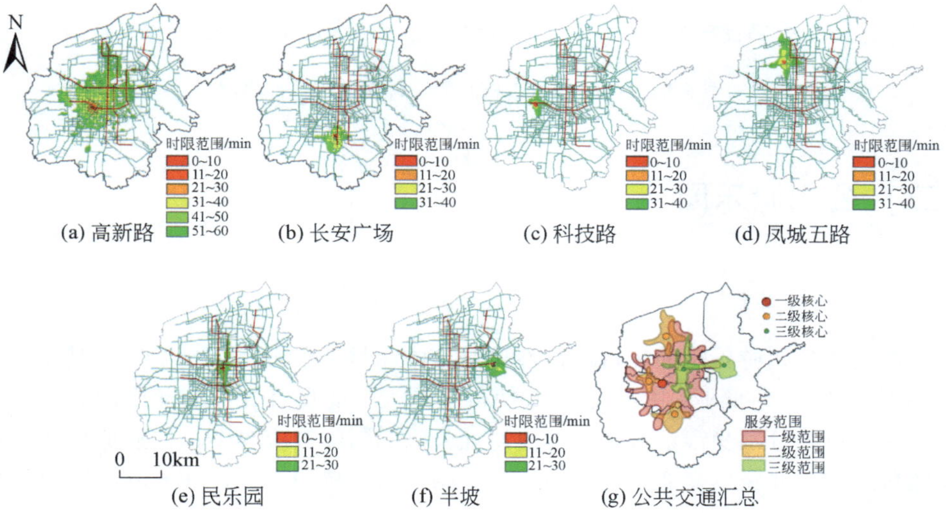

图 6-24　网吧各等级核心的公共交通可达性格局

4. 综合交通可达性

网吧各等级核心 3 种交通出行方式相叠加，得到西安市不同等级核心的网吧服务覆盖范围（图 6-25）。整体来看，西安市网吧服务范围偏向于城市西北方向，且二级核心向城市外围拓展的格局显著。网吧二级、三级核心的服务覆盖范围互不重叠，其中长安广场、凤城五路和半坡弥补了一级核心高新路的网吧服务范围。

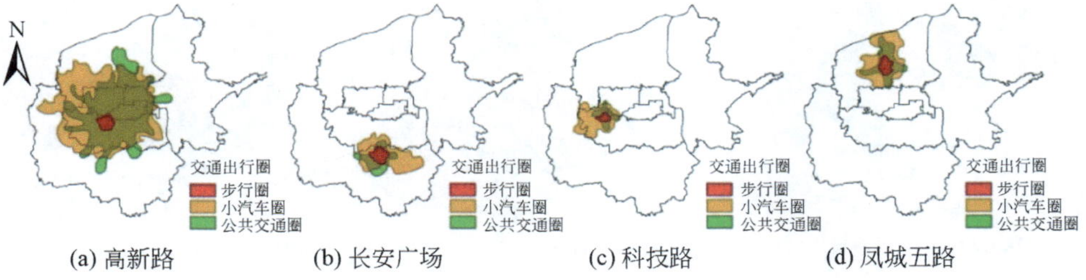

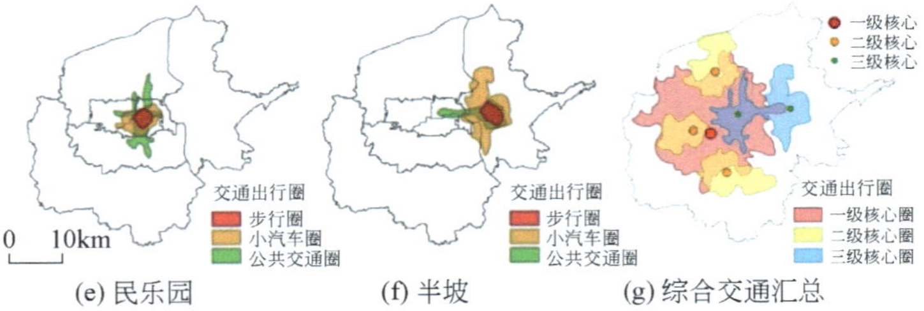

图 6-25　网吧各等级核心的综合交通可达性格局

（五）公园游乐园

1. 步行可达性

西安市公园游乐园的步行可达性格局基本呈同心圆状（图 6-26）。其中，大唐不夜城“地产+商业”的开发模式使得周围大型商场林立，因此西南和东北方向的通行道路分别受银泰城和曲江池遗址公园的阻隔效应显著。白鹿原位于西安市灞桥区狄寨北路，交通基础设施发育较弱，路网稀疏，因此 30min 步行可达面

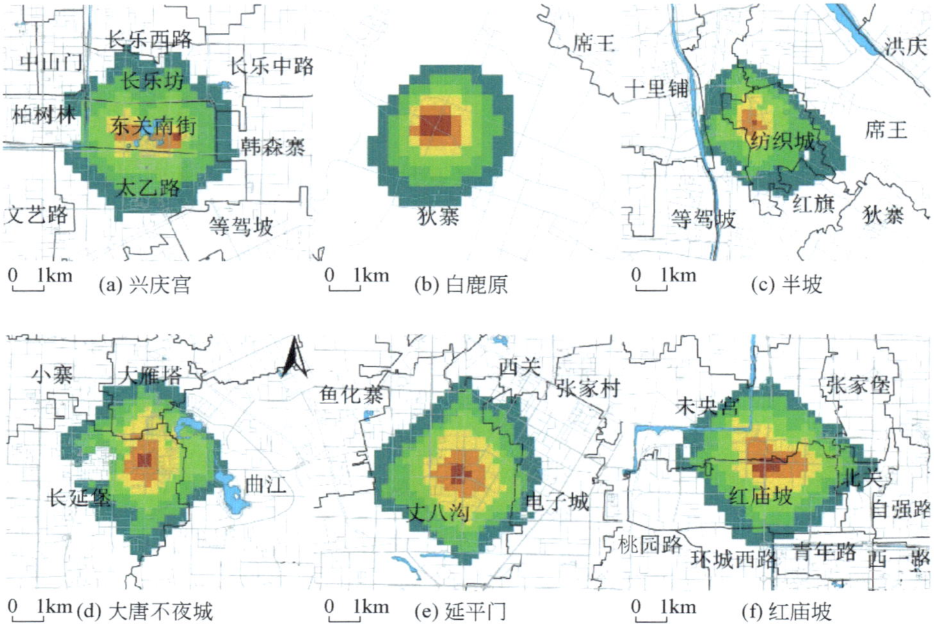

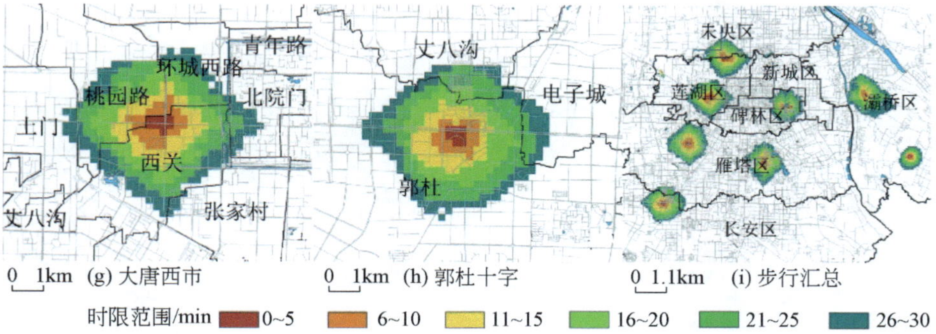

图 6-26　公园游乐园各等级核心的步行可达性格局

积最小，并且由于地理位置偏僻，周围无完善的生活设施，因此住宅小区数量较少，辐射和影响力度有限。整体来看，公园游乐园的空间分布相对分散，离心化显著，且形成了以南二环为轴线的南北对称格局。

2. 小汽车可达性

从公园游乐园各等级核心的小汽车可达性格局来看（图 6-27），一级核心半坡 30min 所覆盖的可达面积最大，向西延伸至一环东路，覆盖研究区域 31. 38% 的面积。兴庆宫 30min 小汽车可达面积较小，主要服务碑林区、新城区和雁塔区的部分住宅小区。白鹿原道路稀疏，30min 小汽车可达面积最小，服务小区数量最少。二级核心主要服务城市二环线东南、西南和西北部的住宅小区。三级核心郭杜十字位于西安市西南部，弥补了其他等级公园游乐园的小汽车出行圈。总体来看，公园游乐园的小汽车可达范围偏向于城市东部区域，服务范围面积较大。

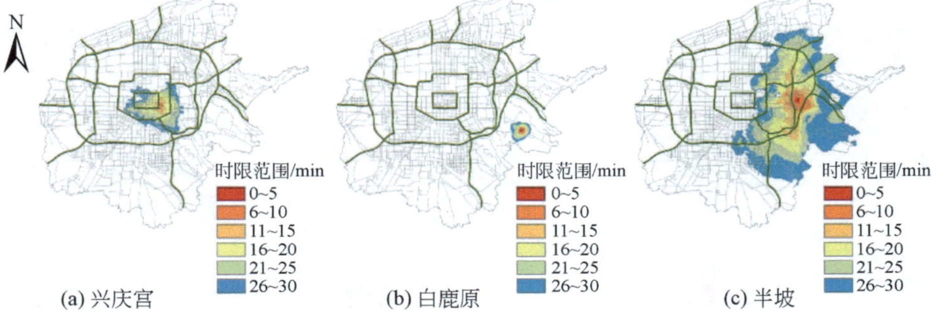

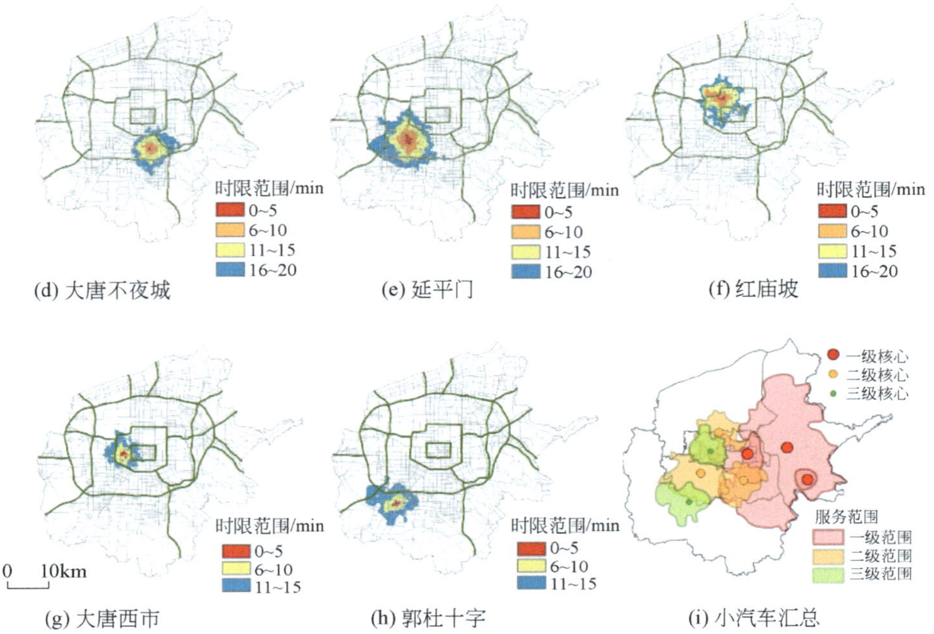

图 6-27　公园游乐园各等级核心的小汽车可达性格局

3. 公共交通可达性

从公园游乐园各等级核心的公共交通可达性格局（图 6-28）来看，一级核心的公共交通可达范围主要包括城市中东部区域，其中兴庆宫和半坡均邻近公交站点，且常规公交与轨道交通换乘便捷，因此兴庆宫与半坡 60min 覆盖范围较广。白鹿原只有 3 条公共交通线路穿过，且发车时间间隔较长，行驶速度较为缓慢，因此公共交通可达面积最小。二级、三级核心受公共交通线路的影响呈现不

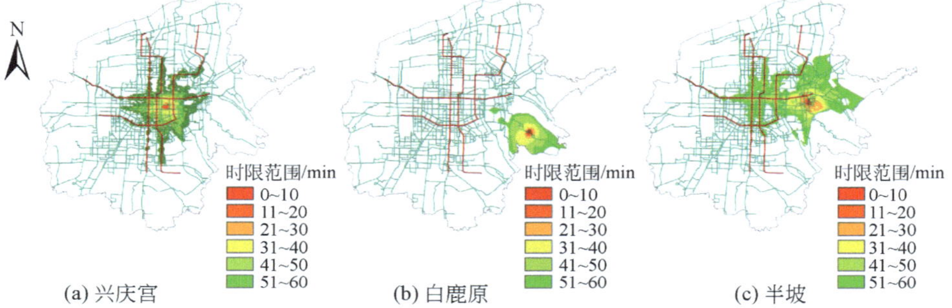

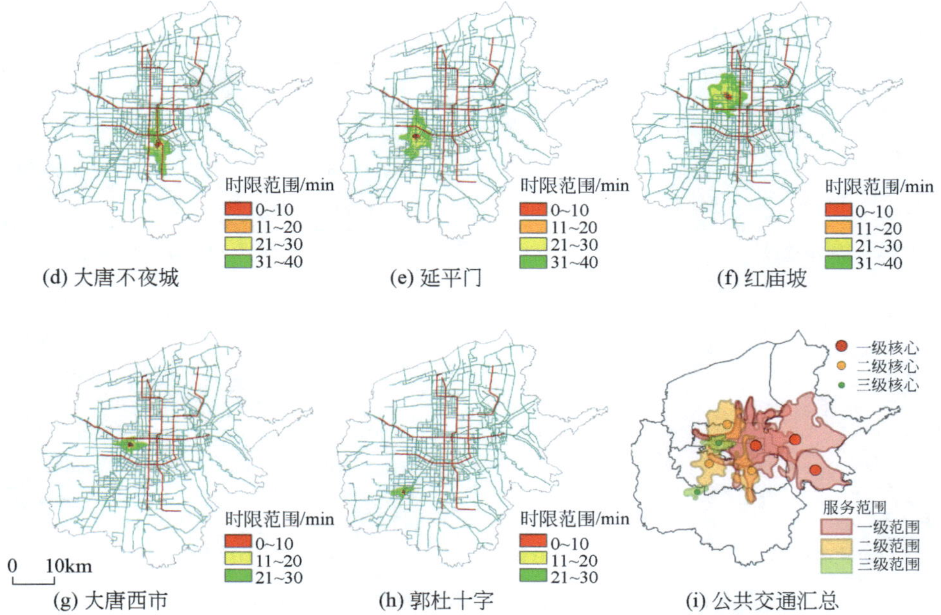

图 6-28　公园游乐园各等级核心的公共交通可达性格局

同方向的拓展特征，其中郭杜十字的公共交通可达面积最小，乘坐公共交通不便，导致对周边住宅居民的辐射能力有限。

4. 综合交通可达性

将公园游乐园各等级核心的 3 种交通方式相叠加，得到其综合交通可达性格局（图 6-29）。一级核心兴庆宫和白鹿原的公共交通可达面积大于小汽车，其余等级核心的小汽车可达面积更大，这表明西安市公共交通数量、网络密度和服务效率难以满足居民前往公园游乐园的日常出行要求，公园游乐园依托公共交通服务于周边住宅居民的可达性较差。总体来看，公园游乐园一级核心偏向于在城市

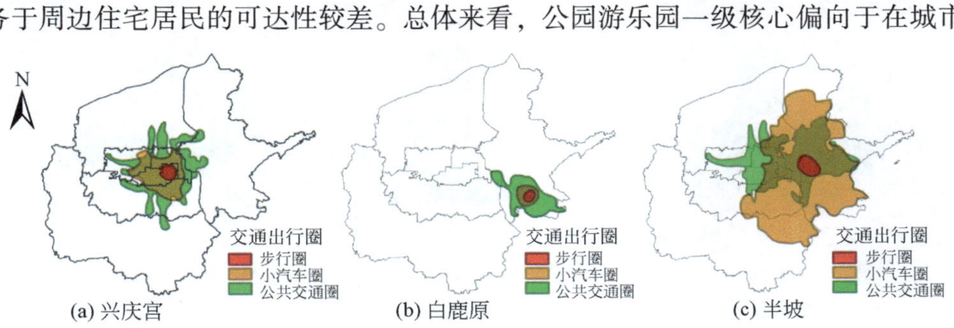

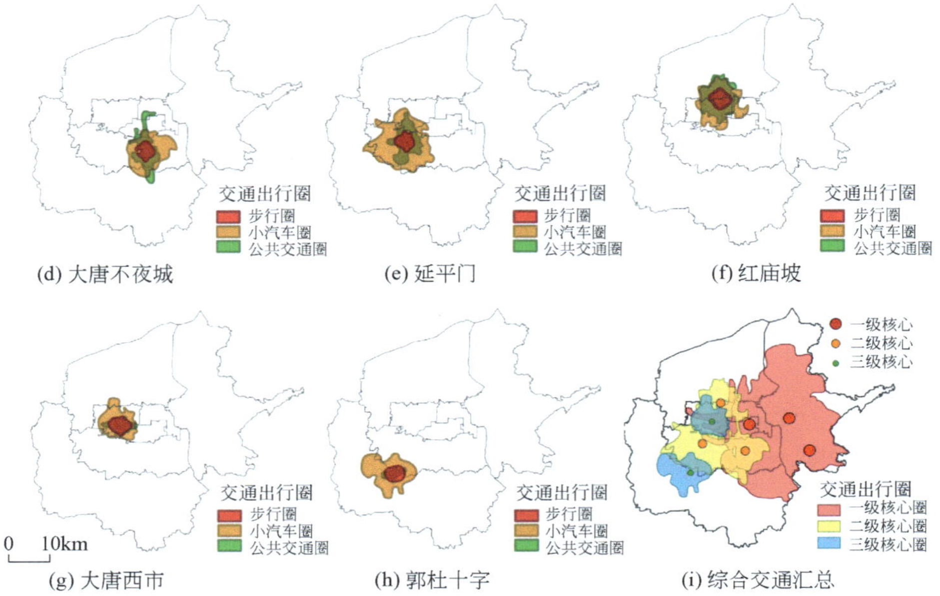

图 6-29 公园游乐园各等级核心的综合交通可达性格局

中东部区域分布，而二级、三级核心偏向于在城市中西部区域间隔分布，整体覆盖面积较大，但未央区和长安区的大部分街道存在大面积的服务空白区域。

（六）健身中心

1. 步行可达性

从健身中心各等级核心的步行可达性来看（图 6-30），除大唐不夜城外，其余等级核心的步行出行圈均呈同心圆状，且可达面积相似。健身中心 30min 步行出行

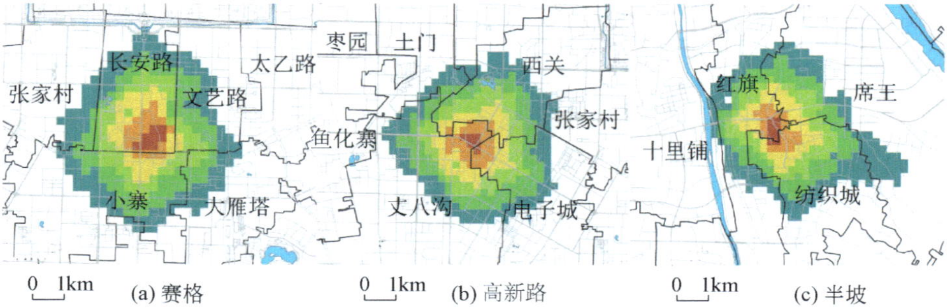

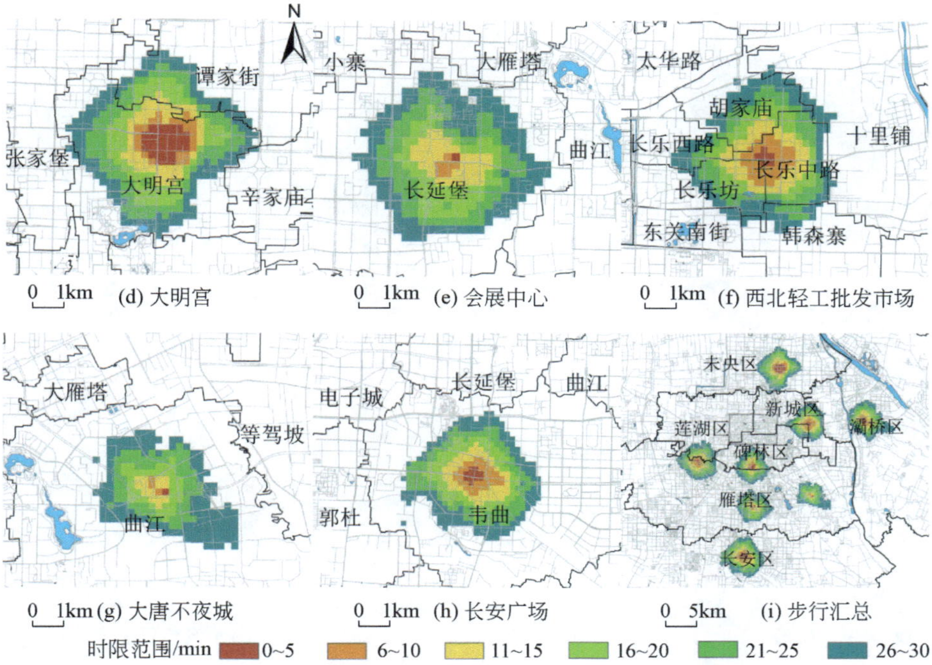

图 6-30 健身中心各等级核心的步行可达性格局

圈在各区均匀间隔分布，布局较为分散，呈现西北—东南方向的空间对称格局。大唐不夜城等级核心西邻曲江立交，因此步行出行圈面积在西南部呈现收缩趋势。

2. 小汽车可达性

一级核心赛格和半坡的30min 小汽车可达面积最大，且实现了城市中南部和东部区域健身服务范围的空间互补（图 6-31）。高新路介于西安市二、三环路的

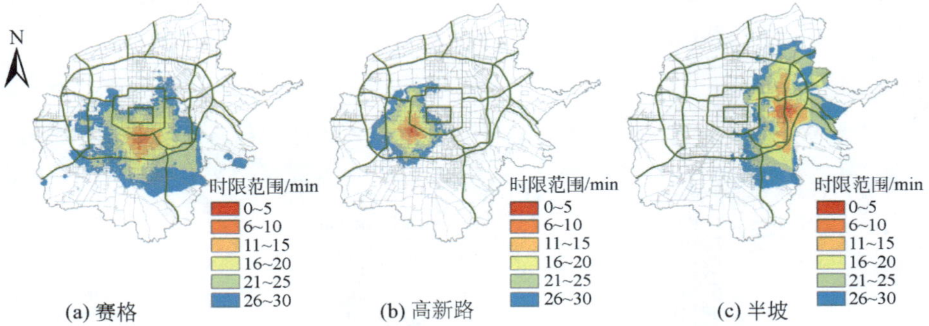

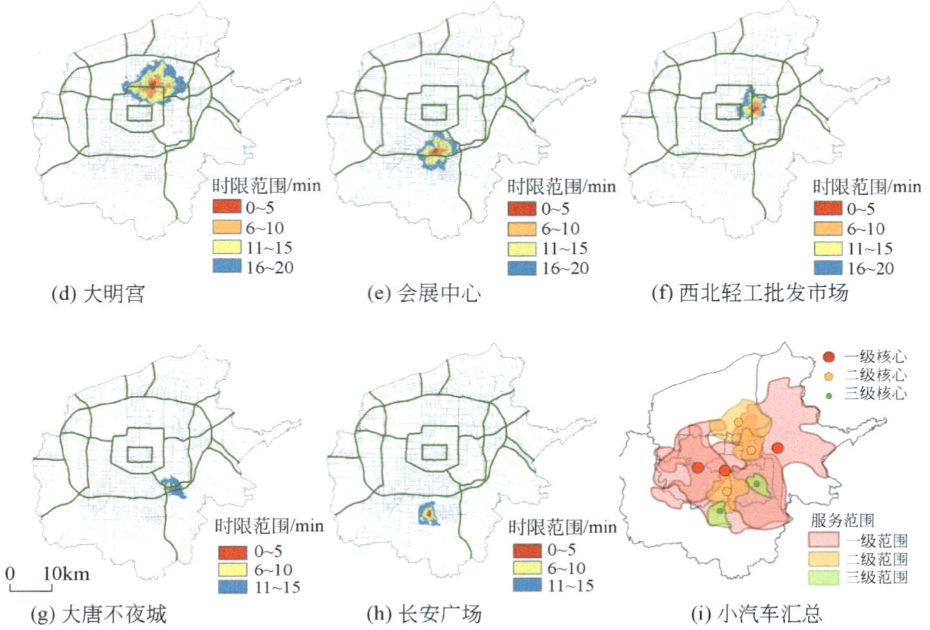

图 6-31　健身中心各等级核心的小汽车可达性格局

西南部，且与赛格辐射圈出现空间重叠。二级核心大明宫 20min 小汽车出行圈面积较大，且与西北轻工批发市场在空间上相邻；会展中心沿西安市绕城高速向东西拓展，主要服务长延堡街道的住宅居民。三级核心大唐不夜城和长安广场的小汽车出行圈面积均较小，辐射影响范围有限。

3. 公共交通可达性

从健身中心公共交通可达性来看（图 6-32），赛格和半坡分别呈现南北指向

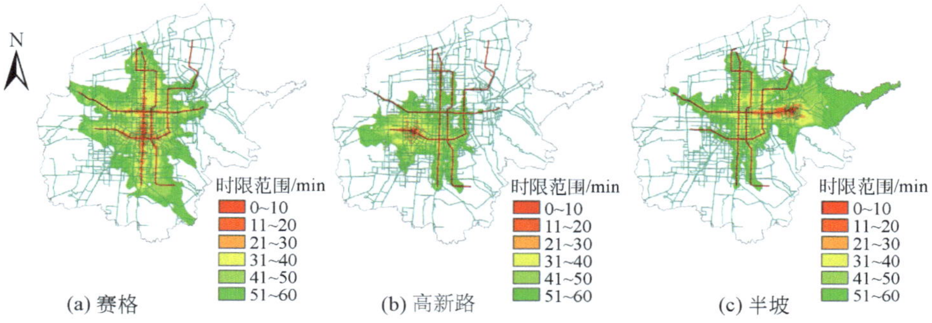

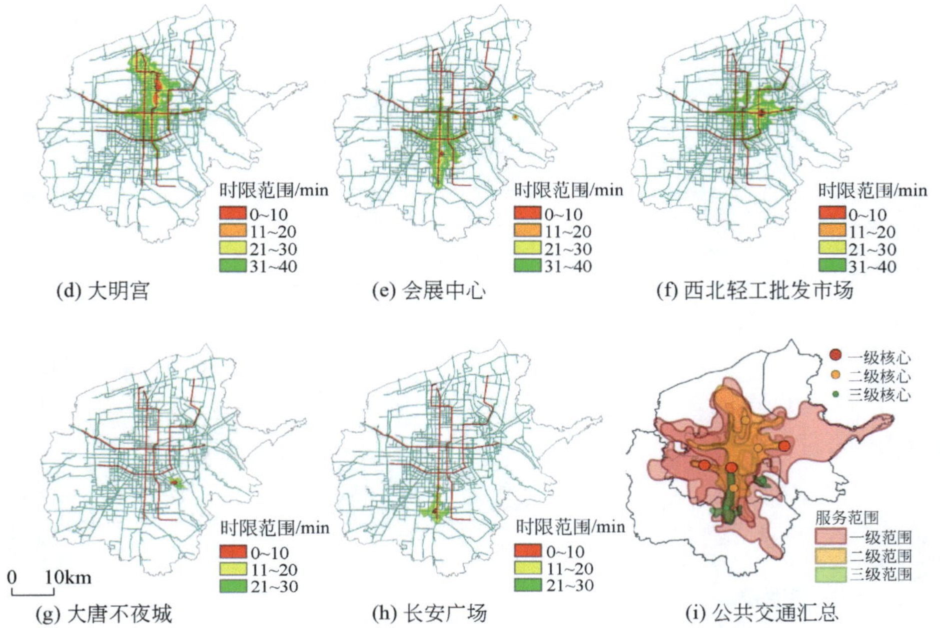

图 6-32　健身中心各等级核心的公共交通可达性格局

和东西指向的特征，辐射覆盖面积较大。高新路由于靠近轨道交通 3 号线地铁站点向外辐射，并与赛格公共交通出行圈出现空间重叠。二级核心大明宫和会展中心分别在城北和城南呈现南北延伸的特征，西北轻工批发市场则依靠轨道交通 3 号线呈现东西指向的特征。三级核心大唐不夜城由于距离地铁站点较远，公共交通辐射能力有限；长安广场靠近航天城地铁站而呈现小范围的南北延展。

4. 综合交通可达性

将健身中心各等级核心 3 种交通方式相叠加可以发现（图 6-33），除大唐不

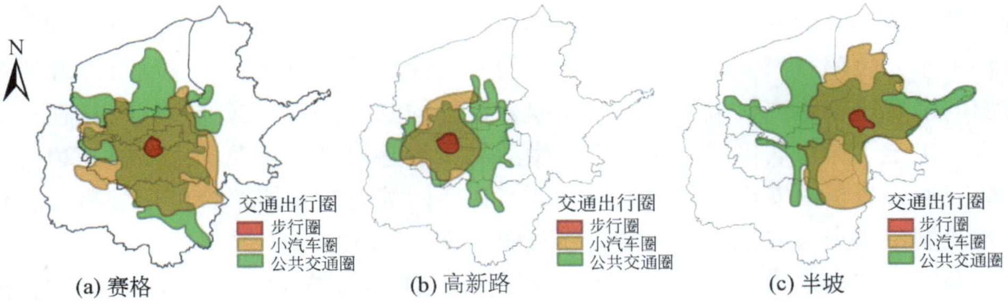

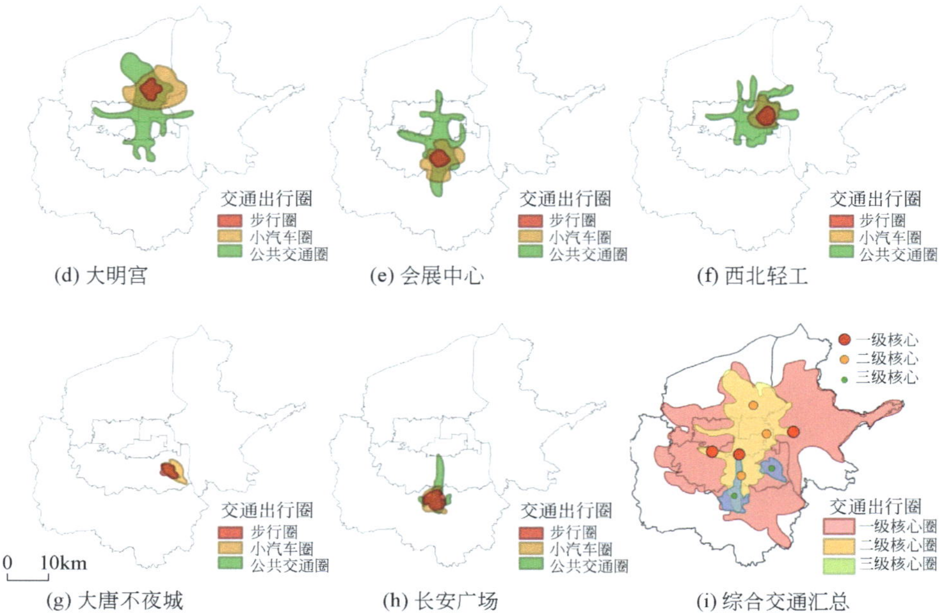

图 6-33　健身中心各等级核心的综合交通可达性格局

夜城外，其余等级核心均呈现公共交通圈>小汽车圈>步行圈的空间格局，表明健身中心近地铁站点布局的空间特征显著。半坡的小汽车圈和公共交通圈受线路布局的影响，呈现不同的辐射范围，其余等级核心的 3 种出行方式覆盖的空间范围相互重叠。整体来看，健身中心一级核心覆盖面积最大，占研究区域面积的 57.05%。二级、三级核心南北指向明显，且实现了不同等级的空间互补。

四、西安市文化娱乐业空间模式

城市空间内需要合理配置文化娱乐场所。在不考虑文化娱乐业类型差异与人群消费选择偏好的基础上，居民通过不同交通出行方式到达文化娱乐场所的出行时耗越小，表明城市文化娱乐空间供需的平衡性越好。因此，通过出行时耗所表现出的消费机会距离构成了城市文化娱乐资源的空间模式，这种模式往往在一定程度上决定了城市居民对其居住空间生活品质的感知（王丰龙和王冬根，2014）。本研究通过分析西安市文化娱乐业各业态在不同等级核心的综合可达性格局，进一步绘制出西安市文化娱乐业空间模式图（图 6-34）。

西安市文化娱乐业空间模式整体呈现为“圈层+轴向+扇形+组团”结构，但不同业态文化娱乐业的空间模式也体现出不同程度的相似性与异质性。咖啡厅茶馆、电影院剧院、歌舞厅酒吧均表现为轴向对称型的空间模式［图 6-34（a）］，即基本形成以钟楼和赛格为发育核心，并以南北中轴线为主、东西轴线为辅的空间拓展模式。根据西安城市空间的四大圈层划分（马蓓蓓等，2018），传统内城区和成熟建成区为西安市文化娱乐业分布密度最高的核心区域，同时也是 3 类文化娱乐业均可辐射波及的核心地区。核心区域内部路网密度大、站点数量多，为居民出行方式提供了多种路径选择。钟楼和赛格作为城市中心的核心区域，同时也是文化娱乐业分布的主核心，可见历史脉络和城市规划仍然是西安市文化娱乐业空间结构的主导因素。同时，文化娱乐业空间区位具有强烈的轨道交通指向特征，邻近地铁站点的区位选址成为此类文化娱乐业空间布局的显著特性。在轨道交通 2 号线和 4 号线的影响下，文化娱乐业主核心区的辐射范围迅速增大，主要围绕西安市南北中轴线纵向分布，促进了居民远距离的跨区消费。而西安市高架快速干道和轨道交通 1 号线的布局吸引了文化娱乐业次级核心区沿东西轴线的横向分布，且呈现出东密西疏的空间特征。文化娱乐业组团的主次核心带构建为西安市城区发展的“十”字轴带，从而形成了不同等级和业态的文化娱乐业组团在城市不同象限的空间拓展。

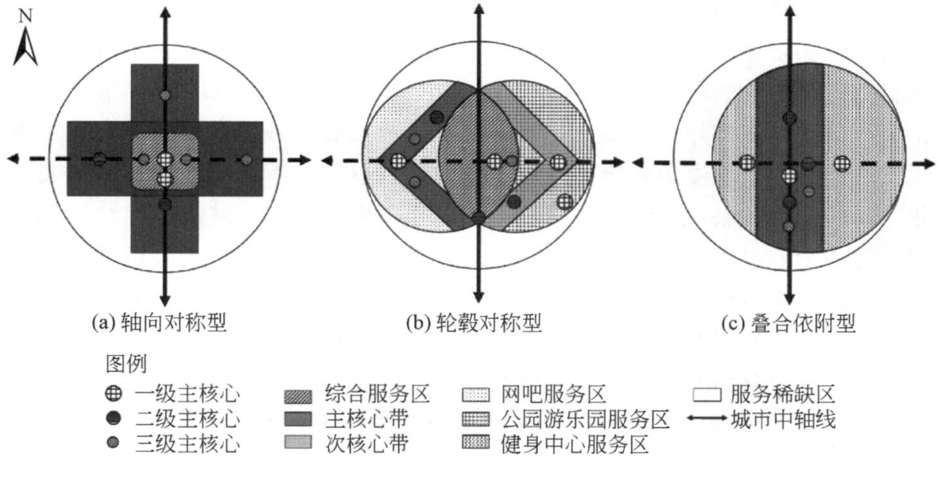

图 6-34　基于可达性的西安市文化娱乐业空间模式

网吧和公园游乐园由于受到高新技术产业集聚和自然环境依附效应的影响，呈现“逆中心”的离散布局态势，分别于城西片区和城东片区，即西安市的新兴扩展区和城乡过渡区，形成网吧和公园游乐园的服务核心区。网吧和公园游乐园相叠加的空间布局整体呈现轮毂对称型的空间发展模式［图 6-34（b）］。其空间格局虽仍沿城市双轴线对称分布，但由于其邻近轨道交通的区位特征较弱，因此其空间扩展的区位指向主要表现为依托城市环线和快速干道布局的空间特征。传统内城区和成熟建成区仍为西安市网吧和公园游乐园一级核心的可辐射波及的复合区域，但处于其核心服务范围的边缘区位。在城市西三环的辐射带动下，城市的新兴扩展区形成了网吧和公园游乐园业态发展的主核心带，且不同等级核心的服务范围呈现间隔填充的空间分布格局；东三环主要邻近城乡过渡区，且布局于此的文化娱乐核心数量较少，等级较低，从而形成了网吧和公园游乐园空间拓展的次核心带。

健身中心在城市空间发展的起步时间较晚，产业发展的区位布局也具有强烈的轨道交通依赖性，因此其空间拓展模式同样呈现出沿城市中轴线发展的区位指向［图 6-34（c）］。健身中心的一级核心依托西安市 4 条轨道交通线路在城市的不同象限提高高等级健身中心的辐射能力，且覆盖范围较广；而新兴健身场所，即次等级健身中心仍主要依托轨道交通 2 号线、4 号线纵向拓展，并与一级健身中心的服务半径呈现空间复合的特征，从而表现为叠合依附型的空间发展模式。

通过西安市文化娱乐业的空间模式可以看出，西安市文化娱乐业等级结构明晰，城市中心区域具有显著的向心性和集聚性。文化娱乐业的空间演变与城市空间布局和土地功能结构密切相关，在城市转型的时代背景下，文化娱乐业在不同区域的发育状态体现出城市化推进的节奏和时差。综合来看，主核心区域的文化娱乐空间持续强化，沿城市中轴线的城市更新推动了新兴区域的容量扩张。同时，交通基础设施的建设推动文化娱乐走廊快速发展，城市中心的文化娱乐资源由于发展饱和而呈现溢出效应，催生了新的发育热点。不同等级和类型的文化娱乐业之间的网络关联正在逐步塑造城市的新业态模式，其对城市空间结构和居民消费行为的影响也日益显著。与此同时，在目前城市快速拓展和人口郊区化的发展趋势下，西安市东北和西南地区已经成为城市扩张最为迅速的近郊区域。城市外围新兴区域的发展起步相对滞后、业态结构仍较单一、交通系统尚不完善，文化娱乐配置严重落后于城市空间拓展和人口郊区化趋势，消费需求和空间供给存在明显“失衡”现象，都市外围区域多中心结构尚未真正形成。

五、本章小结

本章主要通过调用高德地图 API 接口的路径规划功能，基于步行、小汽车和公共交通 3 种出行方式，通过选取相应出行阈值，测度西安市不同地区住宅楼宇至文化娱乐业各等级核心的可达性格局，总结出文化娱乐空间依托交通可达性的区位布局规律，从而提取出西安市文化娱乐业的空间模式，主要结论如下。

（1）西安市总体文化娱乐业核心交通可达性格局。基于3种交通方式测度的总体文化娱乐业可达性格局存在显著的相似性和差异性。文化娱乐业各等级核心的步行可达性差异较小，基本呈同心圆状，其空间拓展主要受物理阻隔和路网密度的影响。从小汽车和公共交通2种交通出行方式的可达性格局来看，文化娱乐业出行圈主要沿城市交通走廊（主干道、轨道线）向外延伸。其中，小汽车出行圈主要沿城市快速路、环路以及绕城高速的“轴向”扩张显著；公共交通出行圈主要受轨道交通线路的影响而表现出不同方向的“指状”延展，因此二者在空间上实现了优势互补。钟楼、赛格这两大核心的小汽车和公共交通可达性均表现出“双高”特征，且赛格通过交通系统辐射城市的能力更强；龙首原、半坡和大明宫受路网形态及轨道线路的影响而表现出相反的拓展指向，实现了空间的互补效应；电子正街和高新路则均表现为“双低”特征。三大核心圈在空间上相互叠加交错，正在逐步形成体系化的客源网络，产生了较大强度的规模效应，有利于提高城市多中心结构的运行绩效。

（2）西安市分业态文化娱乐业核心交通可达性格局。不同类型的文化娱乐业交通出行圈的形态和结构取决于其经营业态的属性特征、空间布局的区位偏好以及交通方式的出行效率。除健身中心外，其他5种类型的文化娱乐业出行圈面积呈现小汽车圈>公共交通圈>步行圈的空间格局，公共交通系统对文化娱乐业的支撑能力仍然有限。咖啡厅茶馆、电影院剧院和歌舞厅酒吧的交通可达性格局均呈现出显著的“中心–外围”结构，核心等级与服务半径呈显著正相关关系。同一等级核心的交通出行圈均相连成片，不同等级核心的交通出行圈呈现空间复合或互补效应，且主要集中于城市三环线区域内。网吧、公园游乐园和健身中心的交通出行圈向城市外围区域拓展，且同一等级核心的交通出行圈呈现空间间隔分布，填补了文化娱乐业服务的空白区域。其中，网吧和公园游乐园的服务范围分别偏向于城西和城东地区，健身中心由于邻近地铁站点而在城市内部形成了广泛的辐射效应。

（3）西安市文化娱乐业空间模式。西安市文化娱乐业空间模式整体呈现“圈层+轴向+扇形+组团”结构，但不同业态的文化娱乐业呈现出不同程度的相似性与异质性。咖啡厅茶馆、电影院剧院、歌舞厅酒吧均表现为轴向对称型的空间分布模式，即在城市轨道交通的辐射带动下，基本形成以钟楼和赛格为发育核心，并以南北中轴线为主、东西轴线为辅的“十”字形的空间拓展模式。网吧和公园游乐园则呈现“逆中心”的离散布局态势，其空间拓展的区位指向主要依托城市环线和快速干道，形成轮毂对称型的空间发展模式。健身中心的区位布局同样具有强烈的轨道交通依赖性，一级核心的覆盖范围较广，而新兴健身场所主要以轨道交通为支撑，依托城市南北轴线纵向扩展，从而呈现出叠合依附型的空间发展模式。整体来看，西安市传统内城区和成熟建成区内的文化娱乐各业态类型融合良好，城市居民接触文化娱乐业的区位机会较多，城市空间生活品质较高。而城市外缘地带的新兴扩展区和城乡过渡区的交通基础设施与文化娱乐产业的综合配套功能较弱，尤其是城市的东北和西南地区是西安市近年来居住空间扩散的主要区域，但其文化娱乐设施的空间配置已经严重滞后于城市空间扩张和人口郊区化进程。

第七章　西安市居民休闲娱乐出行行为的识别

通过对手机信令数据进行预处理，可得到西安市各用户的连续轨迹信息。通过轨迹停留点识别、轨迹语义化等过程，本章研究了城市居民休闲娱乐出行行为的识别与提取方法。

一、西安市居民休闲娱乐出行停留点识别

本章基于前人的研究成果，对用户停留点进行识别与提取。首先，将手机信令数据与基站数据匹配后的单个用户离散轨迹点表示为一个三维坐标（t，l_o，l_a），即单个用户的所有出行轨迹点用集合的形式表示为 $C=$（（t_i，l_{oi}，l_{ai}）| $i\in$ 正整数)，其中 i 为离散点的时间排序编号，（t_i，l_{oi}，l_{ai}）为轨迹点的第 i 个定位点。

其次，以时间排序对各定位点之间进行距离测算。两点间距离测算方法包括欧氏距离法、马氏距离法、曼哈顿距离法、正大圆距离法等，本章将使用修正大圆距离法计算两点间的出行距离，其公式为

$$\text{DISTANCE}=\phi\times R\times\arccos(\sin l_{a1}\times\sin l_{a2}+\cos l_{a1}\times\cos l_{a2}\times\cos(l_{o1}-l_{o2})\quad(7\text{-}1)$$

式中，ϕ 为修正系数，一般取值为 1.3～1.4，本研究取 1.35；R 为地球半径，取 6371km。

最后，基于居民出行调查中对有效出行的定义，将用户活动范围在某限定区域停留超过某一限定时间的地方判断为停留点，即

$$\text{DISTANCE}_{i,i+1}\leqslant\Delta D\quad(7\text{-}2)$$

$$t_i-t_j\geqslant\Delta T\quad(7\text{-}3)$$

式中，ΔD 为空间距离阈值，取值为 500m；ΔT 为停留时长阈值，取值为 30min。

用户出行停留点的识别实际上是对用户空间轨迹基于一定阈值在时间和空间域内进行聚类的过程，将空间和时间上均邻近的点聚类为同一个点，即完成了信号轨迹点到用户出行链停留点的转化，如图 7-1 所示。

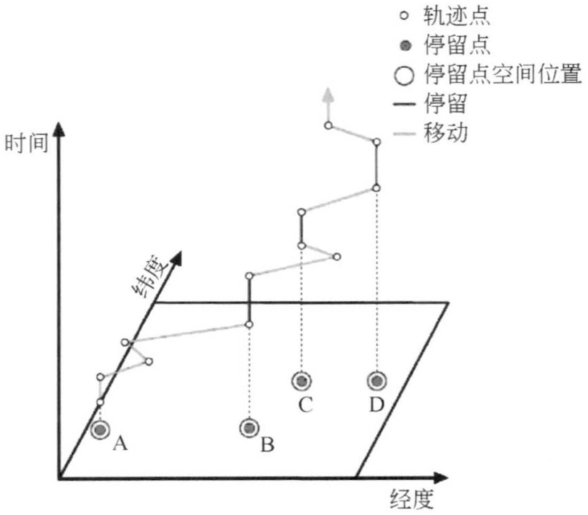

图 7-1　基于手机信令数据识别和提取用户出行链停留点示意图

二、西安市居民休闲娱乐出行链语义化

对用户出行链停留点进行识别和提取后，语义识别一系列停留点与时间变化的出行链。首先，一天 24 小时将被划分为 n 个时间段，将各时间段内活动次数最多的位置或停留点确定为该时间段内用户的活动位置；其次，对一周内连续多天的同一时段进行关联性分析，提取同一时间段中出现天数最多且最多天数≥3 天的位置作为该时间段用户活动的稳定点，如图 7-2 所示。

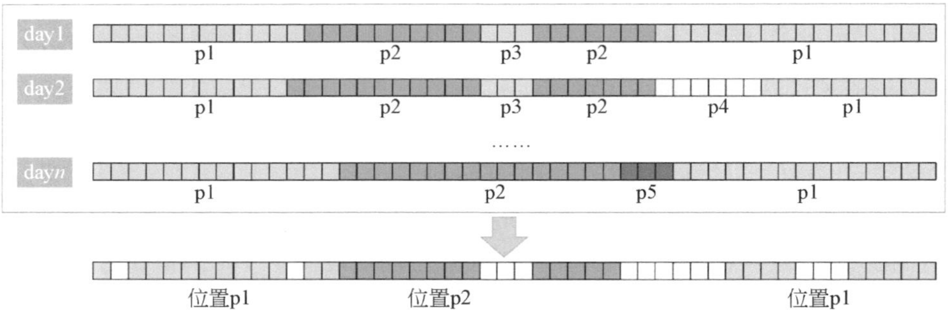

图 7-2　某用户多日出行轨迹链语义化示意图

三、西安市居民休闲娱乐出行行为识别方法

（一）居民居住地与工作地识别

目前关于居住地与工作地的识别，即通勤行为识别，已有较多学者提出了多种可行且有效的评判方法。张雪霞等（2021）将0～7点停留时间超过4h的位置作为用户的住家位置。陈静媛等（2022）将用户21点至早8点在连续10天时间中停留最长的地点作为居住地，将8～21点在市域范围内除居住地停留时间最长的点作为就业点。闫晴等（2018）将每日23点至早3点的整点作为居住地识别的时间点，若用户每天有至少3个时间点在同一位置，则将其定义为居住地；同时，将9～15点的整点作为工作地的特征时间识别点。综上所述，现有研究多以通识认知的睡眠与工作时间段作为识别用户居家和工作活动的时间特征点，本章将10～18点设置为工作时段，23点至早6点设置为居家时段，并定义用户在一周中≥3天于10～18点停留≥4h的位置点为工作地，定义用户在一周中≥5天于晚23点至早6点停留≥4h的位置点为居住地。最后将识别出有固定工作地和居住地的用户定义为通勤用户。

（二）居民休闲娱乐出行行为识别

目前鲜有研究基于手机信令数据对居民休闲娱乐活动或城市休闲场所进行识别，闫晴等（2018）将周末9～11点和14～16点时间段内平均人口密度值比工作日密度值增加10%以上的区域定义为居民消费休闲活动集聚地。单欣宏（2021）将用户于周末时间段9～21点所停留的非固定居住地位置点，且距离居住地1000m以上，停留时间在1～4h的位置定义为休闲地。丁亮等（2017）将居民在周末于非居住地和交通枢纽的某一范围内连续停留的区域识别为游憩地。

本章将提出基于手机信令数据对西安市居民休闲娱乐出行行为进行识别的方法，识别流程如下：首先，提取通勤用户和非通勤用户中有唯一居住地的用户，将其定义为研究区范围内的常住居民，即主要研究对象，研究对象还包括在研究区范围内、研究时段中，有≥5天居住在同一个地点的旅游者；其次，通过对常住居民出行轨迹链语义进行识别与提取，定义其在一周时间内前往的非工作地或居住地的第三个位置，且停留时间超过30min的点为休闲娱乐场所初选点；然后，将研究区范围内休闲娱乐场所初选点中，包含重大客流集散地、三甲级医院

和政府服务中心缓冲区内的停留点全部剔除，如火车站、汽车站、大型医院等，缓冲半径设置为500m；最后，识别出西安市居民休闲娱乐出行行为。

四、西安市居民休闲娱乐出行行为识别结果

（一）职住空间识别结果

通过上文对西安市职住地的识别规则与流程，在研究区范围内共识别出常住居民291.7万人，依据三大运营商平均市场占有率为35%进行常住人口扩样，得到研究区范围内总人口为833.61万人，与西安市第七次人口普查所获得的研究区范围总人口数量789.4万人较为接近，误差率约为5.6%，故扩样样本具有一定的统计学意义。

西安市居住与工作人口的分布格局既有相似性也有差异性，分别从街道和交通小区尺度对西安市居住和工作人口分布进行描述。从街道尺度来看，西安市就业及居住人口均具有“南多北少”的扇形分布格局，且高值中心集中在二环路以南至绕城高速的丈八沟街道、电子城街道、曲江街道、长延堡街道，以北的张家堡街道和绕城高速以南的郭杜街道、韦曲街道。次高值街道呈现“东西对称”的分布格局，为三桥街道和席王街道。随着从城市核心区向外围扩散，街道面积也随之逐渐增加，如郭杜街道和韦曲街道辐射范围较广，其行政范围内居住和就业人口总数均位居前列，因此基于街道尺度对人口分布特征进行描述存在误差较大的问题。从交通小区尺度来看，可以从更微观尺度对研究区范围内的居住和工作人口分布特征进行更精准的描述。其中，在城墙范围内，就业和居住人口的分布表现为“西多东少”的空间特征，并呈现就业人口数量大于居住人口数量的特点，即西安市居民具有“内城工作、外围城区居住”的特征；城墙至二环路范围则呈现出居住人口数量大于就业人口数量的特点（图7-3）。

将西安市二环路、绕城高速作为城市内城区、核心边缘区、城市外围区的划分标准，可以发现：在街道尺度上，西安市职住人口分布总数呈现出各圈层从内向外“低-高-中”的变化特点；而从交通小区尺度分析，则呈现从内向外“中-高-低”的变化特点。这表明从不同尺度对人口空间分布特征进行描述会存在明显差异，选择合适尺度开展研究十分重要。理论上说，对人口空间分布特征的分析，研究尺度越微观，结果的准确性越高，第八、第九章将继续采用交通小区单元展开研究。

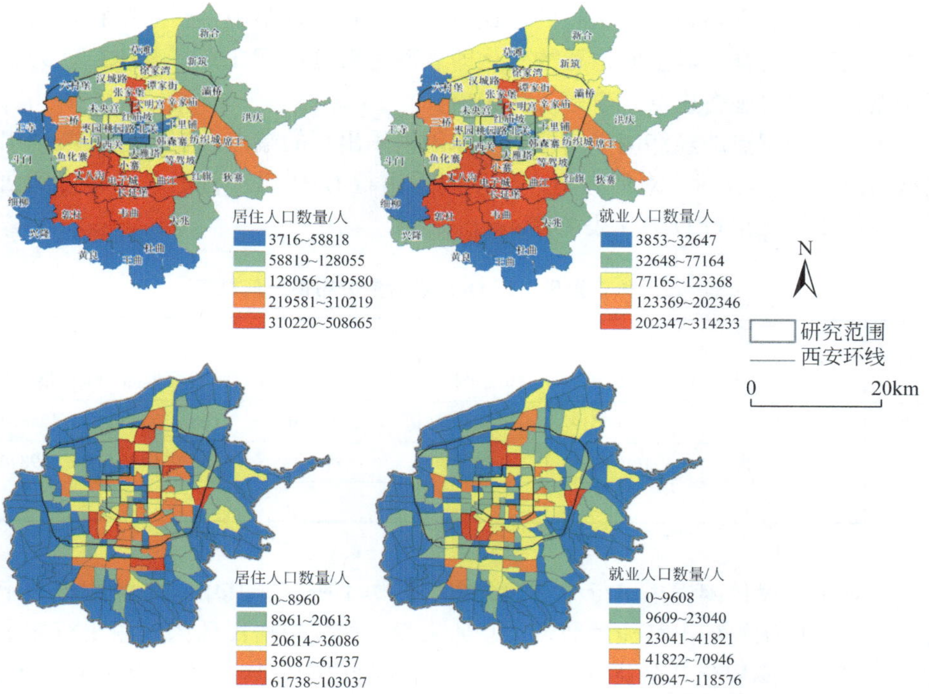

图 7-3　街道（上）及交通小区（下）尺度下西安市职住空间分布

（二）居民休闲娱乐出行行为识别结果

基于本章提出的对城市居民休闲娱乐出行行为的识别方法与流程，首先以居住地为起点对所有用户的出行位置点进行时空汇总（表 7-1）。

表 7-1　出行位置点时空分布情况汇总表

项目编号	时间（时:分:秒）	经度坐标	纬度坐标	位置点类型	位置编号
1	3:32:48	106.5314	26.58494	停留点	1
2	3:38:38	106.5314	26.58494	停留点	1
3	4:00:12	106.5314	26.58494	停留点	1
…	…	…	…	停留点	1
12	7:08:24	106.5349	26.78822	移动点	/
…	…	…	…	移动点	/
15	8:11:19	106.6378	26.42585	停留点	2
…	…	…	…	…	…

O-D 数据，即城市居民出行的起讫点数据。在统计学中，空间中移动的物体会出现流动性特征，其空间位置的变化即表现为轨迹的起止点。其中，O 为轨迹起始点，D 为轨迹终止点（李婷等，2014）。

将所有停留点的经纬度平均值作为休闲娱乐出行的端点位置，连续两个出行端点构成一组 O-D 对，对所有用户休闲娱乐出行 O-D 对进行汇总，即得到西安市居民休闲娱乐出行 O-D（表 7-2）。

表 7-2　休闲娱乐出行 O-D 点时空分布情况汇总表

项目	O 点			D 点		
	时间（时:分:秒）	经度坐标	纬度坐标	时间（时:分:秒）	经度坐标	经度坐标
1	3:32:48	106. 5314	26. 58494	8:11:19	106. 6377757	26. 42585488
2	8:11:19	106. 6378	26. 42585	12:17:33	106. 9764862	26. 71987463
…	…	…	…	…	…	…

西安市居民休闲娱乐出行流空间分布如图 7-4 所示，其中线条的粗细表示各交通小区间休闲娱乐出行流动数量。总体来看，西安市居民休闲娱乐出行需求呈现“广域化、圈层化”的格局，具有“出行流量层级发展、核心内城多心联动”的空间特征。其中，出行数量最多的区域主要集中在传统内城区范围以内，城墙范围内形成了高强度、高密度的向心出行流，再依次向北边的新城区、未央区的绕城高速内延伸，也向南边的雁塔区延伸。可以发现，以钟楼商圈、小寨商圈、大雁塔商圈等为核心，西安市形成了“休闲娱乐出行南北轴带”，且各片区之间居民游憩流动紧密，成为联系紧密的组团。此外，灞桥区绕城高速附近以灞桥生态湿地公园为中心，形成了另一个居民游憩流动的街区组团，并与内城组团形成一定规模的出行流联系。而绕城高速以外的城市外围地区，包括长安区、未央区以东、雁塔区以东片区，居民休闲娱乐出行流分布较稀疏，且流量较小。

总体来说，研究区域内休闲娱乐出行流分布不均匀，但集聚现象明显，在一定程度上反映了城市内部休闲娱乐产业发展的不平衡。西安市二环路以内街区的旅游资源、传统商圈等分布密集，有效促进了居民休闲娱乐出行流的街区组团间的联系，但随着从中心城区向城市外围扩散，组团间的联系越来越少，居民游憩出行流密度与交通干线密度呈正相关关系。

通过对西安市居民休闲娱乐出行行为的识别与提取，可以从居民游憩出行流的数量及空间分布方面展开分析，在一定程度上反映研究区域内居民休闲娱乐出行特点，下文将对西安市居民休闲娱乐出行的时空特征及主要节点展开详细研究与分析。

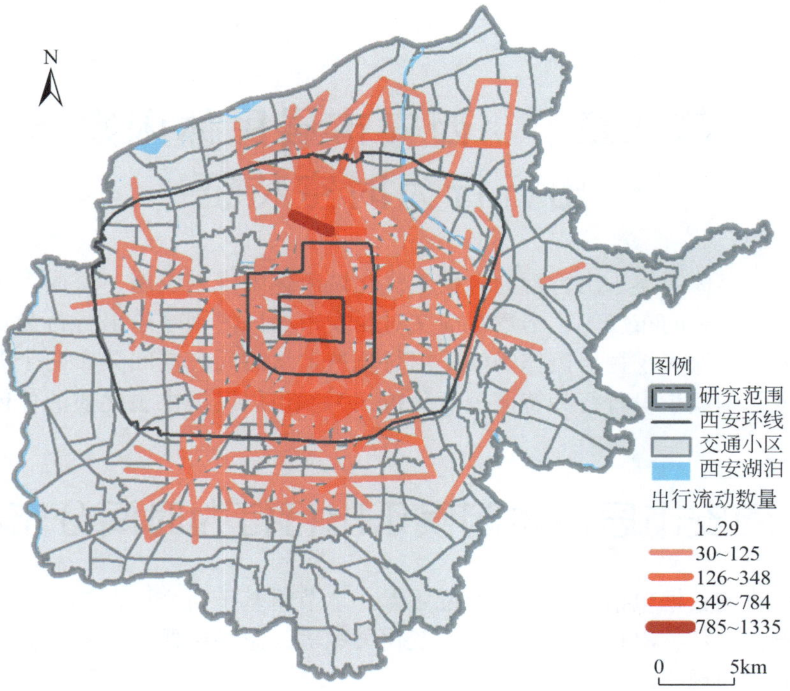

图 7-4 西安市居民休闲娱乐出行流空间分布图

五、本章小结

本章对西安市 7 日手机信令的缺失重复数据、乒乓数据、漂移数据等进行预处理，并识别其停留点，对出行链数据进行语义识别，提出基于手机信令数据识别城市居民休闲娱乐出行行为的规则，并得到西安市居民休闲娱乐出行 O-D 对，对其进行可视化得到居民休闲娱乐出行流空间分布图。结果表明，西安市居民休闲娱乐出行需求呈现“广域化、圈层化”的格局，具有“出行流量层级发展、核心内城多心联动”的空间特征。休闲娱乐行为主要发生节点区域在城墙范围内形成了高强度、高密度的向心出行流，并形成以钟楼商圈、小寨商圈、大雁塔商圈等为主要节点的“休闲娱乐出行南北轴带”，且城市外围区域居民的休闲娱乐出行流网络分布较为稀疏，且流量较小。

第八章　西安市居民休闲娱乐出行行为时空特征

研究居民休闲娱乐出行行为有助于优化城市休闲娱乐设施、交通系统规划以及城市基础设施的布局等，本章在前文对西安市居民休闲娱乐出行行为识别与提取的结果中，深入挖掘居民休闲娱乐出行轨迹，从时间和空间分布两个方面对西安市居民休闲娱乐出行行为特征进行分析，为城市居民提供更优质的休闲娱乐出行环境。

一、西安市居民休闲娱乐出行行为时间分布特征

用户轨迹数据包括出行时间及位置点，本节将基于研究区范围内居民休闲娱乐平均出行次数、出行总量与时间的变化关系等，总结出西安市居民休闲娱乐出行行为的时间规律。

（一）出行次数

出行次数指城市居民每日人均出行次数，也可称为出行率，该指标可反映居民出行强度。本章将使用前文所提取的用户出行轨迹数据进行分析。其中，stay=0 表示停留点，stay=1 表示移动，定义 stay 字段从 0 变成 1 再回到 0 的过程，即用户完成一次出行，其出行次数用 stay 字段的变化次数表示。

经过计算，西安市居民工作日平均出行次数为 2.61 次，其中休闲娱乐出行次数为 0.45 次；周末平均出行次数为 1.58 次，其中休闲娱乐出行次数为 1.40 次。根据计算结果，西安市居民工作日平均出行次数大于周末平均出行次数，但工作日以休闲娱乐为目的开展的出行活动次数与周末相比存在明显差距，且居民周末休闲娱乐出行次数占总平均次数的 80%，这在一定程度上反映出西安市居民日常休闲娱乐出行习惯。

（二）出行总量时间分布

掌握居民休闲娱乐出行时间的偏好，可以帮助交管部门及时根据每时段用户

出行量做出更合理的交通规划，同时城市休闲娱乐产业也可根据居民出行偏好对服务设施进行调整安排，优化居民游憩体验。出行总量的时间分布指按照时间序列，计算各时段休闲娱乐出行发生率，即各时段休闲娱乐出行量占全天休闲娱乐出行总量的比值。

研究表明，西安市工作日早高峰时段为 7～9 点，晚高峰时段为 17～19 点；周末出行高峰时间段呈现持续时间长、离散程度高等特点（李岩辉，2021）。由图 8-1 可知，西安市居民工作日休闲娱乐出行从 24 点至早 5 点为出行低值时间段，出行量一直处于下降趋势；5～20 点为日间出行波动时间段，于 8 点、15 点和 20 点出现 3 个出行量高值点，并于 20 点达到工作日出行量最高峰，12 点、17 点为日间出行量低值点。

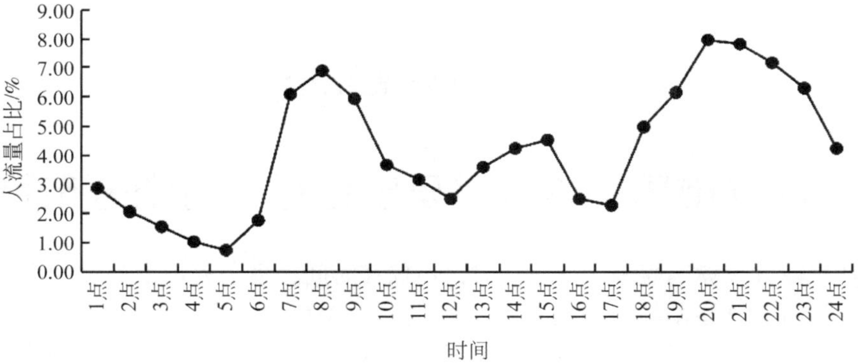

图 8-1　西安市居民工作日休闲娱乐出行总量时间分配

西安市居民工作日上午的休闲娱乐出行偏好时间点与早高峰时间段重合，这在一定程度上说明该时段的休闲娱乐出行主要由上班、上学等通勤人群构成，具体表现为餐饮活动出行（如前往咖啡厅、早餐店等）；而 15 点、20 点两个出行高值时间点都与西安市晚高峰时段形成错峰，即工作日西安市居民休闲娱乐出行主要受工作/学习时间和城市出行高峰时段影响。

西安市居民周末休闲娱乐出行从 23 点至早 7 点为出行低值时间段，并于日间 11 点、16 点、19 点出现三个出行量高峰，其中 16 点为周末休闲娱乐出行量最高点，且三个峰值出行量占比接近。与工作日出行总量时间分布相比，西安市居民周末休闲娱乐出行量峰值具有明显“滞后性”，且受周末居民总出行量高峰时间段影响较小，周末的休闲娱乐出行行为具有持续高出行量波动的特征，但其上午休闲娱乐高出行量时间点推迟至 11 点，晚上高出行量时间点从工作日的 20 点提前至 19 点，由此可以推断，西安市居民周末 11 点、19 点的休闲娱乐出行以就餐活动为主。周末夜间的出行量变化特征也与工作日存在明显差异，23 点至凌晨2点的休闲娱乐出行量维持夜间高出行水平，未出现明显波动，反映了西安市居民夜间休闲娱乐出行集中于周末23点至凌晨2点时间段（图8-2）。

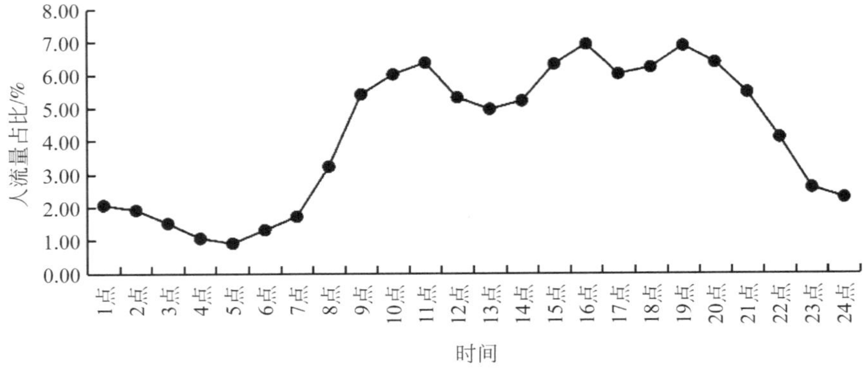

图8-2 西安市居民周末休闲娱乐出行总量时间分配

二、西安市居民休闲娱乐出行行为时空分布特征

居民在开展休闲娱乐出行活动时，不仅在时间序列上表现出一定的出行偏好规律，通过对其移动轨迹进行挖掘，还能从时空维度对其出行行为特征进行研究。本节将基于西安市居民休闲娱乐出行终点，对其人流量分布、出行热度、出行偏好节点等进行分析，并结合城市休闲娱乐设施POI，对西安市居民出行各业态平均距离进行量化，挖掘西安市居民休闲娱乐出行行为的时空分布特征。

（一）居民休闲娱乐出行链终点人流等级分布

居民出行起点O点至出行终点D点构成一条出行链，对出行链进行可视化分析可得到城市居民出行网络密度差异，同时出行O-D点密度较大的区域在一定程度上即为居民休闲娱乐出行频繁、交通需求量大的区域，通过对西安市居民休闲娱乐出行O-D进行汇总，共提取出西安市居民休闲娱乐出行D点共6424个。根据自然断点法对每日出行至各D点的人流量进行分级，并按照工作日和周末进行可视化，可以得到西安市居民休闲娱乐出行人流量空间分布特征，如图8-3所示。

西安市居民工作日休闲娱乐出行D点最高人流量为4633人，其中以绕城高速为分界线，绕城高速内居民休闲娱乐出行D点为1256个，占城市工作日出行D点总量的57.14%；绕城高速内居民休闲娱乐出行人流量总和为14.65万人，

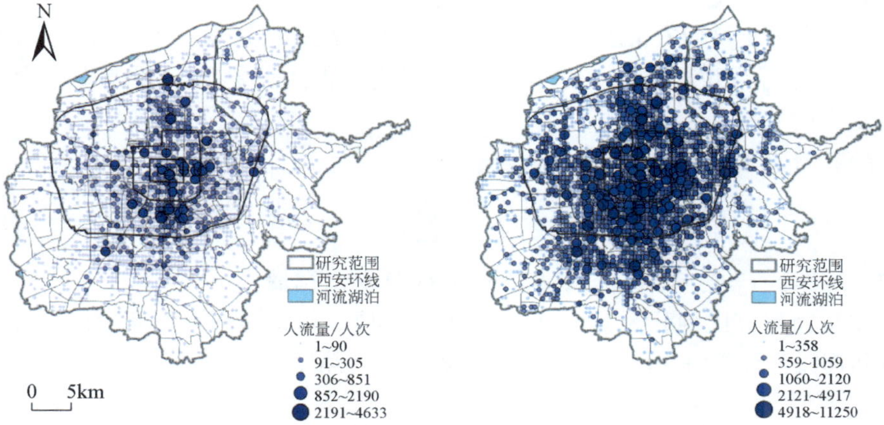

(a) 工作日　　(b) 周末

图 8-3　西安市居民休闲娱乐出行人流量空间分布

占全天全域范围内出行总量的 77.91%，即西安市居民工作日休闲娱乐出行主要在绕城高速范围内，高出行流量点呈现“两核心、一主线”的分布格局，次高出行流量点主要围绕二环路分布。其中，在高出行流量点的分布格局中，两核心分别为长乐公园—金花南路片区、小寨—大雁塔片区；并以建元路、市图书馆、钟楼、南稍门为主要节点形成一条南北轴向的出行主线。

西安市居民周末休闲娱乐出行 D 点最高人流量为 11250 人，绕城高速内休闲娱乐出行 D 点为 2382 个，占全天全域周末出行 D 点的 56.34%，其出行终点分布与工作日相似，即超过一半的西安市居民更偏好选择并前往绕城高速内的休闲娱乐场所开展游憩活动。同时，绕城高速内居民休闲娱乐出行人流量总和为 116.55 万人，占全天全域出行总量的 69.21%，对比工作日绕城高速内出行 D 点人流总量占比有所下降，这在一定程度上说明更多居民选择在周末到外围城区开展休闲娱乐活动。同时，周末居民休闲娱乐出行呈现“内城密、外城疏、南多北少”的格局。

（二）居民休闲娱乐出行热度

根据西安市居民休闲娱乐出行时间的规律特点，将居民出行时间划分为日间和夜间两个时间段，分别为 8～20 点、21 点至早 7。为探究西安市居民白天和夜间休闲娱乐出行行为的时空差异，本研究引入出行热度 T 进行量化分析，出行热度 T 即各分析单元内居民休闲娱乐出行行为发生总量的表征。本节以渔网为分析单元对西安市居民休闲娱乐出行热度进行可视化。其计算步骤如下。

（1）基于上文西安市居民休闲娱乐出行 O-D 汇总信息表，将 D 点坐标系转换为 WGS84 坐标系并导入 ArcGIS 中进行可视化，属性表中出行 D 点坐标为（l_o，l_a）。

（2）计算 D 点出行量 S_a。

$$S_a = \sum_{n=i}^{i} S_i \tag{8-1}$$

式中，工作日 $i=5$，周末 $i=2$；S 为每组 O-D 对出行量。

（3）将研究区划分为 1km×1km 的渔网单位，并将渔网与更新后的属性表进行空间连接，计算每个渔网内居民休闲娱乐出行热度 T。

$$T=nS_a \tag{8-2}$$

式中，n 为每个渔网单位中出行的 D 点数量。

通过计算和可视化，分时段得到西安市居民工作日和周末共 4 种出行模式。总体来看，日间休闲娱乐出行模式的热值点分布比夜间出行热值点分布更加密集、广泛。结合对出行 D 点的标准差椭圆分析可知，4 种模式的 D 点基本呈均衡分布。其中，周末两个时段的出行模式的椭圆扁率更大（表 8-1），方向性更明显，离散程度更高；4 个时段出行热值点均沿东北—西南方向集聚，且夜间比日间离散性更大。

表 8-1　居民休闲娱乐出行 D 点标准差椭圆参数表

时段	X	Y	R
工作日日间	0.077	0.095	47.97
工作日夜间	0.082	0.10	49.61
周末日间	0.085	0.11	55.17
周末夜间	0.089	0.12	57.39

注：X 表示椭圆中心 X 坐标，反映点数据的平均中心位置；Y 表示椭圆中心 Y 坐标，是椭圆几何中心的纬度（或投影坐标 Y 值），与 X 共同确定中心点；R 表示旋转角，揭示点数据的主导分布方向。

西安市居民工作日休闲娱乐出行模式的热值集聚点总体分布在绕城高速以内区域，其中日间和夜间出行存在明显的热度差异。从出行热点的空间分布来看，工作日日间出行模式呈现“双核心”分布格局，以钟楼、小寨商圈为热值集聚中心，夜间休闲娱乐出行模式无明显热值集聚点。其中，钟楼商圈作为西安市最早的商业购物中心，历史文化底蕴深厚，以开元商场、世纪金花、骡马市等大型休闲娱乐场所为主，与明城墙、回民街、钟鼓楼、永兴坊等场所共同吸引大量居民开展休闲娱乐活动。小寨商圈交通设施发达，区位条件优越，以赛格国际购物中心为主，与大雁塔商圈形成“双圈联动”，凭借丰富的休闲娱乐设施种类吸引居民出行（图 8-4）。

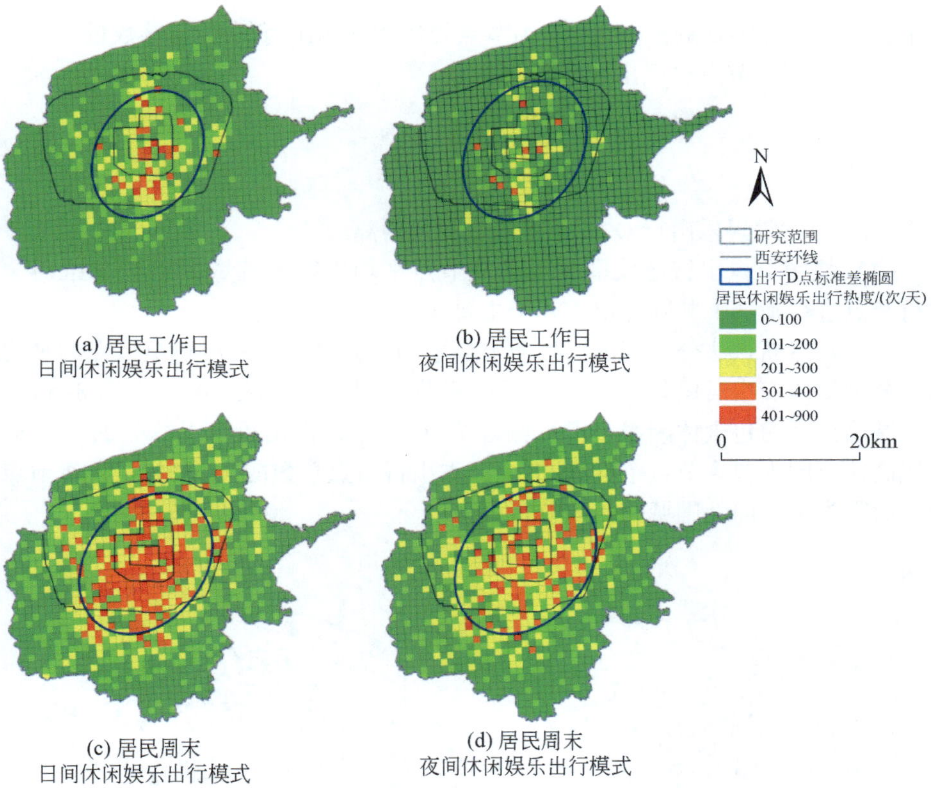

图 8-4　居民分时段出行热度模式图

周末出行模式中高热点值分布在基础设施更完善、休闲娱乐设施更密集的传统内城区，沿道路网逐渐向外围城区扩散。日间高热值点分布在空间上呈现“中心集聚成片、沿圈层非均衡递减”的特征；夜间高热值点更加分散，无明显分布重心，但总体比工作日夜间出行热度更高。绕城高速以外区域，主要以长安区郭杜街道西部大道、韦曲街道西长安街为出行高热度中心。

(三) 居民休闲娱乐出行偏好节点

基于上文对研究区范围内所有休闲娱乐出行 O-D 进行汇总，在 ArcGIS 中对休闲出行 O-D 进行可视化，并提取居民休闲娱乐出行主要偏好节点，步骤如下。

（1）计算节点总流量 R_a。

$$R_a = \sum_{i=1}^{n} S_i \tag{8-3}$$

式中，S 为每组 O-D 的出行量；n 为节点处休闲娱乐出行的 O-D 链数量。

（2）计算各节点居民出行平均距离 D_a。

$$D_a = \frac{\sum_{i=1}^{n} D_i \times S_i}{R_a} \tag{8-4}$$

式中，D_i 为休闲娱乐出行 O 点至 D 点之间的距离。

（3）按照节点出行链数量≥50 条且节点平均出行人流量≥30 的标准对全部出行节点进行筛选，共筛选出 108 个主要偏好节点。

基于自然断点法分类标准，按照节点平均人流量、居民出行至节点的平均距离，分别将西安市居民休闲娱乐出行偏好节点划分为 5 级、4 级（图 8-5）。其中，城墙范围内包含休闲娱乐出行偏好节点 30 个，占出行节点总数的 27.78%；绕城高速范围内包含节点个数为 77 个，占出行节点总数的 71.30%。各级节点以钟楼商圈为中心向外围城区扩散分布。

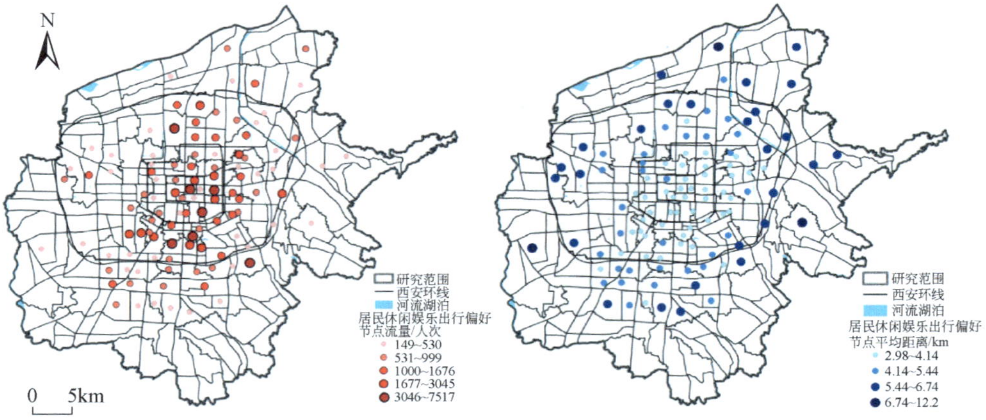

(a) 居民休闲娱乐出行偏好节点流量　　(b) 居民休闲娱乐出行偏好节点平均距离

图 8-5　居民休闲娱乐出行偏好节点分级图

结果显示，西安市居民休闲娱乐出行偏好节点等级由城市中心向外围城区逐渐降低，其中高流量区包括西一路街道、长乐坊街道、张家堡街道、文艺路街道、丈八沟街道、电子城街道、小寨街道靠近二环路片区以及绕城高速附近的曲江街道片区。总体来看，西安市居民休闲娱乐出行高等级偏好节点呈现偏南分布的特点，而出行至各节点的平均距离由内至外逐渐增加，各级节点中最小平均出行距离为2. 98km，最大平均出行距离为12. 2km。

(四) 各类休闲娱乐场所平均出行距离

研究表明，休闲涉入度、环境影响、活动目的和活动满意度等方面会决定城市居民的休闲出行行为。通过将休闲娱乐活动划分为不同类型，可以发现居民休闲娱乐出行行为的差异化特征（丁亮等，2019）。本节将通过计算居民自出行起点O点，即住家位置点，至各类休闲娱乐业态POI的平均出行距离，了解西安市居民休闲娱乐出行的距离偏好，促进各休闲娱乐产业业态经营管理者更合理地优化布局。

通过计算，西安市居民出行至KTV、电影院等休闲娱乐设施场所的距离最短，平均为4. 8km，至城市旅游景点类距离最大，平均为7. 26km。其中，户外休闲运动场所与购物场所的平均出行距离接近，分别为5. 95km、5. 98km，餐饮场所平均出行距离为6. 73km（图8-6）。

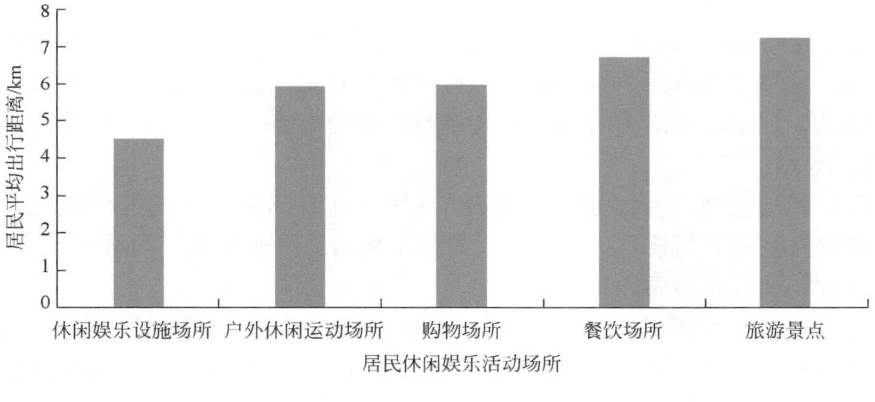

图8-6　居民至各休闲娱乐场所的平均出行距离

其中，休闲娱乐设施活动中，居民至各业态的平均出行距离存在明显的内部差异（表8-2）。除酒吧、KTV、游戏场、游戏厅外，其余各业态平均出行距离均属于“5km休闲生活圈”范围。其中，茶吧、棋牌室平均出行距离最短，为1. 90km，属于居民日常休闲生活需求范围；值得一提的是，虽然城市的剧场、音乐厅数量较少，但居民出行至这两类业态的平均距离分别只有2. 03km、3. 40km，这在一定程度上反映出越靠近城市音乐厅、剧场的居民，前往该类地点进行休闲娱乐活动的占比越大。

表 8-2　休闲娱乐设施各业态平均出行距离

休闲娱乐设施分类	出行平均距离/km
KTV	5.93
电影院	3.20
酒吧	5.92
剧场	2.03
茶吧、棋牌室	1.90
网吧	2.50
夜总会	5.18
音乐厅	3.40
游乐场	7.05
游戏厅	7.06

三、本章小结

本章对西安市居民休闲娱乐出行行为的时间和空间特征进行分析，结果如下。

（1）居民工作日休闲娱乐平均出行次数为 0.45 次，出行量高峰时间点为 8 点、15 点、20 点；周末休闲娱乐平均出行次数为 1.40 次，出行量高峰时间点为 11 点、16 点、19 点。

（2）结合空间可视化分析，西安市居民工作日休闲娱乐高出行流量点在绕城高速以内呈现“两核心、一主线”的分布格局；周末呈现“内城密、外城疏、南多北少”的分布格局。

（3）引入出行热度指标，分时段得到 4 种出行模式，4 个时段出行热值点均沿东北—西南方向集聚，日间比夜间集聚度更高、周末比工作日出行高热值点分布更广。

（4）通过对出行 D 点出行链数量及人流量进行筛选，共得到 108 个居民休闲娱乐出行的主要偏好节点，且节点等级随中心至外围城区距离的增加而逐渐降低，出行至各节点的平均距离逐渐增加，最小平均出行距离为 2.98km，最大平均出行距离为 12.2km，高等级偏好节点总体呈偏南分布。

（5）结合 POI 数据，对西安市居民至各类休闲娱乐设施的平均出行距离进行计算，至 KTV、电影院等休闲娱乐设施场所的距离最短，平均为 4.8km；至城市旅游景点类距离最大，平均为 7.26km。其中，户外休闲运动场所与购物场所的平均出行距离接近，分别为 5.95km、5.98km，餐饮场所平均出行距离为 6.73km。

第九章 西安市居民休闲娱乐出行主要时空间节点分析

城市居民的出行往往表现出与城市经济发展、空间特征高度关联的规律性(Song et al., 2010)。同时，居民的游憩活动依赖城市交通体系，研究城市居民休闲娱乐出行行为的时空特征，有利于优化城市交通体系，更好地发挥城市游憩职能（田芳等，2021）。

本章基于西安市居民休闲娱乐出行的主要时间切片和空间节点，采用定性与定量方法对其出行行为的时空特征展开更详细地挖掘；同时，从居民出行视角出发探究西安市居住-休闲功能的空间联系格局，为城市各区域休闲娱乐产业发展提供理论基础。

一、居民休闲娱乐高出行量时间节点

基于上文西安市居民工作日和周末休闲娱乐出行总量分布结果与居民休闲娱乐高出行量时间节点，采用核密度分析法对居民出行目的地的空间集聚进行可视化，挖掘不同时间切片下居民休闲娱乐出行及停留的分布差异特征。

(一) 工作日居民休闲娱乐高出行量时间节点

西安市居民工作日休闲娱乐高出行量时间节点为8点、15点、20点，分别对各时间点居民休闲娱乐出行的O-D点进行核密度分析。总体来看，西安市居民工作日的休闲娱乐出行空间分布具有“南密北疏、东西基本均衡”的分布格局（图9-1）。

其中，在工作日8点，居民休闲娱乐出发点在空间上分布较分散，多个高集聚点散布在二环至绕城高速间的电子城街道、土门街道、张家堡街道、辛家庙街道、纺织城街道，以及绕城高速以南长安区的郭杜街道、韦曲街道；居民休闲娱乐出行终点在城市中心出现多点集聚，从工作日8~9点，西安市居民主要从外围城区向内城集聚进行休闲娱乐活动。到15点，西安市核心内城区居民休闲娱乐出行持续集聚，人流密度逐渐增加，形成“大明宫—西一路—文艺路—大雁塔

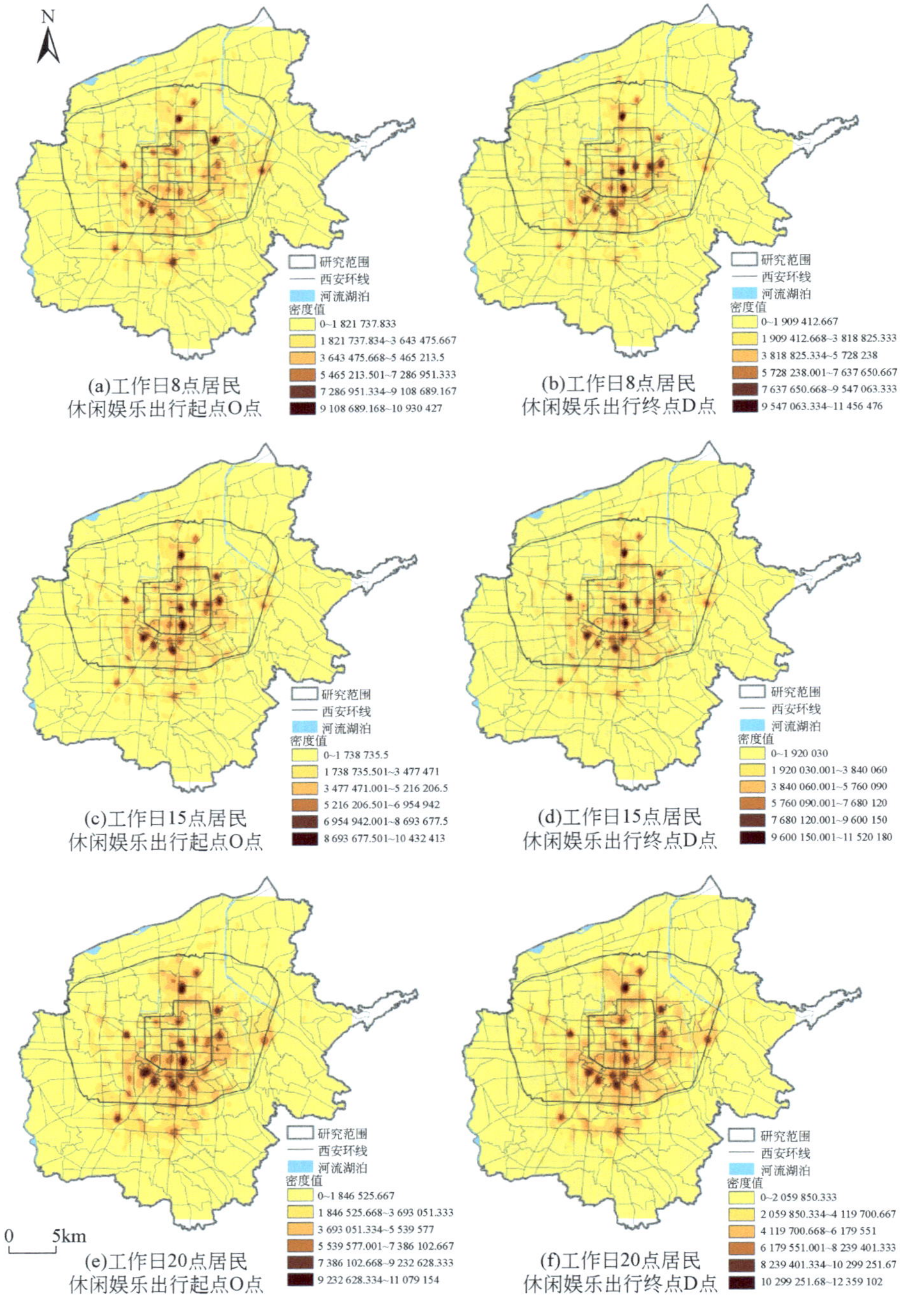

图 9-1 居民工作日休闲娱乐出行分时段人流量密度图

—小寨—电子城—丈八沟”的“J”形链式休闲出行人流集聚的空间分布格局。到 20 ~ 21 点，居民休闲娱乐出行起始点分布范围有所扩散，零星分布点逐渐连成一片，表明西安市居民工作日更倾向于在该时段开展休闲娱乐活动，空间上呈现“高集聚点更集聚、出行起始点更广泛”的特征。

(二) 周末居民休闲娱乐高出行量时间节点

西安市居民在周末休闲娱乐高出行量的时间节点为 11 点、16 点和 19 点。总体来看，居民周末休闲娱乐出行强度更大、范围更广，且与工作日不同，在空间分布上具有“南北均衡、东密西疏”的分布格局（图 9-2）。

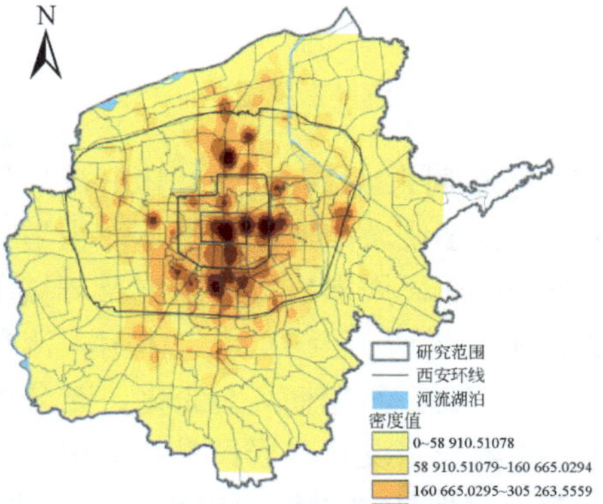

(a)周末11点居民
休闲娱乐出行起点O点

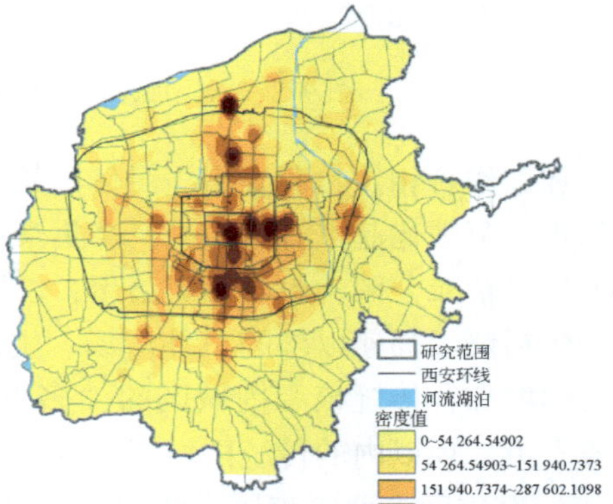

(b)周末11点居民
休闲娱乐出行终点D点

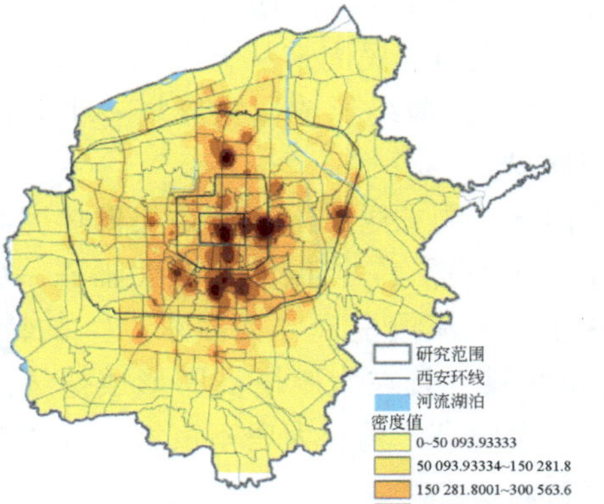

(c)周末16点居民
休闲娱乐出行起点O点

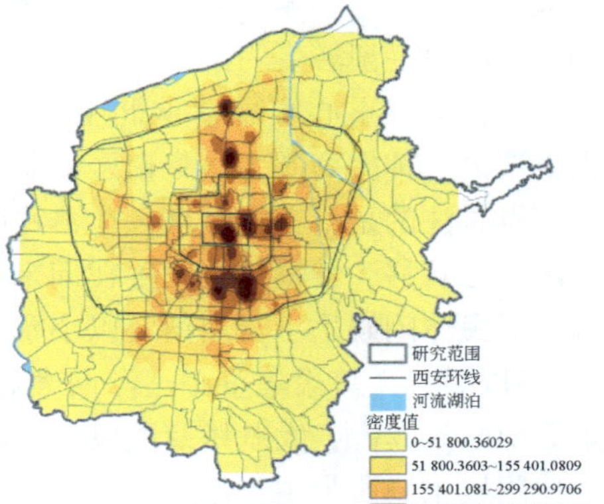

(d)周末16点居民
休闲娱乐出行终点D点

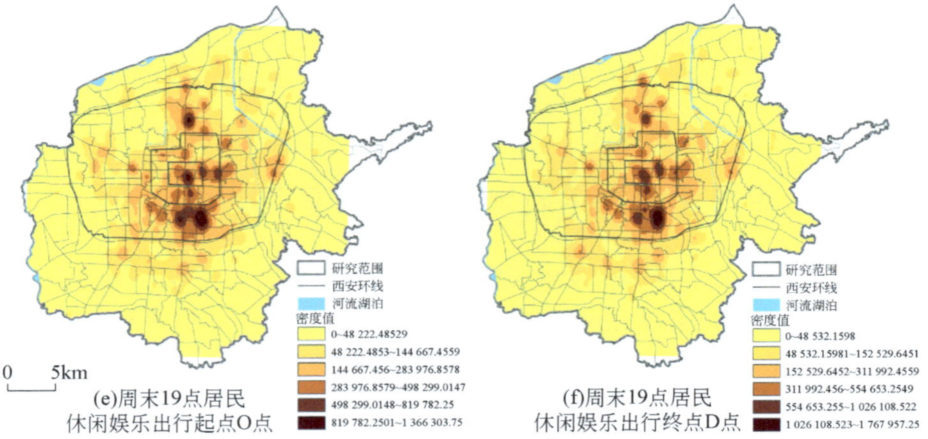

图 9-2 居民周末休闲娱乐出行分时段人流量密度图

和工作日相比，西安市居民休闲娱乐出行在周末 11～12 点，其出行的终点空间集聚范围比起点有所扩张，高集聚中心扩张至绕城高速以北的草滩街道，休闲人流以草滩公园为中心形成集聚，说明西安市居民周末出行逐渐涉及环城游憩圈，包括绕城高速以外的户外广场、生态公园等场所。至 16 点，休闲人流集聚仍持续增加，传统核心内城区的“多点集聚”态势基本未发生变化，充分说明在西安市二环以内的传统内城区，其发达的休闲娱乐设施对居民具有吸引力。至 19 点，在空间上西安市居民休闲娱乐出行起点仍保持“沿城市中轴线多点集聚”的分布格局，但集聚重心已出现向南转移的态势；同时，该时段的出行终点已基本形成以大雁塔—小寨商圈为主的“单核心”分布格局，日间形成的集聚高值区都在该时段逐渐转变为集聚次高值区。即西安市居民周末从日间到夜间，其休闲娱乐出行集聚重心实现“从北至南”的转移，最终形成以大雁塔—小寨商圈为主集聚区、钟楼商圈为次集聚区的分布格局。

值得关注的是，在大雁塔—小寨片区内部，周末居民出行流的集聚热度实现了一次重心转移，转移过程发生在周末 16～17 点。17 点以前，在大雁塔—小寨片区，居民休闲娱乐出行高值区以小寨为主，人流量呈现“西多东少”的特点；自 17 点以后，人流聚集重心逐渐向大雁塔转移，且在大雁塔商圈形成持续高热值集聚中心。其中，大雁塔商圈以大悦城、大雁塔广场、大唐不夜城、大唐芙蓉园等休闲娱乐场所为主，吸引居民夜间出行。

二、居民休闲娱乐出行各级偏好节点

上文对西安市居民休闲娱乐偏好节点已进行筛选和提取，本节分别将节点总出行流量<530 人次、531 ~ 999 人次、1000 ~ 1676 人次、>1677 人次定义为居民休闲娱乐出行的弱偏好、较弱偏好、较强偏好、强偏好节点；将节点平均出行距离<4. 14km、4. 14 ~ 5. 44km、5. 44 ~ 6. 74km、>6. 74km 定义为居民休闲娱乐出行短距离、较短距离、较长距离、长距离节点，最终将 108 个节点划分为 13 类偏好节点（图 9-3），各类节点的平均日出行总流量及居民平均出行距离见表 9-1。其中，短距离、较短距离偏好节点共计 86 个，约占全部主要节点的 80%，这在一定程度上说明西安市居民进行休闲娱乐活动时更偏好短距离出行。

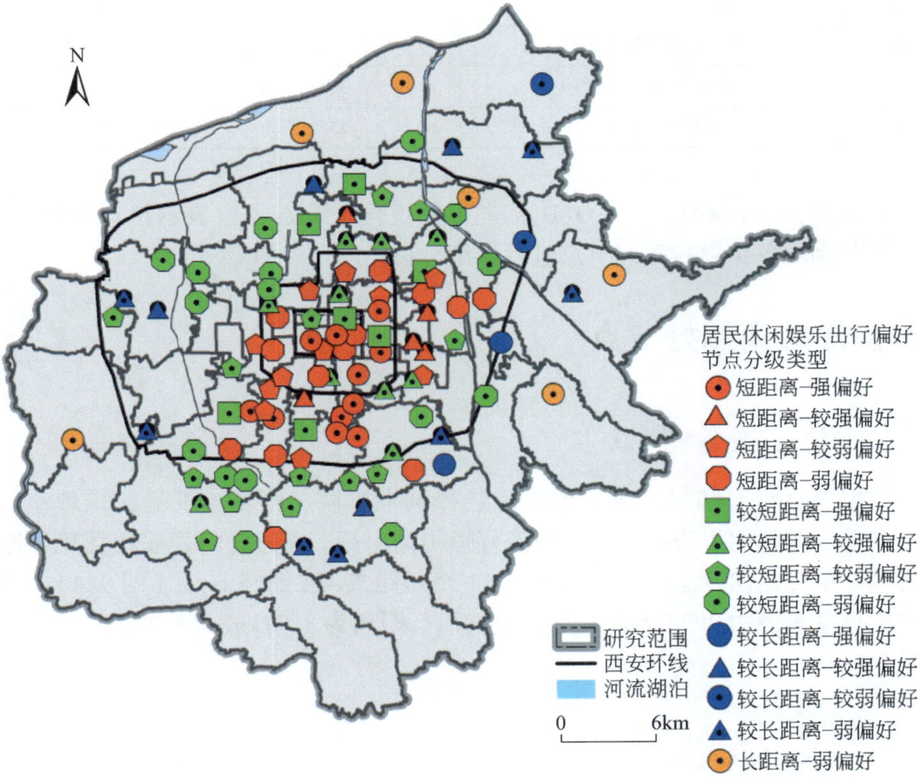

图 9-3 西安市居民休闲娱乐出行偏好节点分级图

表 9-1　西安市居民休闲娱乐出行偏好节点分类表

序号	出行偏好节点名称	出行流量/人次	平均出行距离/km
1	短距离–强偏好	2834	3.77
2	短距离–较强偏好	1290	3.84
3	短距离–较弱偏好	790	3.82
4	短距离–弱偏好	381	3.81
5	较短距离–强偏好	2821	4.55
6	较短距离–较强偏好	1367	4.56
7	较短距离–较弱偏好	720	4.80
8	较短距离–弱偏好	375	4.90
9	较长距离–强偏好	2955	5.64
10	较长距离–较强偏好	1196	6.05
11	较长距离–较弱偏好	776	5.98
12	较长距离–弱偏好	361	5.87
13	长距离–弱偏好	358	8.71

对各节点休闲娱乐出行 O-D 流进行可视化，线条越粗表示出行流量越高，本节将分别对各类出行偏好节点进行详细分析。

(一) 短距离偏好节点

1. 短距离–强偏好节点

根据前文研究结果，西安市居民选择到电影院、剧场、茶吧或棋牌室、网吧、音乐厅等休闲娱乐场所时，更偏好短距离出行。通过计算西安市居民短距离出行偏好节点的出行总流量，共提取 11 个短距离–强偏好节点（图 9-4），节点平均出行总流量为 2834 人次，居民平均出行距离为 3.77km（表 9-2）。

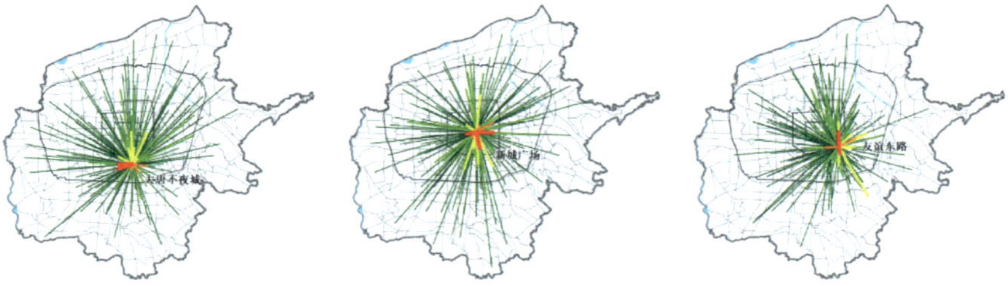

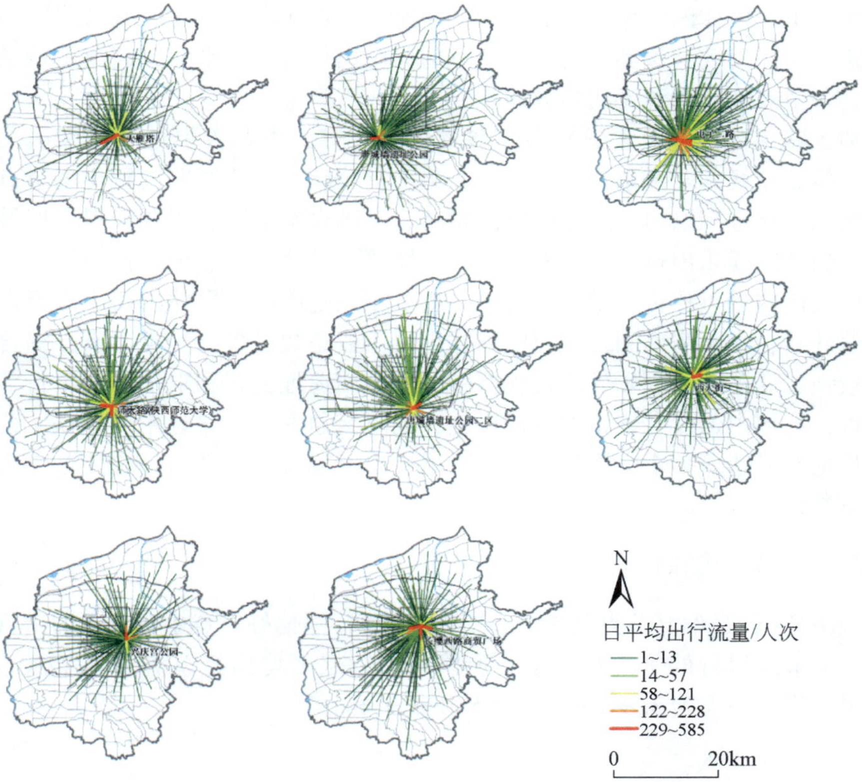

图 9-4　居民休闲娱乐出行短距离-强偏好节点

表 9-2　居民休闲娱乐出行短距离-强偏好节点

序号	偏好节点名称	分级名称	出行流量/人次	平均出行距离/km
1	唐城墙遗址公园	短距离-强偏好	1950	3.78
2	大雁塔	短距离-强偏好	1696	3.83
3	电子二路	短距离-强偏好	1873	3.86
4	师大路（陕西师范大学）	短距离-强偏好	1915	3.50
5	唐城墙遗址公园二区	短距离-强偏好	1856	3.72
6	西大街	短距离-强偏好	1793	3.87
7	兴庆宫公园	短距离-强偏好	1845	2.98
8	长缨西路商贸广场	短距离-强偏好	3045	3.95
9	友谊东路	短距离-强偏好	7517	4.08
10	大唐不夜城	短距离-强偏好	3373	3.73
11	新城广场	短距离-强偏好	4320	4.13

西安市居民休闲娱乐出行的短距离–强偏好节点均分布在绕城高速以内靠近二环路。可以发现，该类出行偏好节点的居民出行流十分密集，高流量线条较为集中，各节点居民来源无明显方向性。

师大路（陕西师范大学）节点餐饮设施丰富，主要吸引近域范围居民就餐出行；新城广场、友谊东路、西大街、兴庆宫公园、长缨西路商贸广场节点主要分布在二环路范围以内，其交通线路发达、基础设施丰富，主要吸引全城域范围内居民的休闲娱乐出行；大唐不夜城、唐城墙遗址公园二区节点比较接近，共同组成西安市内景点片区，结合出行流分析，城墙范围内居民休闲娱乐出行至该节点的偏好强；大雁塔商圈片区范围内休闲娱乐业态数量多、种类丰富、综合服务能力较强，居民休闲娱乐的出行偏好强；唐城墙遗址公园和电子二路出行节点比较接近，区域内建设有丰富的基础设施，同时交通发达，靠近主要地铁、公交站点，且拥有万达等多个大型商业广场，居民出行偏好强，其出行流具有“东密西疏”的特点。

2. 短距离–较强偏好节点

短距离–较强偏好节点共 5 个，对比短距离–强偏好节点中各节点的出行总流量，该类节点出行的平均总流量有所降低，节点平均出行总流量为 1290 人次，居民平均出行距离为 3.84km（图 9-5 和表 9-3）。

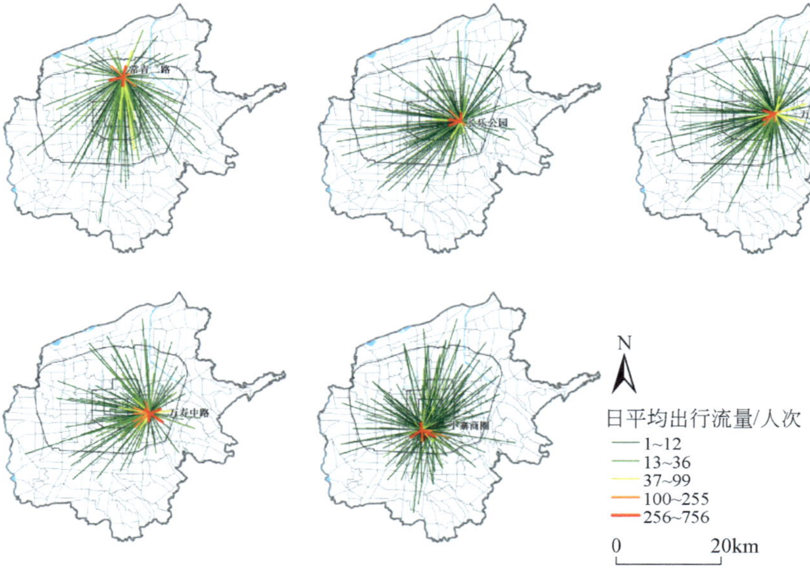

图 9-5　居民休闲娱乐出行短距离–较强偏好节点

表 9-3　居民休闲娱乐出行短距离-较强偏好节点

序号	偏好节点名称	分级名称	出行流量/人次	平均出行距离/km
1	常青二路	短距离-较强偏好	1414	3. 96
2	万寿北路	短距离-较强偏好	1124	3. 44
3	万寿中路	短距离-较强偏好	1056	4. 02
4	小寨商圈	短距离-较强偏好	1371	3. 86
5	长乐公园	短距离-较强偏好	1485	3. 93

万寿中路、小寨商圈、常青二路出行偏好节点的高出行流量总体均匀地向四周分布。其中，二环路以北至绕城高速范围内、绕城高速以北社区的居民具有较强偏好前往该类节点开展休闲娱乐活动；常青二路节点还包括多条从南至北的高流量出行流；小寨商圈同样基于其丰富的休闲娱乐设施种类和游憩场所，吸引全城域范围的居民前往。长乐公园、万寿北路节点出行流具有“东密西疏”的特点，主要人流来源于城墙以东至二环路范围。

3. 短距离-较弱偏好节点

西安市居民休闲娱乐出行短距离-较弱偏好节点共 11 个，节点平均出行总流量为 790 人次，各节点间总流量差距不大，居民平均出行距离为 3. 82km（图 9-6 和表 9-4）。对比居民出行强偏好和较强偏好节点可以发现，该类节点出行流线条密集度明显降低，部分节点出现明显的方向性。节点仍全部分布在绕城高速以内区域，且以粉巷节点为中心，四个方向均分布有同类节点。

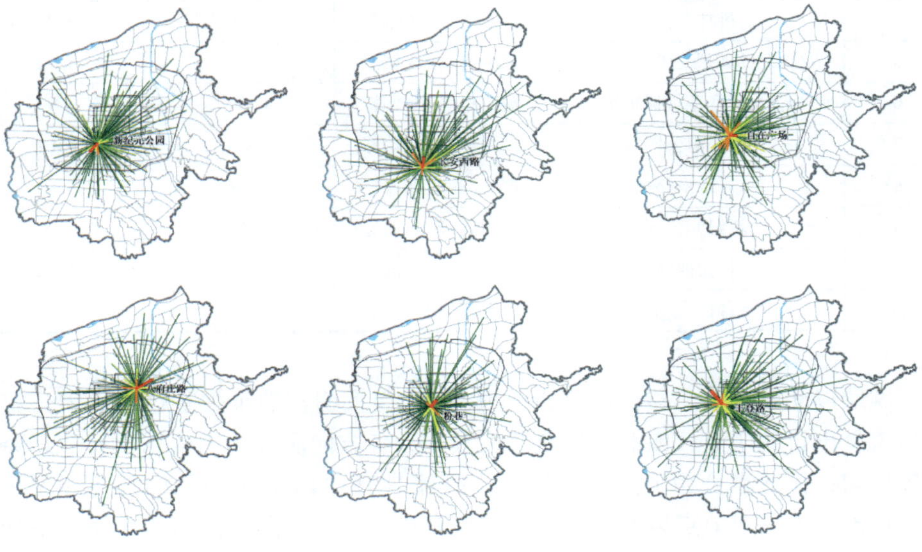

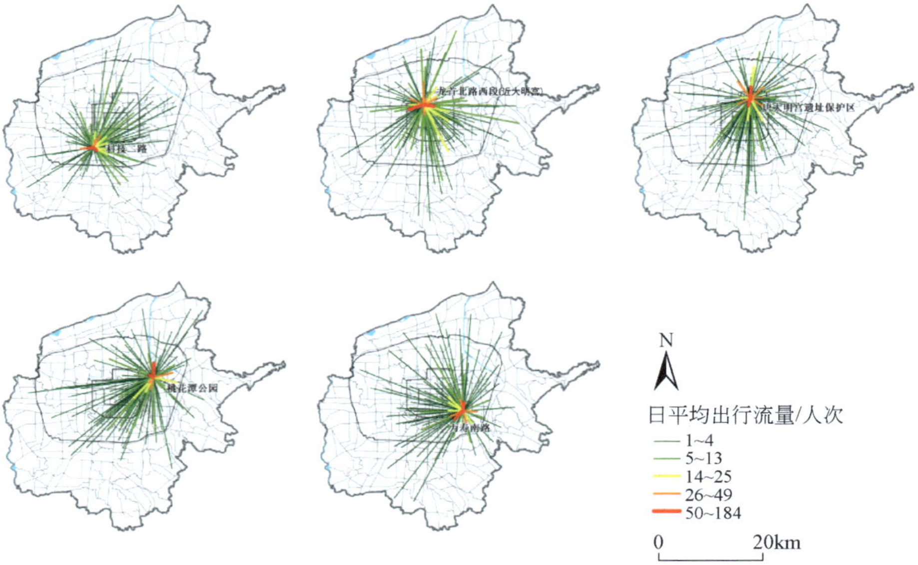

图 9-6　居民休闲娱乐出行短距离-较弱偏好节点

表 9-4　居民休闲娱乐出行短距离-较弱偏好节点

序号	偏好节点名称	分级名称	出行流量/人次	平均出行距离/km
1	八府庄路	短距离-较弱偏好	871	4. 03
2	粉巷	短距离-较弱偏好	832	3. 22
3	丰登路	短距离-较弱偏好	885	3. 74
4	科技二路	短距离-较弱偏好	701	3. 31
5	龙首北路西段（近大明宫）	短距离-较弱偏好	724	4. 12
6	唐大明宫遗址保护区	短距离-较弱偏好	876	3. 93
7	桃花潭公园	短距离-较弱偏好	817	4. 07
8	万寿南路	短距离-较弱偏好	736	3. 91
9	新纪元公园	短距离-较弱偏好	809	3. 8
10	长安西路	短距离-较弱偏好	698	4. 02
11	自在广场	短距离-较弱偏好	741	3. 86

城墙以北的龙首北路西段（近大明宫）、唐大明宫遗址保护区、八府庄路节点高流量出行流明显，南北最远点跨度较大，各方向居民休闲娱乐出行流线条分布较均匀；桃花潭公园节点的低流量出行流具有“南密北疏”的特点，但高流量出行流主要来自节点以北和以东；城墙东边的万寿南路节点有多个密集的居民

生活小区，休闲娱乐场所主要为中小型购物广场以及餐饮店，吸引周边居民进行游憩活动；城墙以南的新纪元公园、长安西路、自在广场、科技二路等节点的出行流均具有“北密南疏”的特点，为社区级别的较强出行偏好节点。

4. 短距离–弱偏好节点

西安市居民休闲娱乐出行短距离–弱偏好节点共13个，节点平均日出行总流量为381人次，居民平均出行距离为3.81km，开始出现绕城高速以外的节点，且节点高流量出行流方向性明显，线条更为稀疏（图9-7和表9-5）。

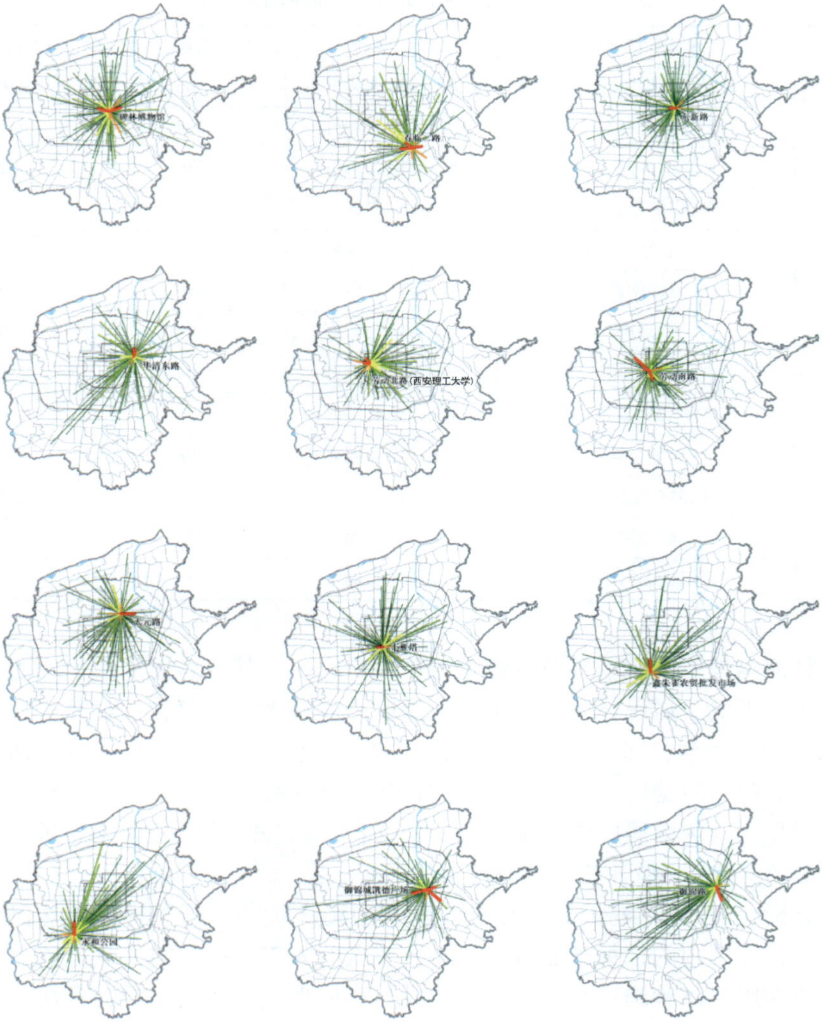

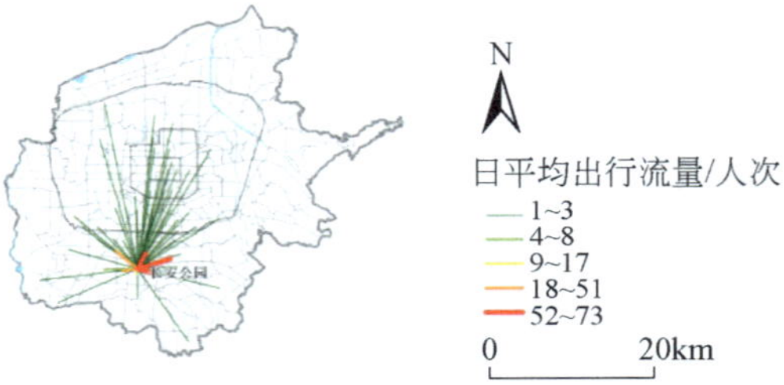

图 9-7　居民休闲娱乐出行短距离-弱偏好节点

表 9-5　居民休闲娱乐出行短距离-弱偏好节点

序号	偏好节点名称	分级名称	出行流量/人次	平均出行距离/km
1	碑林博物馆	短距离-弱偏好	506	4.04
2	春临二路	短距离-弱偏好	244	4.13
3	东新路	短距离-弱偏好	376	3.24
4	华清东路	短距离-弱偏好	352	3.81
5	劳动北路（西安理工大学）	短距离-弱偏好	359	3.43
6	劳动南路	短距离-弱偏好	349	3.39
7	太元路	短距离-弱偏好	491	3.93
8	小雁塔	短距离-弱偏好	354	3.55
9	鑫朱雀农贸批发市场	短距离-弱偏好	274	4.05
10	永和公园	短距离-弱偏好	498	4.04
11	御锦城凯德广场	短距离-弱偏好	357	3.72
12	御锦路	短距离-弱偏好	437	4.10
13	长安公园	短距离-弱偏好	359	4.05

碑林博物馆、小雁塔等节点作为城市景点之一，其对居民的吸引力相对于其他景点明显更低，居民休闲娱乐出行流密度、流量大小均存在明显差异；劳动北路（西安理工大学）节点主要吸引周边及高校范围内的居民开展游憩活动；春临二路、御锦城凯德广场、长安公园同样作为社区级休闲娱乐出行偏好节点，其优势流明显，片区内居民出行偏好相对较强；永和公园节点的休闲娱乐出行流则具有明显的“东北—西南”方向性。

据分析，短距离-弱偏好节点具有较大的距离优势，若想提高其居民休闲娱乐出行流，片区内的相关产业可根据各自节点的人流分布规律，从低流量出行流着手，加强用户体验调查并提升品质建设与宣传力度，从而有效提升居民休闲娱乐活动的出行强度。

（二）较短距离偏好节点

1. 较短距离–强偏好节点

西安市居民休闲娱乐出行较短距离–强偏好节点共 7 个，节点平均日出行总流量为 2821 人次，居民平均出行距离为 4.55km。对比短距离偏好节点，居民出行至该类节点的平均距离有明显提高，且出行流线条在全城域范围内分布密集且均匀（图 9-8 和表 9-6）。

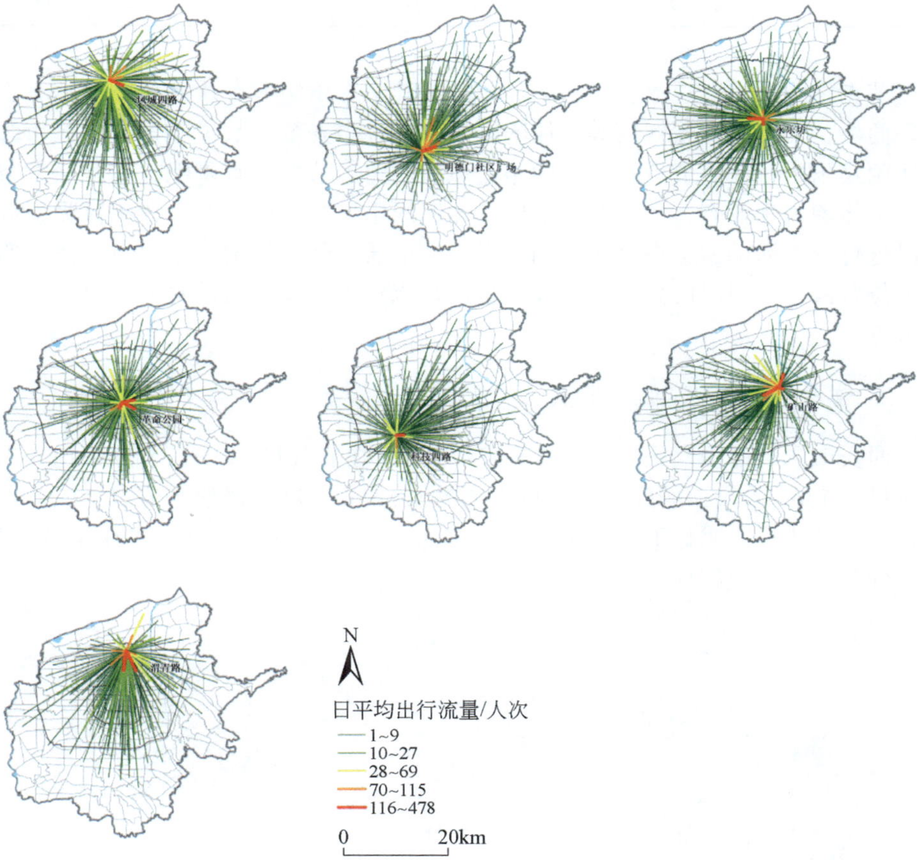

图 9-8　居民休闲娱乐出行较短距离–强偏好节点

表 9-6　居民休闲娱乐出行较短距离-强偏好节点

序号	偏好节点名称	分级名称	出行流量/人次	平均出行距离/km
1	革命公园	较短距离-强偏好	2511	4. 19
2	科技四路	较短距离-强偏好	2027	4. 36
3	矿山路	较短距离-强偏好	1775	4. 49
4	渭青路	较短距离-强偏好	2241	5. 39
5	凤城四路	较短距离-强偏好	3297	4. 94
6	明德门社区广场	较短距离-强偏好	3399	4. 31
7	永乐坊	较短距离-强偏好	4499	4. 15

节点之间的出行总流量存在明显差距，其中永乐坊节点片区范围内拥有多个大型商场、知名品牌餐饮店等，休闲娱乐业态种类齐全、数量丰富，为城市级居民休闲娱乐出行偏好节点；科技四路、凤城四路等节点因有网吧、按摩店、茶馆等丰富休闲娱乐业态，成为西安市居民休闲娱乐出行强偏好节点，不仅吸引周边居民进行游憩活动，更在全城范围内吸引大量居民开展休闲娱乐出行；渭青路节点虽位置偏北，但居民休闲娱乐高流量出行流较大，草滩街道有大量出行流前往该节点。

2. 较短距离-较强偏好节点

西安市居民休闲娱乐出行较短距离-较强偏好节点共 10 个，节点平均日出行总流量为 1367 人次，居民平均出行距离为 4. 56km。对比强偏好节点，该节点平均日出行总流量有明显下降，节点主要分布在绕城高速内，出行流线条较密集，大多数节点出行流较均匀（图 9-9 和表 9-7）。

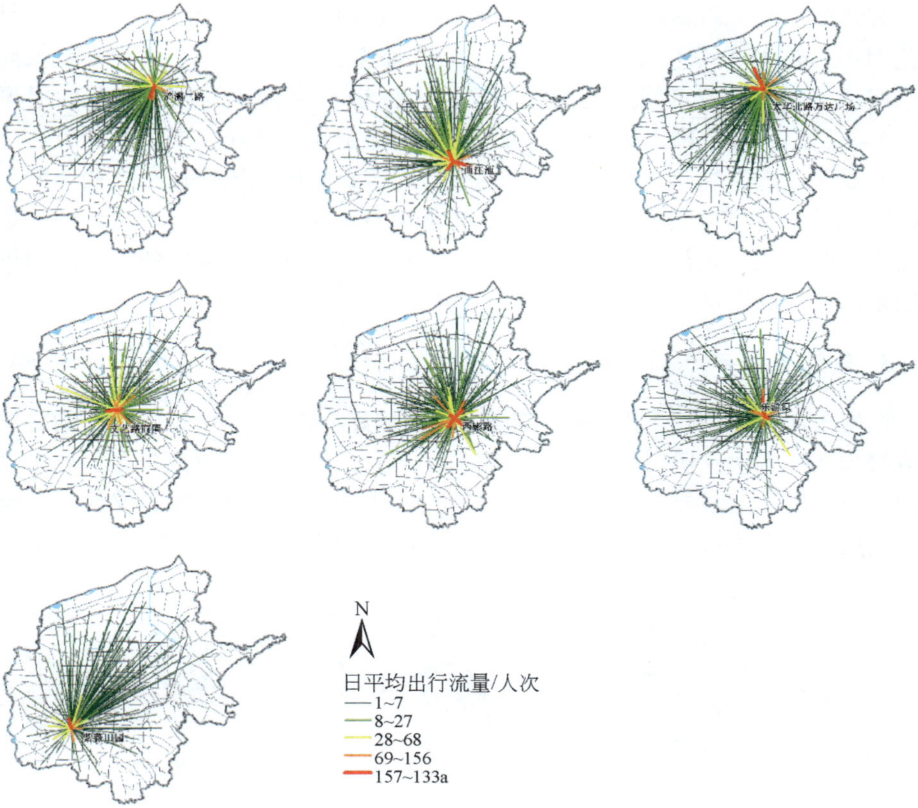

图 9-9　居民休闲娱乐出行较短距离-较强偏好节点

表 9-7　居民休闲娱乐出行较短距离-较强偏好节点

序号	偏好节点名称	分级节点	出行流量/人次	平均出行距离/km
1	浐灞二路	较短距离-较强偏好	1190	4. 95
2	乐游原	较短距离-较强偏好	1461	4. 15
3	连心路	较短距离-较强偏好	1105	4. 79
4	龙湖西安大兴星悦荟	较短距离-较强偏好	1209	4. 41
5	龙首南路	较短距离-较强偏好	1632	4. 18
6	曲江池	较短距离-较强偏好	1557	4. 81
7	太华北路万达广场	较短距离-较强偏好	1676	4. 77
8	文艺路商圈	较短距离-较强偏好	1265	4. 17
9	西影路	较短距离-较强偏好	1371	4. 19
10	紫薇田园	较短距离-较强偏好	1207	5. 13

文艺路商圈、西影路、乐游原出行偏好节点中，高流量出行线条较多，且辐射范围相对较大。其中，文艺路商圈、西影路节点与小寨—大雁塔商圈距离较近，实现了高流量节点间人流的相互交换，促进了片区休闲娱乐产业的集聚发展。浐灞二路片区范围内集聚按摩店、网咖等休闲娱乐产业，太华北路万达广场片区游戏厅、电影院业态集聚。以上两个偏好节点的出行流均具有“西南密，东北疏”的分布特点，其中太华北路万达广场节点最大出行流来自西北方向的徐家湾街道。曲江池、龙首南路节点有较大出行总流量，且均匀吸引各个方向居民休闲娱乐出行，高流量出行流分布密集。

3. 较短距离–较弱偏好节点

西安市居民休闲娱乐出行较短距离–较弱偏好节点共 13 个，节点平均日出行总流量为 720 人次，居民平均出行距离为 4. 8km。各节点出行流分布不均匀，各方向居民出行流流量差异明显，大部分节点位于绕城高速以外的长安区，且绕城高速内的节点多靠近城市外围区域，节点无明显向心性（图 9-10 和表 9-8）。

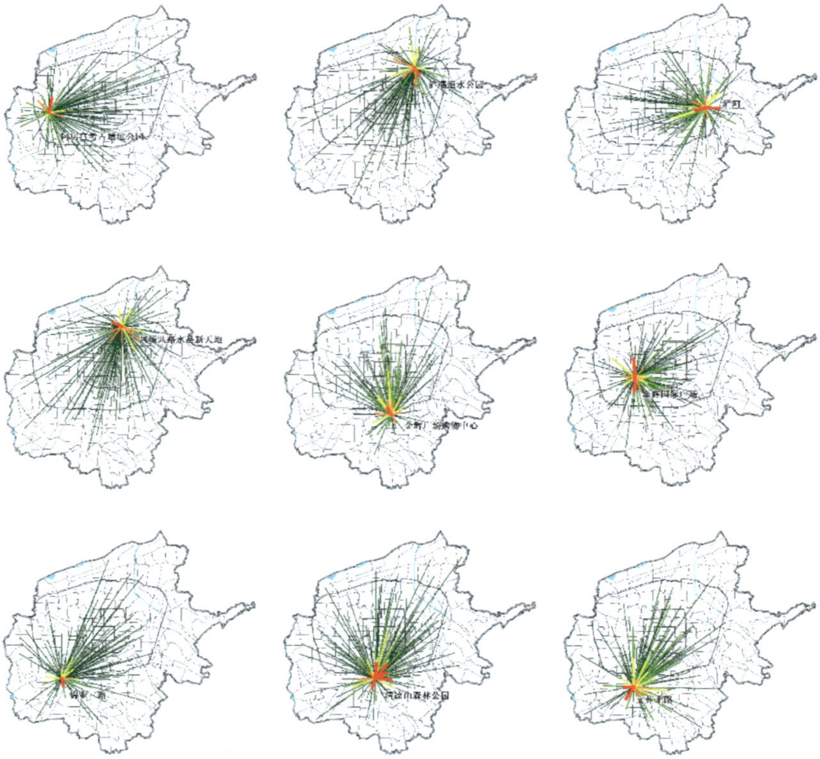

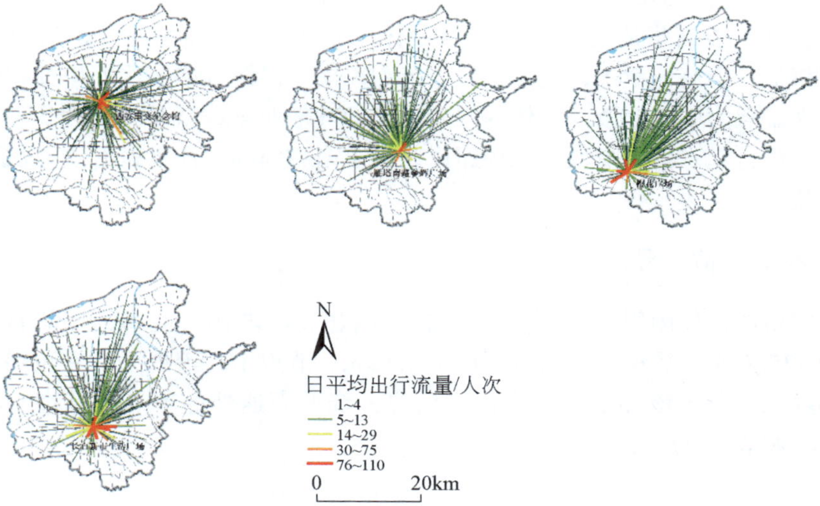

图 9-10　居民休闲娱乐出行较短距离-较弱偏好节点

表 9-8　居民休闲娱乐出行较短距离-较弱偏好节点

序号	偏好节点名称	分级名称	出行流量/人次	平均出行距离/km
1	阿房宫考古遗址公园	较短距离-较弱偏好	774	5.35
2	浐灞滋水公园	较短距离-较弱偏好	618	5.05
3	浐河	较短距离-较弱偏好	666	4.38
4	凤城八路水晶新天地	较短距离-较弱偏好	678	4.94
5	金辉广场购物中心	较短距离-较弱偏好	630	4.30
6	金辉国际广场	较短距离-较弱偏好	579	4.48
7	锦业二路	较短距离-较弱偏好	637	4.19
8	清凉山森林公园	较短距离-较弱偏好	906	5.11
9	文苑北路	较短距离-较弱偏好	637	4.94
10	西安事变纪念馆	较短距离-较弱偏好	999	4.42
11	雁塔南路金辉广场	较短距离-较弱偏好	724	4.84
12	樱花广场	较短距离-较弱偏好	728	5.43
13	长百新市生活广场	较短距离-较弱偏好	789	4.94

该类节点中，户外休闲公园、社区级生活广场等占比较大，各节点高流量出行流分布不均匀，其中阿房宫考古遗址公园、金辉国际广场、锦业二路等节点出行流具有“东密西疏”的分布特点，且南北方向的居民出行偏好构成了最高流

量出行流。值得一提的是，长百新市生活广场和樱花广场作为长安区的社区级生活广场，基本能满足周边社区居民开展休闲娱乐活动，总体呈现“北密南疏”的分布特征，但高流量出行流分别位于节点以南、以西方向。西安事变纪念馆节点以人文景点为中心，该片区休闲娱乐产业的其他业态数量及种类较少，出行流较稀疏，出行起点多来自城区二环路以内，东南方向的曲江街道有明显次高流量的出行流。

4. 较短距离—弱偏好节点

西安市居民休闲娱乐出行较短距离–弱偏好节点共16个，节点平均日出行总流量为375人次，居民平均出行距离为4.9km。节点出行流线条分布更稀疏，居民休闲娱乐出行至该类节点的方向性明显，绕城高速外的节点离城市中心较远（图9-11和表9-9）。

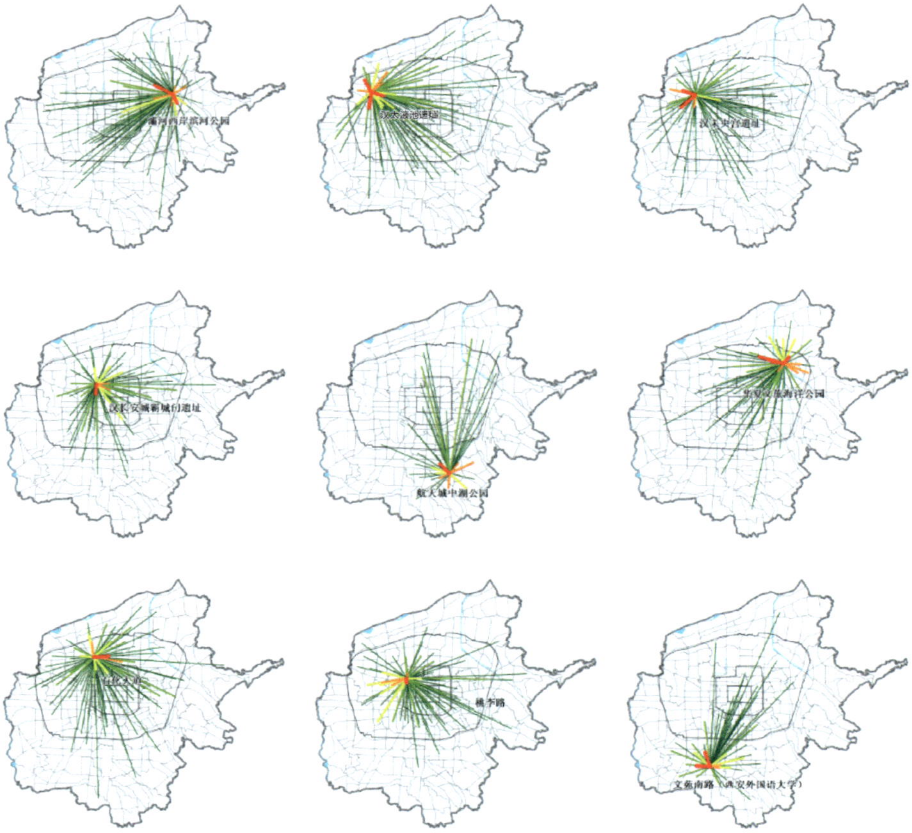

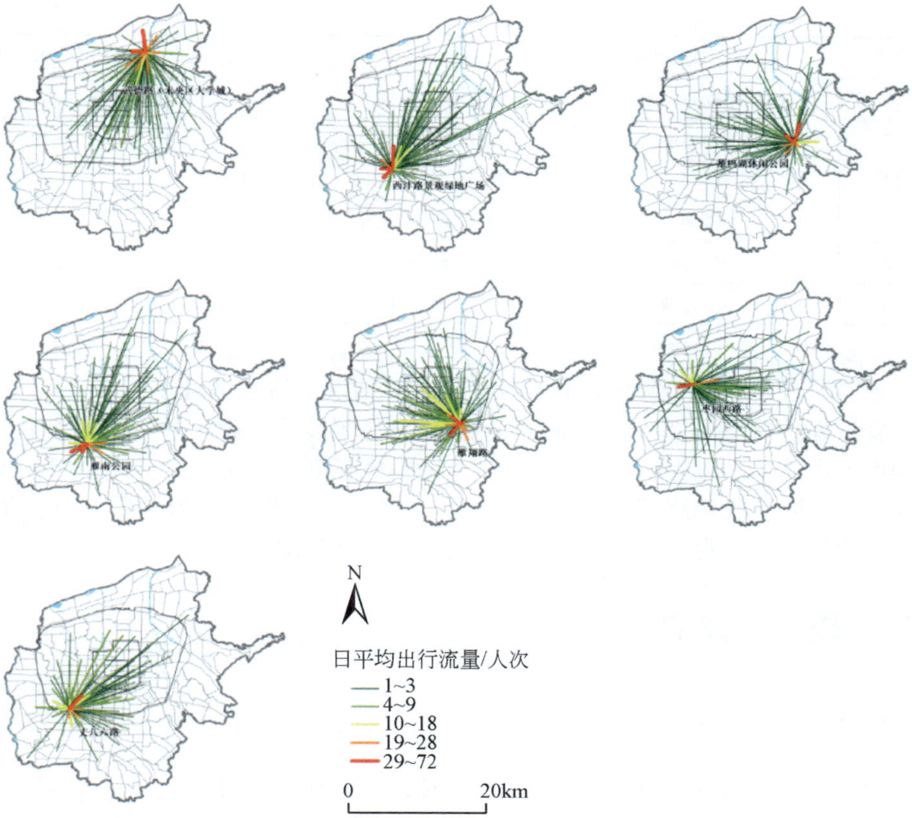

图 9-11 居民休闲娱乐出行较短距离-弱偏好节点

表 9-9 居民休闲娱乐出行较短距离-弱偏好节点

序号	偏好节点名称	分级名称	出行流量/人次	平均出行距离/km
1	灞河西岸滨河公园	较短距离-弱偏好	447	5. 36
2	汉太液池遗址	较短距离-弱偏好	490	5. 36
3	汉未央宫遗址	较短距离-弱偏好	374	4. 71
4	汉长安城霸城门遗址	较短距离-弱偏好	289	4. 65
5	航天城中湖公园	较短距离-弱偏好	188	5. 07
6	华夏文旅海洋公园	较短距离-弱偏好	239	5. 34
7	石化大道	较短距离-弱偏好	428	5. 39
8	桃李路	较短距离-弱偏好	446	4. 33
9	文苑南路（西安外国语大学）	较短距离-弱偏好	305	4. 32
10	武德路（未央区大学城）	较短距离-弱偏好	530	5. 27

续表

序号	偏好节点名称	分级名称	出行流量/人次	平均出行距离/km
11	西沣路景观绿地广场	较短距离-弱偏好	503	4.64
12	雁鸣湖休闲公园	较短距离-弱偏好	177	5.40
13	雁南公园	较短距离-弱偏好	424	4.72
14	雁翔路	较短距离-弱偏好	469	4.53
15	枣园西路	较短距离-弱偏好	261	4.85
16	丈八六路	较短距离-弱偏好	428	4.39

该类节点中，人文遗址类节点数量较多，如汉太液池遗址、汉未央宫遗址、汉长安城霸城门遗址等，景点周围其他类别的休闲娱乐产业数量及种类较少，一定程度上影响了本地居民出行至该类节点的偏好程度。灞河西岸滨河公园、华夏文旅海洋公园、雁翔路等节点出行流中，二环路以内居民休闲娱乐出行流量较大，一定程度上说明核心内城的居民对公园等户外休闲场所的需求较大。

（三）较长距离偏好节点

1. 较长距离-强偏好节点

西安市居民休闲娱乐出行较长距离、长距离偏好节点相对较少，其中较长距离-强偏好节点共2个，节点平均日出行总流量为2955人次，居民平均出行距离为5.64km。节点出行流线条密集且均匀，辐射范围为全城区，其中高流量、次高流量的出行流较长。半坡博物馆节点内有半坡国际艺术区、华夏世纪广场、半坡国际广场等休闲娱乐业态集聚场所，最高流量出行流来自该区域以北的红旗街道，次高流量出行流则均匀地分布在各个方向。大唐芙蓉园节点以大唐芙蓉园、大唐不夜城等集聚景区为中心，吸引全城范围内居民到该节点进行游憩活动；同时，该片区具有休闲娱乐业态集聚、基础设施发达、交通条件优越等特点，使得外围城区居民愿意花费更多交通成本出行至该节点开展活动（表9-10和图9-12）。

表9-10　居民休闲娱乐出行较长距离-强偏好节点

序号	偏好节点名称	分级名称	出行流量/人次	平均出行距离/km
1	半坡博物馆	较长距离-强偏好	1975	5.82
2	大唐芙蓉园	较长距离-强偏好	3935	5.46

图 9-12　居民休闲娱乐出行较长距离–强偏好节点

2. 较长距离–较强偏好节点

西安市居民休闲娱乐出行较长距离–较强偏好节点共 4 个，节点平均日出行总流量为 1196 人次，居民平均出行距离为 6.05km。该类节点均靠近绕城高速，且沿四个方向均匀分布，节点出行流较密集，均属于环城游憩圈范围内的休闲娱乐场所（图 9-13 和表 9-11）。

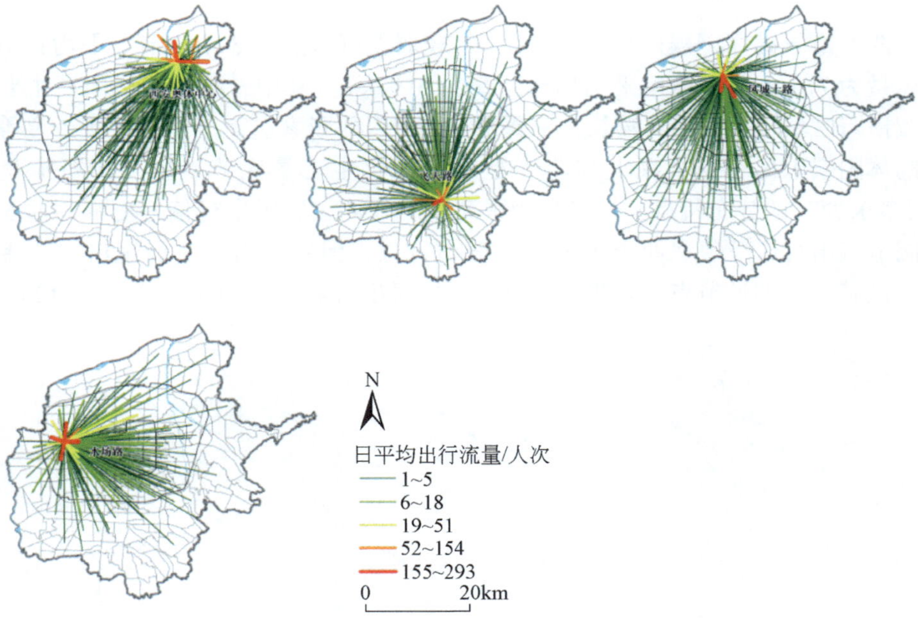

图 9-13　居民休闲娱乐出行较长距离–较强偏好节点

表 9-11　居民休闲娱乐出行较长距离–较强偏好节点

序号	偏好节点名称	分级名称	出行流量/人次	平均出行距离/km
1	飞天路	较长距离–较强偏好	1153	5.59
2	凤城十路	较长距离–较强偏好	1392	5.81
3	水场路	较长距离–较强偏好	1182	6.66
4	西安奥体中心	较长距离–较强偏好	1058	6.14

西安奥体中心位于灞河边，与西安浐灞国家湿地公园、华夏文旅海洋公园等距离较近。据出行流可视化可知，西安市居民于各点间的出行交换量较大，即该片区已联动形成“西安市生态休闲娱乐区”，主要吸引绕城高速以内的居民出行前往。飞天路节点的高流量出行流相对来说不太明显，出行流线条呈现“北密南疏”的特点，凭借其靠近长安区进入核心内城区的交通中转站，社区生活及休闲娱乐业态较丰富，主要吸引周边地区居民出行。水场路、凤城十路节点分别作为二环路以西至绕城高速片区范围、二环路以北至绕城高速片区范围内社区居民的主要游憩出行偏好节点，以丰富的餐饮品牌、购物超市等吸引居民出行前往，各节点日均出行总流量差异较小。

3. 较长距离–较弱偏好节点

西安市居民休闲娱乐出行较长距离–较弱偏好节点共 3 个，节点平均日出行总流量为 776 人次，居民平均出行距离为 5.98km。其中，纺渭路华阳城主要出行流横跨区域较多、距离较长，主要来自节点以西张家堡街道、电子城街道等居民的休闲娱乐出行。大汉上林苑（杜陵）文化生态景区节点主要出行流呈现“西多东少”的分布特点，且多为绕城高速以外社区居民出行偏好更强。西安世博园节点出行流呈现“西密东疏”的分布特点，但主要出行流表现出“东多西少”的特点，即该节点主要吸引灞桥街道居民出行前往（图 9-14 和表 9-12）。

图 9-14　居民休闲娱乐出行较长距离–较弱偏好节点

表 9-12　居民休闲娱乐出行较长距离–较弱偏好节点

序号	偏好节点名称	分级名称	出行流量/人次	平均出行距离/km
1	大汉上林苑（杜陵）文化生态景区	较长距离–较弱偏好	646	5. 63
2	纺渭路华阳城	较长距离–较弱偏好	945	5. 66
3	西安世博园	较长距离–较弱偏好	738	6. 65

4. 较长距离–弱偏好节点

西安市居民休闲娱乐出行较长距离–弱偏好节点共 7 个，节点平均日出行总流量为 361 人次，居民平均出行距离为 5. 87km。该类节点居民休闲娱乐出行流线条稀疏，分布具有明显方向性，且节点大多远离城市核心内城区（图 9-15 和表 9-13）。

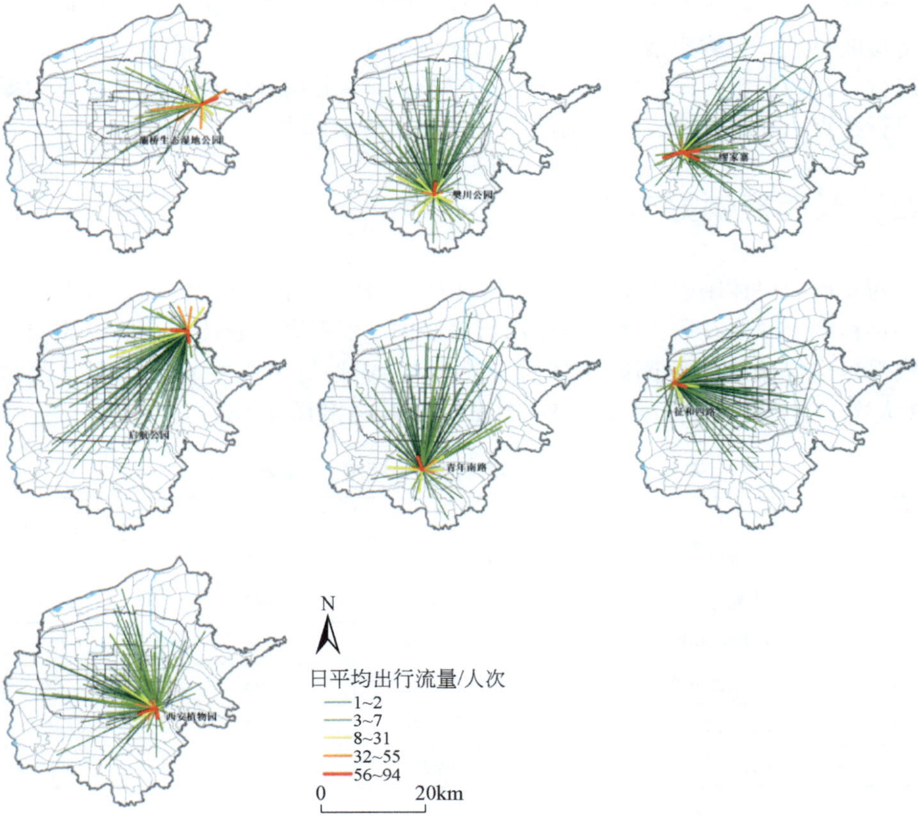

图 9-15　居民休闲娱乐出行较长距离–弱偏好节点

表 9-13　居民休闲娱乐出行较长距离-弱偏好节点

序号	偏好节点名称	分级名称	出行流量/人次	平均出行距离/km
1	灞桥生态湿地公园	较长距离-弱偏好	149	5.59
2	樊川公园	较长距离-弱偏好	446	5.49
3	缪家寨	较长距离-弱偏好	187	5.94
4	启航公园	较长距离-弱偏好	502	6.43
5	青年南路	较长距离-弱偏好	516	5.74
6	西安植物园	较长距离-弱偏好	435	6.04
7	征和四路	较长距离-弱偏好	294	5.87

灞桥生态湿地公园节点的出行流数量较少，但高流量出行流较多；樊川公园、青年南路均位于长安区，节点出行流分布具有“北密南疏”的特点；缪家寨、启航公园、西安植物园等节点同样具有靠近核心内城区范围比外围城区出行流密集的特点，但缪家寨主要出行流仍分别在节点以西社区。除吸引周边社区居民出行外，西安市居民休闲娱乐出行至较长距离-弱偏好节点还具有跨越内城区的出行特点，在缪家寨、青年南路等节点的表现较为明显。

(四) 长距离偏好节点

西安市居民休闲娱乐出行长距离偏好节点中，只有长距离-弱偏好节点，这在一定程度上说明在居民休闲娱乐出行偏好中，没有既要长距离出行，又具有较强或强烈出行偏好的休闲娱乐场所。长距离-弱偏好节点平均日出行总流量为358 人次，居民平均出行距离为 8.71km（表 9-14 和图 9-16）。

表 9-14　居民休闲娱乐出行长距离-弱偏好节点

序号	偏好节点名称	分级名称	出行流量/人次	平均出行距离/km
1	汉文帝窦皇后陵	长距离-弱偏好	431	9.78
2	昆明池七夕公园	长距离-弱偏好	173	12.2
3	庆华文体中心	长距离-弱偏好	228	7.66
4	砂之船西安奥莱	长距离-弱偏好	296	7.14
5	未央湖游乐园	长距离-弱偏好	664	8.21
6	西安国际高尔夫俱乐部	长距离-弱偏好	354	7.28

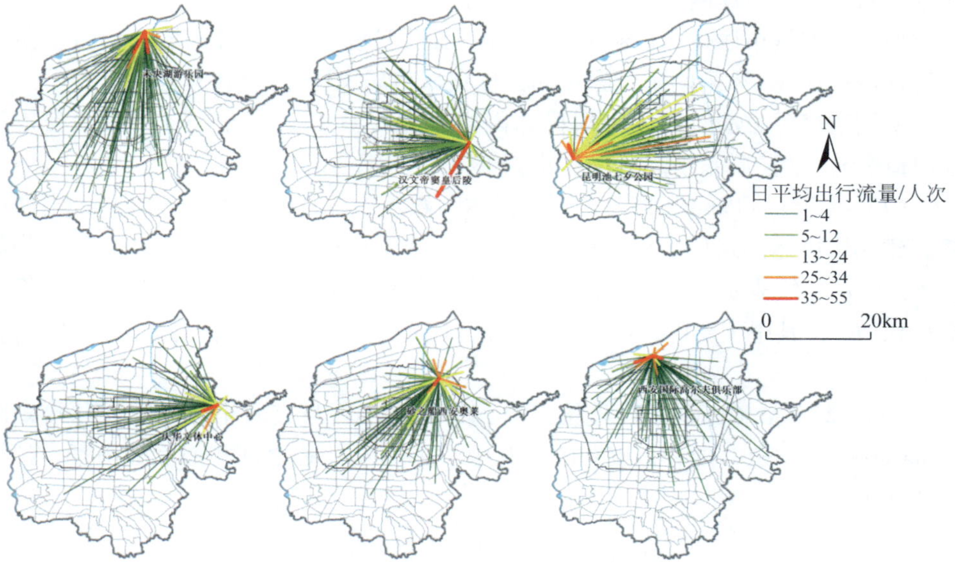

图 9-16　居民休闲娱乐出行长距离-弱偏好节点

西安市居民休闲娱乐出行长距离-弱偏好节点均远离核心内城区域，其中昆明池七夕公园出行流主要来源于二环路至绕城高速之间的社区，居民出行至该节点的平均距离最大，为 12. 2km，该节点最高流量出行流则来自节点以西的北斗门街道。西安国际高尔夫俱乐部作为典型户外运动休闲娱乐场所，跨区域出行的居民较多，主要来自城区东边洪庆、席王街道，城区西边三桥、鱼化寨街道，以及二环路以内西关、红庙坡街道。汉文帝窦皇后陵、庆华文体中心和砂之船西安奥莱偏好节点的出行流均具有“西密东疏”的分布特点，其中汉文帝窦皇后陵主要出行流由大兆街道的居民休闲娱乐出行构成。

三、西安市居住-休闲空间联系格局

（一）空间约束谱聚类过程

依据空间结构理论，空间结构包括物质空间表现形式和内在功能联系两大方面（丁亮等，2019）。上文已基于手机信令数据对西安市居民休闲娱乐出行行为进行了识别与提取，并结合时空指标对居民休闲娱乐出行行为特征进行了研究。同时，研究对象设定为自住家位置出发，到城市休闲娱乐场所开展游憩行为，因此基于西安市居民休闲娱乐出行行为，可通过聚类的方法对其居住–休闲行为进行挖掘，得到城市居住–休闲空间联系格局，促进城市管理者从居民出行视角出发管理城市居住–休闲娱乐设施布局，优化城市居民居住–休闲体验。

采用谱聚类方法对西安市居民休闲娱乐出行 O-D 进行聚类，得到西安市居住–休闲空间功能联系格局，操作步骤如下。

（1）基于 GeoPandas 将西安市居民休闲娱乐出行 O-D 与交通小区单元空间连接。建立居民休闲娱乐出行流矩阵 $X=\{x^1, x^2, \cdots, x^n\}^{\mathrm{T}}$，同时 O-D 点表示为集合 V，O-D 连线表示为集合 E，将西安市居民休闲娱乐出行 O-D 图表示为集合 $G=\{V, E\}$，其中 $V_{o_i}(V_1, V_2, \cdots, V_n)$，$V_{D_i}(V_1, V_2, \cdots, V_n)$，$E$：$W=[w_{i,j}]$，$i \leqslant j \leqslant n$。

（2）基于 ArcGIS 的空间连接工具，将交通小区与交通小区之间做邻接矩阵（adjacency matrix），即相似度矩阵。其中，$w_{i,j}$为 x_i、x_j 之间相似度的衡量，计算公式如下：

$$w_{i,j}=\begin{cases} K(x_i,x_j)=\exp\left\{-\dfrac{\|x_i-x_j\|_2^2}{2o^2}\right\},(i,j)\in E \\ 0,(i,j)\notin E \end{cases} \tag{9-1}$$

式中，o 为带宽。

如果节点 x_i、x_j 存在公共边，则计算相似度；如果无公共边，相似度为 0。

（3）基于该邻接矩阵加入空间约束条件，即只允许相邻接的单元被聚类在一簇。借助空间约束谱聚类 . py 程序对西安市居民休闲娱乐出行 O-D 进行聚类后，以居住地为起点、休闲娱乐出行目的地为终点，空间上联系最紧密的出行流，其起始点所在区域将被划分到同一个组团，从而反映城市区域内部不同功能间的空间联系强度。

（二）基于约束谱的西安市居住–休闲空间联系格局

通过对西安市居民休闲娱乐出行 O-D 进行聚类，得到了从居民出行视角出发的西安市各交通小区之间的居住–休闲功能空间联系组团。当设定分辨率 = 1 时，研究区街道被划分为 5 个组团；当设定分辨率 = 0.5 时，基于已有 5 个组团进一步分散为 10 个组团；当设定分辨率<0.5 时，研究区街道划分组团数进一步增加，且在空间分布上逐渐与西安市行政区划边界靠近。因此，当设定组团数为 5 个、10 个时，西安市居住–休闲功能空间联系格局比较显著，如图 9-17 所示。

从图 9-17 中可以发现，西安市居住–休闲功能空间联系具有以下特征。

（1）核心内城区组团空间联系紧密。当研究区域被分为 5 个组团时，分别由

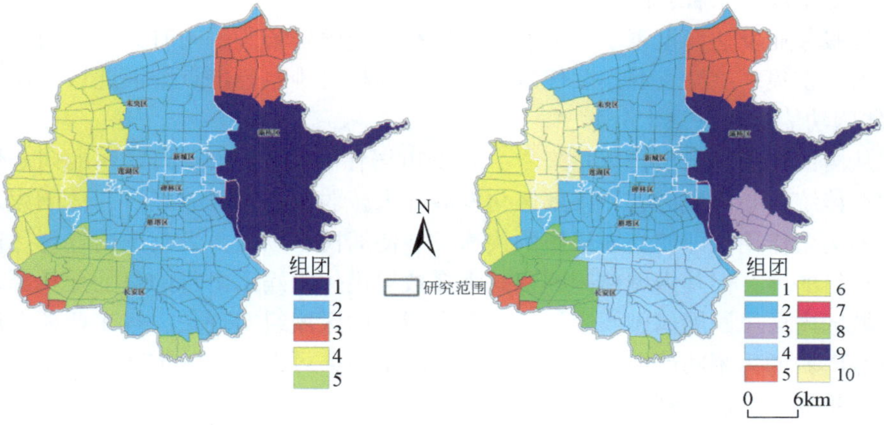

图 9-17　西安市居住-休闲功能空间联系组团

来自灞桥区的灞桥街道、洪庆街道、席王街道、狄寨街道、纺织城街道、红旗街道、十里铺街道的部分区域以及雁塔区等驾坡街道的部分区域组成组团 1。碑林区、雁塔区、莲湖区、新城区以及未央区的草滩、汉城路、徐家湾、张家堡、谭家街、大明宫、辛家庙、十里铺等街道，和长安区的韦曲街道、大兆街道、杜曲街道，以及黄良街道和王曲街道的部分区域共同组成组团 2，这也是西安市居住-休闲功能空间联系的最大组团。灞桥区新合街道、新筑街道共同组成组团 3。未央区其他街道以及长安区王寺街道、斗门街道的部分区域共同组成组团 4。长安区郭杜街道、细柳街道和兴隆街道的部分区域共同组成组团 5。其中，组团 2 作为最大空间联系组团，具有“范围大、街道数量多、跨越圈层多”的特点。从城市发展空间趋势来看，西安市休闲娱乐发展重心从内城区向南北方向扩展是可行的，向东西方向扩展会受到一定阻力。

（2）西安市居住-休闲功能空间联系呈现“川”字格局。与城市产业规划沿圈层发展、扇形结构扩张等特征不同，西安市居住-休闲功能的空间联系大致呈“川”字分布，可以莲湖区最西点、新城区最东点的南北向分界线对西安市居住-休闲功能空间联系的格局进行划分。其中，中央组团南北贯通，并向西联系至长安区细柳街道、斗门街道，向东保持在碑林区、雁塔区行政边界，基本未突破行政边界，同时在一定程度上受到灞河自然屏障的影响。

当研究区域被分为 10 个组团时，原组团 1 进一步分化为组团 3（狄寨街道）和组团 9，原组团 2 分化为组团 2 和组团 4（韦曲街道、大兆街道、杜曲街道、王曲街道和黄良街道、郭杜街道的部分区域），原组团 4 则沿未央区和长安区行政边界被划分为组团 6 和组团 10，而原组团 3 和组团 5 未变化。经过进一步细分，从更小尺度来看，因为中央组团地处城市核心地带，为传统商娱业聚集区，其现代服务业发达，汇聚了大量就业岗位和休闲娱乐场所，同时具有交通干线密集、人口密集、旅游资源禀赋优越、经济基础相对雄厚等特点，因此该组团的居住–休闲功能空间联系十分紧密。

从居民休闲娱乐出行视角来看，西安市居住–休闲娱乐空间联系的向心性仍集中在传统核心内城区，城市郊区化发展并未减弱中心城区对经济、休闲娱乐活动等的集聚作用，即使交通设施的快速发展使居民可以在更大范围内选择休闲娱乐出行目的地，但是内城休闲圈仍是大多数居民休闲娱乐出行的目的地选择。同时，城区内居民开展休闲娱乐活动仍存在明显的区域组团现象，且东西两向区域与核心内城的休闲功能空间联系有待进一步加强，可以作为城市休闲娱乐产业发展下一步需要突破的现实问题。

四、本章小结

本章主要对西安市居民休闲娱乐出行的主要时空节点进行分析，通过对居民高出行量时间节点的空间人流量进行可视化得到：居民工作日休闲娱乐出行空间分布具有“南密北疏、东西基本均衡”的分布格局，其出行点随时间推移呈现“分散—集中—再扩散”的特点，日间形成以“大明宫—西一路—文艺路—大雁塔—小寨—电子城—丈八沟”为主要集聚点的“J”形链式分布格局。居民周末休闲娱乐的出行强度更大、范围更广，在空间分布上具有“南北均衡、东密西疏”的分布格局。随时间推移，居民休闲娱乐出行集聚重心实现了“从北至南”的转移，最终形成以大雁塔—小寨商圈为主集聚区、钟楼商圈为次集聚区的分布格局。通过对上文提取的108个居民出行偏好节点进行分级，以及对各节点人流量、出行链网络进行可视化，得到各级偏好节点的空间分布特征。此外，并结合空间约束谱聚类方法得到西安市居住–休闲空间功能联系空间格局，其中核心组团具有“范围大、街道数量多、跨越圈层多”的特点，各组团呈现“川”字分布格局。

结 论 篇

第十章 结 论

一、主要结论

（1）西安市文化娱乐业的空间形态特征。整体来看，西安市文化娱乐业在空间形态上表现为“块状集聚–轴向延伸–等级圈层”的空间分布格局，并呈东北—西南走向分布。总体文化娱乐业在城市三环内中南部区域具有相对明显的规模优势，呈“十”字形空间形态；外围城区的文化娱乐业在各区级行政中心形成较高规模等级的“孤岛”。咖啡厅茶馆、电影院剧院、歌舞厅酒吧的空间向心性显著，数量规模和分布范围较广，但核心区域位于中心城区的传统商圈；网吧、公园游乐园和健身中心的密度峰值相对较低，并于城市二至三环之间呈现跳跃式镶嵌的多中心特征，空间分布的离心化趋势相对明显。

（2）西安市文化娱乐业的空间集聚特征。总体文化娱乐业呈现高度的全局空间正相关，表现出“热点–过渡–冷点”的等级圈层结构。热点区及次热点区主要位于钟楼中心区、曲江–小寨区两大热点集聚组团，冷点区及次冷点区则于二环线以北及三环线外围呈环状包围圈。6 种类型的文化娱乐业在 12km 观测范围内均呈现先增长后下降的倒“U”形结构特征。其中，咖啡厅茶馆、电影院剧院和歌舞厅酒吧的空间邻近性最强；而网吧、公园游乐园和健身中心的空间布局范围较大，且集聚强度偏低。

（3）西安市文化娱乐业等级结构特征。西安市文化娱乐业中心体系的等级结构形成以一级核心为主的多核心发育结构，呈现“强主核心–弱次核心–多层级多核心”的空间结构模式。各等级核心邻近公交站点和路网干道的布局特征显著，形成不同等级资源和市场优势的关联互补。钟楼核心业态结构成熟、功能类型多样，文化娱乐业规模等级最高；赛格则以城市新兴文化娱乐业态为代表，成为西安市青年群体休闲娱乐的主要区域。其他等级核心和业态类型的文化娱乐业与该地独特的资源环境相融合，在城市的不同区域形成不同专业化功能的品牌效应。

（4）西安市文化娱乐业空间格局演化的基本特征。总体来看，西安市文化娱乐业的空间分布由城市中心向外围区域呈现等级圈层扩散，形成以老城区和城南大学城为主核心，以城西南高新区、城北经开区和城东灞河新区等为次级核心的“多中心”结构，空间结构呈现出由单中心向多中心的转变过程。从各业态来看，大部分业态的空间分布演变与总体基本一致，但在数量规模和区位选择上具有明显差异，各业态空间结构演化表现出一定的特异性。其中，酒吧和咖啡吧的集聚强度最高、规模最小，呈现为单中心向双中心结构转变；随着分布范围的扩大，电影院剧院、歌舞厅由点状集聚向片状集聚发展；集聚强度较高的茶吧、健身中心的分布形态具有多中心性；而网吧、公园游乐园在空间上表现为分散的点状集聚与小规模的片状集聚。

（5）西安市文化娱乐业对称结构演化过程与特征。总体来看，对称结构类型表现出“平移对称（斜对称）—平移对称与轴对称—平移对称（曲线对称）与轴对称（斜对称)”的演化特征，对称结构的空间尺度日益多元，由微观尺度向宏观尺度不断发展。早期在微观的路网格局作用下出现显著的平移对称结构，后伴随文化娱乐业态的快速集聚发展，对称空间范围逐渐扩大，在中观尺度的城市局部结构形态作用下，进一步形成轴对称和斜对称结构，后期平移对称进一步发育为曲线对称。而轴对称结构打破区域限制，在区域间形成宏观尺度的轴对称结构。就各业态而言，选择歌舞厅、茶吧两类文化娱乐业态进行探讨，相对于总体，业态对称结构类型较为简单，表现出“平移对称—平移对称与轴对称”的演化特征，对称结构的空间尺度总体偏小，微观尺度下的平移对称结构长期占有绝对优势。

（6）西安市文化娱乐业等级层次结构演化过程与特征。总体来看，不同等级文化娱乐业热点区在空间上呈现出差异显著的等级层次结构，并随着时间推移，整体规模等级逐步提升、结构层次越发复杂。早期的一级热点区独立分布，周边其他等级热点区分布范围小，层级结构表现单一。后随着文化娱乐场所的快速集聚发展，绕城高速内的城市中心区和城南地区内相继形成高规模等级的完整层次结构；城西南地区的发展稍显滞后，层次结构表现较为单一；分布于城市较外围的一级热点区发展时间较短，层次结构极为单一。就各业态而言，选择咖啡吧、茶吧两类文化娱乐业态进行探讨，两者的等级层次结构相较于总体明显简单化，仅在城市中心区经历完整的业态等级层次结构演化过程，其他区域层次结构表现较单一。

（7）西安市不同类型文化娱乐业空间结构的主要驱动因素。人口数量和人均可支配收入是区域内文化娱乐热点形成的基础，而各类型空间结构受到不同影响因素的差异化作用。道路距离和综合商场的突出影响促使文化娱乐业的热点分布与城市道路结构密切联系，在空间上形成平移对称的分布态势。文化产业示范园区（基地）等社会经济要素所固有的对称性在道路距离的助推作用下，使得受其影响的文化娱乐业空间结构具有普遍对称性，多表现为轴对称结构。在城市的较外围区域内，热点区位选择时倾向于靠近综合商场和文化产业示范园区（基地），但受到驱动要素的规模限制和其他要素的阻碍作用，热点表现为数量少、分布分散，形成文化娱乐业的独立层次结构。在城市发育成熟的地区，大量文化娱乐热点的发育均拥有良好的环境，局部区域内提升型要素的出现，如公交站点、一级商服中心和综合商场等，对于区域内文化娱乐业热点规模等级的提高、完整层次结构的形成具有重要作用。

（8）西安市文化娱乐业空间结构的发育机制。在对不同类型文化娱乐业空间结构的影响因素分析与主导因素识别的基础上，将文化娱乐业的影响因素指标划分为基础型因子、发展型因子和辅助型因子 3 类。在基础型因子的供需机制作用下，区域文化娱乐业热点发育，并通过发展型因子的触发机制，对这些热点的空间结构加以引导，促使不同类型文化娱乐业空间结构形成。在此过程中，辅助型因子则通过强化机制助推文化娱乐业结构的形成与发展，由此从影响因子、作用机制、作用过程 3 个方面构建西安市文化娱乐业空间结构演化的发育机制。

（9）西安市文化娱乐业核心交通可达性格局。文化娱乐业各等级核心的交通出行圈主要沿城市交通走廊向外延伸，呈现明显的“点–轴”扩展趋势。步行可达性的差异较小，出行圈基本呈同心圆状；小汽车出行圈主要沿城市快速路、环路以及绕城高速的“轴向”扩张显著；公共交通出行圈主要受轨道交通线路的影响而表现出不同方向的“指状”延展。赛格通过交通系统辐射城市的能力最强，服务半径与核心等级呈现显著的正相关关系。咖啡厅茶馆、电影院剧院和歌舞厅酒吧的交通出行圈主要集中于城市三环线区域之内；网吧、公园游乐园和健身中心的交通出行圈向城市外围地区拓展，在城市内部形成广泛的辐射效应。不同等级和不同业态文化娱乐业的交通出行圈在空间上彼此重叠交错，正在逐步形成体系化的客源网络，产生不同层次的规模效应和圈层结构。

（10）西安市文化娱乐业空间模式。西安市文化娱乐业空间模式整体呈现“圈层+轴向+扇形+组团”结构。其中，咖啡厅茶馆、电影院剧院、歌舞厅酒吧的空间模式表现为轴向对称型，基本形成以钟楼和赛格为发育核心，并以南北中轴线为主、东西轴线为辅的“十”字形的空间拓展模式。网吧和公园游乐园则依托城市环线和快速干道离散布局，呈现轮毂对称型的空间发展模式。新兴健身场所的空间模式则在轨道交通的辐射带动下，呈现南北轴线的纵向拓展，表现为叠合依附型的空间发展模式。整体来看，西安市传统内城区和成熟建成区内的文化娱乐各业态类型融合良好；而城市外缘地带的新兴扩展区和城乡过渡区，尤其是城东北和城西南地区，正处于西安市近年来居住空间扩散的主要区域，但由于交通基础设施和文化娱乐产业的综合配套不足，其文化娱乐设施的空间配置已经严重滞后于城市空间扩张和人口郊区化进程。

（11）提出基于手机信令数据对城市居民休闲娱乐出行行为的识别和提取方法。通过对西安市一周的手机信令进行数据清洗、停留点识别、语义分析等数据预处理，并结合居民休闲娱乐出行行为特点，提出了基于手机信令数据对城市居民休闲娱乐出行行为进行识别的方法。首先，定义用户在一周中≥3 天于 10～18 点停留≥4h 的位置点为工作地，定义用户在一周中≥5 天于晚 23 点至早 6 点停留≥4h 的位置点为居住地；其次，研究区范围内识别有唯一居住地的用户即为研究对象，定义其前往非工作地或居住地的第三个位置，且停留时间超过 30min 的点为休闲娱乐场所初选点；最后，将研究区范围内的重大客流集散地、三甲级医院和政府服务中心缓冲区内的停留点全部剔除，缓冲半径设置为 500m，识别并提取西安市居民休闲娱乐出行行为。根据后续研究结果，该识别规则具有较高的准确性。

（12）分析得到西安市居民休闲娱乐出行行为的时空特征。居民休闲娱乐出行与城市空间持续互动、相互制约和影响，研究居民休闲娱乐出行行为对城市休闲产业规划、城市交通布局等具有重要意义，主要结果如下。

第一，西安市居民工作日休闲娱乐平均出行次数为 0.45 次，且分别在 8 点、15 点和 20 点出行量达到峰值；周末休闲娱乐平均出行次数为 1.40 次，且在 11 点、16 点、19 点出行量达到峰值。工作日居民出行起始点集聚形成了“大明宫—西一路—文艺路—大雁塔—小寨—电子城—丈八沟”的“J”形链式空间集聚格局；周末则随着时间变化由“南北均衡、东密西疏”的多点集聚格局变化为以大雁塔—小寨商圈为主的“单核心”分布格局。

第二，西安市居民周末休闲娱乐出行流量点在空间上呈现“内城密、外城疏、南多北少”的格局。绕城高速以内出行终点数量占比超过 50%，且绕城高速以内出行人流占比约 70%。

第三，分时段总结出 4 种居民休闲娱乐出行模式，其中日间和夜间出行存在两极分化特征。工作日日间出行模式呈现以钟楼、小寨为热值点的“双核心”分布格局；周末日间高热值点呈现“连片集聚”分布态势，夜间均无明显热值集聚中心。

第四，通过对节点平均出行总流量、居民平均出行距离进行分级，共筛选出 108 个西安市居民休闲娱乐出行偏好节点，并进一步划分为“短距离–强偏好”“短距离–较强偏好”“短距离–较弱偏好”“短距离–弱偏好”“较短距离–强偏好”“较短距离–较强偏好”“较短距离–较弱偏好”“较短距离–弱偏好”“较长距离–强偏好”“较长距离–较强偏好”“较长距离–较弱偏好”“较长距离–弱偏好”“长距离–弱偏好”共 13 类出行偏好节点。

第五，西安市居民休闲娱乐更偏好短距离出行。本研究计算出西安市居民出行至休闲娱乐设施场所的平均距离为4.8km，至户外休闲运动场所的平均距离为5.95km，至购物场所的平均距离为5.98km，至餐饮场所的平均距离为6.73km，至城市旅游景点的平均距离为7.26km。同时，居民至休闲娱乐设施场所各业态之间存在明显的距离偏好差异。

（13）基于谱聚类方法得到西安市居住-休闲功能空间联系格局。西安市东西两向城区与核心内城区的休闲功能有待进一步加强。城区居住-休闲功能空间联系最紧密的组团由碑林区、雁塔区、莲湖区、新城区以及未央区的草滩、汉城路、徐家湾、张家堡、谭家街、大明宫、辛家庙、十里铺等街道，和长安区的韦曲街道、大兆街道、杜曲街道，以及黄良街道和王曲街道的部分区域共同组成，具有“范围大、街道数量多、跨越圈层多”的特点，组团总体空间分布呈现“川”字格局。

二、有关讨论

随着交通系统的持续演进，文化娱乐业由市场原则形成的中心地等级体系在交通网络的支撑下产生各区域之间的空间相互作用，并促进了城市内部“点-轴”系统的形成。随着目前西安市轨道交通和常规公交建设的持续强化，未来城市交通网络的不断演进有利于增强各等级核心与互补区域之间的功能联系，使得各级核心的交通可达性不断提高。交通沿线区域出行便捷度的提升和交通成本的下降将吸引多种生产要素和资本集聚，使得中心地对区域的影响突破均质背景下同心圆状的束缚，从而在城市内部形成以等级核心为中心、沿交通轴线呈“点-轴-网”渐进式扩散的经济发展带，使得城市空间结构进入全面且有组织的均衡发展阶段（陆大道，2001）。

与此同时，对西安市不同地区文化娱乐业空间结构的可达性进行比较也可以发现其发展弊端。在城市文化娱乐功能不完善的交通走廊地区，主城区资源要素的极化和轨道交通的建设促进“城市流”的向心集聚，导致交通走廊地区对主城区文化娱乐业的过度依赖，容易出现主城区发展的过饱和状态；在交通系统支撑不足的城市新兴拓展区域，尽管出现了用地规模的显著扩张，但文化娱乐业核心发育不足，可达性水平与主城区相比仍较为滞后，导致居住空间与文娱空间的联系较弱，这与产城融合不充分、中心体系不完善、公交系统不健全等因素密切相关。

在信息时代的背景下，中心地理论在解释城市服务业空间布局方面仍具有适用性。文化娱乐业形成了市场原则下的中心地等级体系，西安市内出现不同等级的文化娱乐业热点。随着轨道交通发展与常规公交建设强化，道路沿线地区的区位条件不断改善，文化娱乐业热点沿交通轴线布局，促进文化娱乐业“点-轴”系统的形成。西安市文化娱乐业热点的空间分布呈现显著的南北轴向和潜在的西北—东南走向的分布特点。文化娱乐业是城市经济活动空间特征的重要表征。城市分布的对称理论指出，经济活动具有对称性，受此影响，城市内部会形成文化娱乐业的空间对称结构，西安市文化娱乐业在横向空间分布上表现出明显的平移对称结构和轴对称结构。此外，文化娱乐业的快速发展，在促进城市经济快速增长和产业结构升级的同时，也带动文化娱乐业“点-轴”进一步发展为“点-轴-聚集区”，在城市内部不同等级文化娱乐业热点区之间表现出一定的等级结构和包含关系，西安市文化娱乐业纵向规模等级结构中单一层次结构发展与复杂层次结构并存，这使得城市文化产业空间结构研究进入新的研究领域。关于城市内部微观尺度的文化产业空间结构理论亟待研究，以更好地适应社会实践的发展。

城市文化娱乐业的空间结构与区位选择既具有一定的普适性特征，又存在城市个体的异质性（张丽和韩增林，2020）。西安市文化娱乐业的空间分布具有明显的“市中心”偏好，整体呈现出由城市中心向边缘扩散的趋势，这与不同地域背景城市的研究结论具有一致性（浩飞龙和王士君，2016；柳英华和白光润，2006；张丽和韩增林，2020）。同时，西安市处于由“工业型城市”向“服务型城市”逐渐过渡的发展阶段。在城市空间结构转型的导向下，文化娱乐业的空间布局为适应城市空间结构，其热点格局与集聚模式表现出明显的空间依附性和异质性。文化娱乐业空间分布转向多中心结构模式，受轨道交通的带动，呈现出显著的南北轴向和潜在的西南—东北轴向分布的特点，这反映了城市自身的空间演变特征与发展导向变化。此外，西安市文化娱乐业空间分布所表现出的横向平移对称结构、轴对称结构，以及纵向单一层次结构、复杂层次结构，是多重因素综合作用的结果。但在不同城市的地域背景下，各个影响因素的作用方向与影响程度存在较大差异。这些结构在其他城市中是否普遍存在，还有待进一步的实证检验。

三、政策建议

在城市文化娱乐业空间结构的优化调控中，既要引导规划城市新兴文化娱乐中心的合理配置，又要有针对性地加强部分等级核心公共交通基础设施的建设。结合西安市文化娱乐业各等级核心的可达性格局和空间模式，提出以下优化建议。

（1）构建科学合理的多中心结构体系。挖掘城市主城区的发育内核，梳理城市的历史文化传统，以城市更新推动主城区“第三空间”的整合重构，以需求带动主城区文化娱乐业发展的繁荣活力。新兴城区要合理利用主城区的空间溢出效应，通过政策规划和产业调整，促进文化娱乐业资源的优化配置，强化次级核心的能级吸引，培育新的文化娱乐业集聚区，满足城市居民短距离的文化娱乐出行需求。

（2）在把握居民出行特征与行为趋势的基础上，注重城市资源的合理规划，根据不同人群的社会经济属性和消费需求偏好，以均衡化、个性化和差异化为原则，注重各业态文化娱乐业的混合布局，提高街区活力，满足城市居民多样化的文化娱乐需求。

（3）突破门店和地价的限制，实施“线上+线下”的引流策略。随着新零售业态的兴起，文化娱乐业可以依托互联网、大数据和云计算实施品牌宣传，且以文化消费和生活品质构建引流策略，使居民在进行文化娱乐消费的同时完成身份认同和自身建构，从而加强区位优势，在无形中增加客户黏性，扩展客源范围。

（4）强化交通系统对城市文化娱乐空间的支撑和引导。在区际联系方面，加速完善以主干道路和轨道交通为主的出行廊道建设，协调主城区和新城区的连接关系，使高等级文化娱乐业核心可以更好地服务于城市外围的住宅居民，扩大其服务范围，从而加强城市主、次核心间的组团联系。在区内联系方面，应优先提升城市文化娱乐业配套的娱住均衡度，转变以小汽车为导向的新区开发模式，以新城文化娱乐业为中心提供多层级的公共交通服务，合理调整高峰时段的公交发车间隔，完善包括步行、公共自行车、P+R 的多组合交通模式，形成一体化的综合交通服务体系。

四、特色创新

（1）丰富了城市空间的多中心结构在微观尺度上的研究。当前城市空间多中心的研究尺度主要集中于城市群、都市圈或特大城市，而对城市内部的多中心研究较少。另外，以往城市内部的多中心研究大部分局限于城市辖区或街道尺度。而格网单元改变了以往基于行政单元进行研究的限制，可以更为精确地提取出文化娱乐业的等级体系结构，该研究视角可以更好地揭示大城市文化娱乐业的空间结构特征。

（2）提取了文化娱乐业基于不同交通方式的出行阈值。互联网地图服务的路径规划功能可以实时测算 O-D 间的出行时耗，可以更为精确地揭示文化娱乐业的不同等级核心在多交通模式下的出行阈值标准，从而划分不同等级和不同业态文化娱乐业的综合可达“时空圈”，识别特定时间阈值内的文化娱乐业可达性格局。

(3) 为城市文化产业空间结构研究提供了新的方法与技术思路。本研究将地学信息图谱方法引入城市文化娱乐业的空间结构演化研究中，探讨精细格网尺度上城市文化娱乐业的空间对称结构与规模等级结构及其演化规律。研究结果表明，地学信息图谱理论与方法在城市内部具体业态的空间分布研究中具有推广价值，同时将文化产业空间结构的研究由宏观的点-轴-面分布模式推向微观的对称-等级结构模式，为城市文化产业空间结构研究提供了新思路和新方法。

(4) 构建了不同类型文化娱乐空间结构影响因素分析框架与评估模型。现有研究对文化娱乐业空间分布的归因研究仍然停留在大范围的评价因素上，采用简单统计分析，对省、市、县以及街道等行政单元内文化娱乐业布局的影响因素进行探讨，鲜有研究能够系统、多维度地考察精细格网尺度下文化娱乐业空间结构形成的复杂因素。而本书的结构篇从宏观环境因素与微观人口特征两个层次出发构建影响因素指标体系，使用时空地理加权回归模型对不同类型文化娱乐业空间结构的影响因素进行探讨，发展了城市文化产业空间结构研究的理论框架。

(5) 从消费者角度出发，揭示西安市文化娱乐业空间结构的适应性。以文化娱乐业的空间供给与居民文化消费需求为核心，通过将不同业态的文化娱乐业可达“时空圈”相叠加，揭示文化娱乐业的综合服务半径，从而绘制出基于交通可达性的西安市文化娱乐业空间模式图谱，探究文化娱乐业空间供给与居民消费需求的耦合关系，为大城市文化娱乐业的空间结构优化提供科学方案。

(6) 提出了基于大数据对居民出行行为“识别与提取-时空间特征分析-主要节点分析”的研究新思路，并进一步优化了基于手机信令数据对城市居民休闲娱乐出行行为进行识别和提取的方法。

(7) 首次从居民出行视角出发，得到了西安市居民休闲娱乐高出行量时间节点及出行距离和节点偏好，对后续西安市休闲娱乐产业研究具有创新意义。

(8) 得到西安市居住-休闲功能空间联系格局，从新视角出发对西安市休闲娱乐产业发展方向提出实证建议。

五、未来展望

本研究基于2005~2020年的西安市文化娱乐业数据，揭示城市文化娱乐业的空间结构特征、空间格局演化及其发育机制，所使用的空间POI数据属性仅考虑资源点的体量，而对注册资本、经营规模、营业面积和用户口碑等指标的分析仍有欠缺。同时，本研究选取13个指标因子仅反映了社会经济因素的现状，并未考虑自然地理基础、个人心理行为、企业主体决策等因素的作用，使得研究得出的文化娱乐业热点格局及形成机制具有一定的局限性。未来应结合新的大数据挖掘技术和空间分析模型，在综合考虑城市文化娱乐业规模结构、组织模式、综合效益等因素的基础上，从更多方面探究城市更新与结构演进背景下文化娱乐业空间结构与热点模式的发育机制，并模拟预测不同发展情景下城市文化娱乐业空间结构演变趋势与发展图谱。

本研究对文化娱乐业热点的对称结构识别主要采用主观判定和定量判断相结合的方法。其中，定量判断的标准为“点对称距离”，其主要用于测度两点关于某点的对称性，其为 0 时完全对称，认为当图形的所有热点均满足关于某点或某线时具有高度对称性，则上述热点所构成的对称结构成立，并参考相关研究与现实需要，将其对称测度的阈值设定为 1. 8。但文化娱乐业热点对称结构的成立与否应从整体上加以判别，热点间“点对称距离”的累积可能造成提取出的对称结构在局部区域内并不显著，且由于结构的对称程度难以测度，无法对影响文化娱乐业对称结构形成的影响因素进行进一步的剖析。因此，更为精确的对称结构定量判断标准和对称程度测度方法是今后迫切需要解决的问题。

受城市环境、基础设施、道路状况和出行偏好的影响，城市不同出行群体会表现出不同的出行特征。不同居民对不同交通方式的依赖性存在差异，导致对出行时耗的耐受度出现偏差。本研究所采用的可达性阈值标准的选取主要借鉴国内外相关研究成果及城市出行调查报告，而文化娱乐业的可达性阈值不仅与其等级层次有关，更与其业态类型有关。但由于数据获取的限制，此类微观数据需要通过穿戴式设备和调研访谈等方式获取，因此城市居民文化娱乐场所分业态可达时耗以及幸福感知的研究是今后需要深化拓展的方向。

本研究所获取的手机信令数据时间范围有限且处理难度较大，后续还可从以下方面进一步完善：可选取更长的研究样本时段，通过对全年不同季节不同时段、国家法定节假日等特殊时段的居民休闲娱乐出行行为进行分析，可以更全面地了解居民出行偏好时空特征；尝试从用户出行轨迹中寻找更多分析视角，如结合路网对居民出行可达性指标的计算、对街道休闲活力的计算等，还可结合对居民出行行为影响因素和机制的探讨，进一步加深研究深度。

参考文献

鲍文东，侯志华，吴泉源．2007．基于地学信息图谱的土地利用动态变化研究——以山东省龙口市为例［J］．地域研究与开发，26（3）：80-84，131．

蔡柳．2017．基于出租车轨迹数据挖掘的居民出行特征研究［D］．西安：长安大学．

蔡铭．2011．宁波市“吧式”休闲场所空间结构研究［D］．宁波：宁波大学．

曹佳斌，王珺．2019．为什么中国文娱消费偏低？基于人口年龄结构的解释［J］．南方经济，（7）：83-99．

曹小曙，黄晓燕，董哲．2013．基于GIS的公共交通可达性与居民出行特征［J］．华南师范大学学报（自然科学版），45（5）：98-105．

柴彦威，沈洁．2008．基于活动分析法的人类空间行为研究［J］．地理科学，28（5）：594-600．

柴彦威．2005．行为地理学研究的方法论问题［J］．地域研究与开发，24（2）：1-5．

陈洁，陆锋，程昌秀．2007．可达性度量方法及应用研究进展评述［J］．地理科学进展，26（5）：100-110．

陈洁，陆锋，翟瀚，等．2015．面向活动地点推荐的个人时空可达性方法［J］．地理学报，70（6）：931-940．

陈菁，罗家添，吴端旺．2011．基于图谱特征的中国典型城市空间结构演变分析［J］．地理科学，31（11）：1313-1321．

陈静媛，张云彬，王诚，等．2022．基于手机信令数据的合肥市郊区职住空间特征研究［J］．华中农业大学学报（自然科学版），41（3）：35-46．

陈潘婉洁．2018．江南城市山水形局信息图谱的建构方法［D］．南京：东南大学．

陈述彭．2001．地学信息图谱探索研究［M］．北京：商务印书馆．

陈燕，齐清文，杨桂山．2006．地学信息图谱的基础理论探讨［J］．地理科学，26（3）：306-310．

陈甬军．2012．中国城市化发展的新阶段与新任务［J］．社会科学研究，（1）：34-37．

谌丽，张文忠，杨翌朝．2013．北京城市居民服务设施可达性偏好与现实错位［J］．地理学报，68（8）：1071-1081．

丛丽，吴必虎，寇昕．2013．北京市会议产业与相关产业的空间耦合形态与机制研究［J］．经济地理，33（11）：84-91．

崔宇超，关宏志，司杨，等．2018．基于网约车订单数据的居民出行特征研究——以北京市为例［J］．交通运输研究，4（5）：20-28．

戴钰．2013．湖南省文化产业集聚及其影响因素研究［J］．经济地理，33（4）：114-119．

丁亮，钮心毅，宋小冬．2015．利用手机数据识别上海中心城的通勤区［J］．城市规划，39

（9）：100-106.
丁亮，钮心毅，宋小冬 . 2016. 上海中心城就业中心体系测度——基于手机信令数据的研究［J］. 地理学报，71（3）：484-499.
丁亮，钮心毅，宋小冬 . 2017. 上海中心城区商业中心空间特征研究［J］. 城市规划学刊，（1）：63-70.
丁亮，宋小冬，钮心毅 . 2019. 城市空间结构的功能联系特征探讨——以上海中心城区为例［J］. 城市规划，43（9）：107-116.
董琦 . 2014. 基于 LBS 应用的网络营销影响下的城市居民消费空间研究——以“大众点评网”南京站为例［D］. 南京：南京大学 .
方琪，王山东，于大超，等 . 2019. 基于出租车轨迹的居民出行特征分析［J］. 地理空间信息，17（5）：128-130，6.
方志祥，李清泉，萧世伦 . 2010. 利用时间地理进行位置相关的时空可达性表达［J］. 武汉大学学报（信息科学版），35（9）：1091-1095.
傅英姿，王德 . 2021. 上海市典型住宅区生活空间结构模式研究［J］. 地理科学进展，40（4）：565-579.
甘田，刘鼎 . 2020. 基于手机数据的职住空间关系研究——以重庆市主城区为例［J］. 城市交通，18（5）：36-44，119.
高峰 . 2007. 私人小汽车出行属性分析方法研究［D］. 北京：北京交通大学 .
高福进 . 2003. “洋娱乐”的流入：近代上海的文化娱乐业［M］. 上海：上海人民出版社 .
龚泽仪，齐清文，夏小琳 . 2014. 基于中国近代地图的城镇体系演变信息图谱［J］. 测绘科学，39（8）：103-110，123.
郭安禧，郭英之，李海军，等 . 2017. 旅游地社区居民旅游影响感知与生活质量感知关系研究［J］. 世界地理研究，26（5）：115-127.
浩飞龙，王士君，谢栋灿，等 . 2017. 基于互联网地图服务的长春市商业中心可达性分析［J］. 经济地理，37（2）：68-75.
浩飞龙，王士君 . 2016. 基于网络口碑的长春市文化娱乐场所空间布局研究［J］. 人文地理，31（6）：66-72，108.
何萍，姜玉麟，徐晓华，等 . 2021. 自适应时间平滑的演化谱聚类［J］. 南京航空航天大学学报，53（5）：700-707.
侯胜强 . 2015. 基于人口分布的深圳南山区商业中心布局研究［D］. 哈尔滨：哈尔滨工业大学 .
黄安民，韩光明 . 2012. 从旅游城市到休闲城市的思考：渗透、差异和途径［J］. 经济地理，32（5）：171-176.
黄圣安，李玮峰，杨东援 . 2017. 基于 POI 数据的上海市基础医疗设施可达性分析［J］. 综合运输，39（5）：80-84.
黄晓燕，张爽，曹小曙 . 2014. 广州市地铁可达性时空演化及其对公交可达性的影响［J］. 地理科学进展，33（8）：1078-1089.
海晓东，刘云舒，赵鹏军，等 . 2020. 基于手机信令数据的特大城市人口时空分布及其社会经济属性估测——以北京市为例［J］. 北京大学学报（自然科学版），56（3）：518-530.
姜海林 . 2018. 基于出租车数据的城市居民出行时空特征研究［D］. 武汉：武汉大学 .
金银日，姚颂平，蔡玉军 . 2015. 上海市居民休闲体育时空行为特征研究［J］. 体育科学，35（3）：12-19.
李同宇，孙帅 . 2020. 购物休闲空间类型及格局分析［J］. 现代园艺（17）：31，33.
李婷，裴韬，袁烨城，等 . 2014. 人类活动轨迹的分类、模式和应用研究综述［J］. 地理科学进展，33（7）：938-948.
李维维，马晓龙 . 2019. 中国大城市旅游休闲业态的空间格局研究：西安案例［J］. 人文地理，34（6）：153-160.
李旭，程晓明 . 2021. 基于手机信令数据的南京市居民出行特征研究［C］//中国城市规划学会城市规划新技术应用学术委员会 . 创新技术 · 赋能规划 · 慧享未来——2021 年中国城市规划信息化年会论文集 . 南京：南京市城市与交通规划设计研究院股份有限公司，南京市城市与交通规划设计研究院股份有限公司大数据中心：165-169.
李岩辉 . 2021. 城市轨道交通客流时空分布特性研究［J］. 中国铁路，（2）：65-75.
廖克 . 2002. 地学信息图谱的探讨与展望［J］. 地球信息科学，4（1）：14-20.
凌鹏，诸彤宇，周铁，等 . 2022. 基于人群出行行为轨迹的城市功能区识别［J］. 计算机工程，48（7）：36-41.
刘大均，胡静，陈君子 . 2014. 武汉市休闲旅游地空间结构及差异研究［J］. 经济地理，34（3）：176-181.
刘丽敏，虞虎，靳海涛 . 2018. 基于公交刷卡数据的北京城市居民周末户外休闲行为特征研究［J］. 地域研究与开发，37（6）：52-57.
刘清，王录仓 . 2018. 基于骑行时空数据的共享单车使用特征研究——以西安市主城区为例［C］. 杭州：共享与品质——2018 中国城市规划年会论文集（05 城市规划新技术应用）：144-154.
刘松龄 . 2003. 从 CBD 到 RBD——传统 CBD 发展方向探析［J］. 现代城市研究，18（4）：59-64.
刘贤腾，顾朝林 . 2010. 南京城市交通方式可达性空间分布及差异分析［J］. 城市规划学刊，（2）：49-56.
刘晓霞 . 2009. 基于城市社会-生活空间质量观的社区资源配置研究［D］. 西安：西北大学 .
刘耀林，方飞国，王一恒 . 2018. 基于手机数据的城市内部就业人口流动特征及形成机制分析——以武汉市为例［J］. 武汉大学学报（信息科学版），43（12）：2212-2224.
刘云舒，赵鹏军，吕迪 . 2021. 大数据城市通勤交通模型的构建与模拟应用［J］. 地球信息科学学报，23（7）：1185-1195.
刘志林，柴彦威 . 2001. 深圳市民周末休闲活动的空间结构［J］. 经济地理，21（4）：504-508.
柳英华，白光润 . 2006. 城市娱乐休闲设施的空间结构特征——以上海市为例［J］. 人文地理，21（5）：6-9.
楼嘉军 . 2007. 城市人口结构对 30 年代上海娱乐业发展的影响［J］. 历史教学问题，（6）：4-10.

陆大道 . 2001. 论区域的最佳结构与最佳发展——提出“点-轴系统”和“T”型结构以来的回顾与再分析 [J]. 地理学报, 56 (2): 127-135.
陆锋, 刘康, 陈洁 . 2014. 大数据时代的人类移动性研究 [J]. 地球信息科学学报, 16 (5): 665-672.
陆玉麒 . 1998. 区域发展中的空间结构研究 [M]. 南京: 南京师范大学出版社 .
吕国华, 胡学先, 张启慧, 等 . 2022. 基于联邦学习的船舶 AIS 轨迹谱聚类算法研究 [J]. 计算机应用研究, 39 (1): 70-74, 89.
罗雄雄, 董洁霜, 董智杰 . 2015. 基于层次聚类分析的城乡居民出行特征研究——以苍南县为例 [J]. 天津师范大学学报 (自然科学版), 35 (4): 52-56.
马红涛, 楼嘉军, 刘润 . 2019. 中国城市居民休闲消费能力时空差异演变分析 [J]. 世界地理研究, 28 (6): 145-155.
马蓓蓓, 李海玲, 魏也华, 等 . 2018. 西安市贫困空间结构特征与发生机理 [J]. 地理学报, 73 (6): 1018-1032.
马国霞, 甘国辉 . 2005. 区域经济发展空间研究进展 [J]. 地理科学进展, 24 (2): 90-99.
马惠娣 . 2001. 21 世纪与休闲经济、休闲产业、休闲文化 [J]. 自然辩证法研究, 17 (1): 48-52.
马林兵, 曹小曙 . 2006. 基于 GIS 的城市公共绿地景观可达性评价方法 [J]. 中山大学学报 (自然科学版), 45 (6): 111-115.
毛小岗, 宋金平, 杨鸿雁, 等 . 2012. 2000—2010 年北京城市公园空间格局变化 [J]. 地理科学进展, 31 (10): 1295-1306.
毛中根, 武优勐, 谢迟 . 2020. 长三角城市群消费水平空间格局及其影响机制 [J]. 经济地理, 40 (12): 56-62.
牟晓慧 . 2020. 基于设施 POI 和出行 OD 数据的职住空间结构研究 [D]. 济南: 山东建筑大学 .
乔少杰, 李天瑞, 韩楠, 等 . 2015. 大数据环境下移动对象自适应轨迹预测模型 [J]. 软件学报, 26 (11): 2869-2883.
秦萧, 甄峰, 熊丽芳, 等 . 2013. 大数据时代城市时空间行为研究方法 [J]. 地理科学进展, 32 (9): 1352-1361.
任英华, 沈凯娇, 游万海 . 2015. 不同空间权重矩阵下文化产业集聚机制和溢出效应——基于 2004—2011 年省际面板数据的实证 [J]. 统计与信息论坛, 30 (2): 82-87.
单欣宏 . 2021. 基于手机数据的居民休闲行为时空特征分析——以南京市居民休息日活动为例 [C]. 成都: 面向高质量发展的空间治理——2021 中国城市规划年会论文集 (05 城市规划新技术应用): 288-294.
邵晖 . 2011. 城市产业空间结构演变机理: 基于分工视角的研究 [M]. 北京: 北京师范大学出版社 .
舒天衡, 任一田, 申立银, 等 . 2020. 大型城市消费活力的空间异质性及其驱动因素研究——以成都市为例 [J]. 城市发展研究, 27 (1): 16-21.
宋永永, 薛东前, 马蓓蓓, 等 . 2021. 地理学视角下中国文化产业研究进展与展望 [J]. 经济地理, 41 (11): 129-140.
宋正娜, 陈雯, 张桂香, 等. 2010. 公共服务设施空间可达性及其度量方法 [J]. 地理科学进展, 29 (10): 1217-1224.
宋正娜, 陈雯. 2009. 基于潜能模型的医疗设施空间可达性评价方法 [J]. 地理科学进展, 28 (6): 848-854.
苏平, 党宁, 吴必虎. 2004. 北京环城游憩带旅游地类型与空间结构特征 [J]. 地理研究, 23 (3): 403-410.
孙枫, 章锦河, 王昶, 等. 2021. 城市商业型健身休闲场所空间格局及影响机理——以上海市为例 [J]. 地理科学, 41 (2): 198-206.
孙斌栋, 魏旭红. 2016. 中国城市区域的多中心空间结构与发展战略 [M]. 北京: 科学出版社.
孙超. 2021. 需求驱动下交通小区划分方法与应用研究 [D]. 哈尔滨: 哈尔滨工业大学.
覃志豪. 1983. 现代人文地理学新趋势之一——行为地理学的兴起 [J]. 经济地理, 3 (3): 234-236.
唐梦鸽, 罗明良, 魏兰, 等. 2018. 基于 POI 数据的成都市休闲娱乐热点识别 [J]. 资源开发与市场, 34 (9): 1191-1195.
唐文跃. 2011. 城市居民游憩地方依恋特征分析——以南京夫子庙为例 [J]. 地理科学, 31 (10): 1202-1207.
唐小勇, 赵必成, 刘晏霖, 等. 2018. 基于手机信令数据的组团城市职住平衡动态监测分析系统 [Z]. 重庆: 重庆市交通规划研究院.
唐小勇, 周涛, 陆百川. 2017. 基于手机信令的大范围人流移动分析 [J]. 重庆交通大学学报 (自然科学版), 36 (1): 82-87, 109.
田芳, 王定红, 连海涛, 等. 2021. 武安居民游憩出行方式选择分析 [J]. 现代城市研究, 36 (7): 125-129.
仝德, 周心灿, 龚咏喜. 2021. 基于大数据的上海市共享汽车出行模式研究 [J]. 地理科学进展, 40 (12): 2035-2047.
王新越, 曹婵婵. 2019. 青岛市居民休闲与居住空间结构及其匹配关系 [J]. 经济地理, 39 (9): 156-163.
汪瑞琪, 陈建均. 2019. 手机大数据在城市居民出行特征分析的应用 [J]. 智能城市, 5 (15): 151-153.
王北海. 2016. 基于用户研究的城市公共文化基础设施区位选择 [D]. 武汉: 武汉大学.
王德, 王灿, 谢栋灿, 等. 2015. 基于手机信令数据的上海市不同等级商业中心商圈的比较——以南京东路、五角场、鞍山路为例 [J]. 城市规划学刊, (3): 50-60.
王德, 李丹, 傅英姿. 2020. 基于手机信令数据的上海市不同住宅区居民就业空间研究 [J]. 地理学报, 75 (8): 1585-1602.
王德, 朱查松, 谢栋灿. 2016. 上海市居民就业地迁移研究——基于手机信令数据的分析 [J]. 中国人口科学, (1): 80-89, 127.
王丰龙, 王冬根. 2014. 北京市居民汽车使用的特征及其影响因素 [J]. 地理学报, 69 (6):

771-781.
王华，严婷 . 2014. 城市居民休闲的地方依恋研究——以广州荔枝湾为例［J］. 地域研究与开发，33（5）：104-108.
王慧，黄玖菊，李永玲，等 . 2013. 厦门城市空间出行便利性及小汽车依赖度分析［J］. 地理学报，68（4）：477-490.
王录仓，刘海洋，刘清 . 2021. 基于腾讯迁徙大数据的中国城市网络研究［J］. 地理学报，76（4）：853-869.
王松涛，郑思齐，冯杰 . 2007. 公共服务设施可达性及其对新建住房价格的影响——以北京中心城为例［J］. 地理科学进展，26（6）：78-85，147-148.
王铁，邰鹏飞 . 2016. 山东省国家级乡村旅游地空间分异特征及影响因素［J］. 经济地理，36（11）：161-168.
王兴中 . 1995. 中国内陆中心城市日常城市体系及其范围界定——以西安为例［J］. 人文地理，10（1）：1-13.
王兴中 . 2004. 中国城市生活空间结构研究［M］. 北京：科学出版社 .
王兴中 . 2009. 中国城市商娱场所微区位原理［M］. 北京：科学出版社 .
巫晓玲 . 2018. 基于多源公共交通大数据的上海市居民出行特征研究［D］. 南京：南京师范大学 .
吴浩然，吴祁宗 . 2017. 文化产业集聚影响因素的系统动力学研究［J］. 华北水利水电大学学报（社会科学版），33（1）：43-47.
吴健生，李博，黄秀兰 . 2017. 小城市居民出行行为时空动态及驱动机制研究［J］. 地球信息科学学报，19（2）：176-184.
吴子啸，付凌峰，赵一新 . 2017. 多源数据解析城市交通特征与规律［J］. 城市交通，15（4）：56-62，90.
伍钟洁，芮一康，郑建，等 . 2015. 城市 KTV 娱乐休闲场所空间分布及扩散规律研究［J］. 地球信息科学学报，17（5）：590-597.
邢永鹏 . 2019. 基于地学信息图谱的太原市公共资源空间分布特征分析［D］. 太原：太原理工大学 .
徐秀玉，陈忠暖，朱孟珏 . 2010. 广州市中心城区休闲服务设施区位类型特征的研究［J］. 人文地理，25（2）：91-94.
徐金垒，方志祥，萧世伦，等. 2015. 城市海量手机用户停留时空分异分析——以深圳市为例［J］. 地球信息科学学报，17（2）：197-205.
徐秀玉，陈忠暖 . 2018. 地理学视角下我国休闲研究进展综述与启示［J］. 地理与地理信息科学，34（5）：113-118.
薛东前，黄晶，马蓓蓓，等 . 2014. 西安市文化娱乐业的空间格局及热点区模式研究［J］. 地理学报，69（4）：541-552.
薛东前，马蓓蓓 . 2015. 文化产业的时空集散：西安的案例［M］. 北京：社会科学文献出版社 .
薛东前，石宁，公晓晓 . 2011. 西安市生产者服务业空间布局特征与集聚模式研究［J］. 地理科学，31（10）：1195-1201.
薛东前，万斯斯，马蓓蓓，等 . 2019. 基于城市功能格局的西安市文化产业空间集聚研究［J］. 地理科学，39（5）：750-760.
薛东前，张志杰，郭晶，等 . 2015. 西安市文化产业集聚特征及机制分析［J］. 经济地理，35（5）：92-97.
薛东前 . 2018. 文化集聚 · 文化产业 · 文化街区：重塑丝绸之路的新起点［M］. 西安：陕西师范大学出版社 .
闫晴，李诚固，陈才，等 . 2018. 基于手机信令数据的长春市活动空间特征与社区分异研究［J］. 人文地理，33（6）：35-43.
闫卫阳，王发曾，秦耀辰 . 2009. 城市空间相互作用理论模型的演进与机理［J］. 地理科学进展，28（4）：511-518.
杨存建 . 2020. 地学信息图谱思想与实践探索［J］. 地球信息科学学报，22（4）：697-704.
杨帆，徐建刚，周亮 . 2016. 基于 DBSCAN 空间聚类的广州市区餐饮集群识别及空间特征分析［J］. 经济地理，36（10）：110-116.
杨文亮 . 2021. 基于多源数据的兰州市城市居民出行特征与功能区识别［D］. 兰州：西北师范大学 .
杨喜平，方志祥，赵志远，等. 2016. 城市人群聚集消散时空模式探索分析——以深圳市为例［J］. 地球信息科学学报，18（4）：486-492.
杨喜平，杨鸿海，李彬，等 . 2021. 基于手机数据的西部城市居民出行特征研究——以西宁市为例［J］. 人文地理，36（1）：115-124.
杨晓俊，王兴中 . 2005. 居民消费行为与城市休闲、娱乐场所的空间关系［J］. 西北大学学报（哲学社会科学版），35（6）：55-58.
杨晓俊，朱凯凯，陈朋艳，等 . 2018. 城市电影院空间分布特征及演变——以西安市为例［J］. 经济地理，38（6）：85-93.
杨延杰，尹丹，刘紫玟，等 . 2020. 基于大数据的流空间研究进展［J］. 地理科学进展，39（8）：1397-1411.
杨振山，Michael D. 2016. 产业集群演化与城市经济发展动态——以北京为例［C］. 长春：2016 年中国人文地理学联合学术年会 .
杨振山，苏锦华，杨航，等 . 2021. 基于多源数据的城市功能区精细化研究——以北京为例［J］. 地理研究，40（2）：477-494.
叶大年，赫伟，徐文东，等 . 2001. 中国城市的对称分布［J］. 中国科学（D 辑：地球科学），31（7）：608-616.
殷国俊 . 2009. 从时间利用看我国居民的休闲娱乐状况［J］. 中国统计，（9）：30-32.
尹馨予，许一男 . 2018. 基于手机信令数据的城市人口动态分布感知模型研究［J］. 内蒙古科技与经济，（6）：73-74.
余碧莹，赵利婧，胡林，等 . 2021. 基于时间利用视角的民生福祉改善研究［J］. 北京理工大学学报（社会科学版），23（4）：72-81.
余向洋，王兴中 . 2003. 城市社区环境下商业性娱乐场所的空间结构［J］. 人文地理，18（2）：

30-36.
余洋，甄峰. 2009. 基于 Google earth 的城市人口密度研究——以广东清远为例［J］. 热带地理，29（6）：561-566.
张波，王兴中. 2005. 国外对城市（营业性）娱乐场所的空间关系研究的流派、阶段与趋势［J］. 人文地理，20（5）：1-7.
张波，王兴中. 2007. 城市（营业性）娱乐场所空间结构研究［J］. 地理科学，27（6）：853-858.
张纯，李晓宁，满燕云. 2017. 北京城市保障性住房居民的就医可达性研究——基于 GIS 网络分析方法［J］. 人文地理，32（2）：59-64.
张大卫. 1989. 克里斯塔勒与中心地理论［J］. 人文地理，4（4）：68-72.
张海平，周星星，汤国安，等. 2020. 基于 GIS 场模型的城市餐饮服务热点探测及空间格局分析［J］. 地理研究，39（2）：354-369.
张俊涛，武芳，张浩. 2015. 利用出租车轨迹数据挖掘城市居民出行特征［J］. 地理与地理信息科学，31（6）：104-108.
张丽，韩增林. 2020. 大连市文化企业的空间分布变化与区位影响因素［J］. 地理科学，40（4）：665-673.
张少鹏，郭冰. 2020. 城市商业中心时空可达性建模与分析——以兰州市主城区为例［J］. 测绘与空间地理信息，43（6）：48-52，55.
张鑫. 2011. 西安城市商业中心空间发展格局研究［D］. 西安：西安建筑科技大学.
张雪霞，吴升，赵志远，等. 2021. 基于手机信令数据的城市小活动空间人群空间分布特征［J］. 地球信息科学学报，23（8）：1433-1445.
章玉. 2017. 手机信令数据在交通枢纽客流监测中的应用——以重庆市为例［J］. 交通运输研究，3（2）：24-30.
赵莹，柴彦威，桂晶晶. 2016. 中国城市休闲时空行为研究前沿［J］. 旅游学刊，31（9）：30-40.
赵莹，梁锦鹏，吴家铭. 2019. 珠海市饮食空间与移民职住空间的关系研究［J］. 地理与地理信息科学，35（4）：76-82.
郑林江，赵欣，蒋朝辉，等. 2018. 基于出租车轨迹数据的城市热点出行区域挖掘［J］. 计算机应用与软件，35（1）：1-8.
钟少颖，杨鑫，陈锐. 2016. 层级性公共服务设施空间可达性研究——以北京市综合性医疗设施为例［J］. 地理研究，35（4）：731-744.
仲伟伫，李雅婷. 2015. 信息技术变革对我国城镇居民出行行为的影响研究——以社会信息化为中介变量［J］. 人文地理，30（3）：34-41.
周博，马林兵，胡继华，等. 2019. 基于轨迹数据场的热点区域提取及空间交互分析——以深圳市为例［J］. 热带地理，39（1）：117-124.
周剑明. 2019. 基于手机信令数据的居民出行特征研究［J］. 信息与电脑（理论版），31（23）：14-16.
周江评，崔功豪，张京祥，等. 2001. 城镇交通网络信息图谱研究刍议［J］. 地理研究，20

（4）：397-406.

周丽娜，李立勋．2020. 基于 POI 数据的大型零售商业设施空间布局与业态差异——以广州市为例［J］. 热带地理，40（1）：88-100.

周围，施澄，钮心毅，等．2019. 基于手机信令数据的轨道交通客群特征研究［J］. 综合运输，41（7）：49-54.

周作江．2020. 基于手机定位数据的珠海市职住空间特征研究［J］. 世界地理研究，29（6）：1172-1180.

朱传华，张守文．2014. 基于 GIS 的合肥市 BRT 和 Metro 交通可达性研究［J］. 地理与地理信息科学，30（6）：21-24，30，127.

邹思聪，张姗琪，甄峰．2021. 基于居民时空行为的社区日常活动空间测度及活力影响因素研究——以南京市沙洲、南苑街道为例［J］. 地理科学进展，40（4）：580-596.

（美）埃尔·李伯曼，（美）帕特丽夏·埃斯盖特．2003. 娱乐营销革命［M］. 谢新洲等译．北京：中国人民大学出版社．

Ahas R, Aasa A, Roose A, et al. 2008. Evaluating passive mobile positioning data for tourism surveys: an Estonian case study [J]. Tourism Management, 29 (3): 469-486.

Antrop M. 1997. The concept of traditional landscapes as a base for landscape evaluation and planning. The example of Flanders Region [J]. Landscape and Urban Planning, 38 (1/2): 105-117.

Apparicio P, Cloutier M S, Shearmur R. 2007. The case of Montréal's missing food deserts: evaluation of accessibility to food supermarkets [J]. International Journal of Health Geographics, 6: 4.

Banks M, Lovatt A, O'Connor J, et al. 2000. Risk and trust in the cultural industries [J]. Geoforum, 31 (4): 453-464.

Castells M. 1989. The Informational City. Information Technology, Economic Restructuring, and the Urban-Regional Process: Vol. 161 [M]. Oxford: Blackwell.

Chapin F S. 1974. Human Activity Patterns in the City; Things People Do in Time and in Space [M]. New York: Wiley.

Chen J, Ni J H, Xi C B, et al. 2017. Determining intra-urban spatial accessibility disparities in multimodal public transport networks [J]. Journal of Transport Geography, 65: 123-133.

Dalvi M Q, Martin K M. 1976. The measurement of accessibility: some preliminary results [J]. Transportation, 5 (1): 17-42.

Dong X J, Ben-Akiva M E, Bowman J L, et al. 2006. Moving from trip-based to activity-based measures of accessibility [J]. Transportation Research Part A: Policy and Practice, 40 (2): 163-180.

Doury N. 2001. Successfully integrating cinemas into retail and leisure complexes: an operator's perspective [J]. Journal of Retail & Leisure Property, 1 (2): 119-126.

Ettema D F. 1996. Activity-Based Travel Demand Modeling [D]. Built Environment.

Fiedler M. 1973. Algebraic connectivity of graphs [J]. Czechoslovak Mathematical Journal, 23 (2): 298-305.

Firey W. 1945. Sentiment and symbolism as ecological variables [J]. American Sociological Review, 10 (2): 140.

García-Albertos P, Picornell M, Salas-Olmedo M H, et al. 2019. Exploring the potential of mobile phone records and online route planners for dynamic accessibility analysis [J]. Transportation Research Part A: Policy and Practice, 125: 294-307.

Geurs K T, van Wee B. 2004. Accessibility evaluation of land-use and transport strategies: Review and research directions [J]. Journal of Transport Geography, 12 (2): 127-140.

Geurs K T, Wee B V. 2004. Accessibility evaluation of land-use and transport strategies: review and research directions [J]. Journal of Transport Geography, 12 (2): 127-140.

Goodchild M F. 2015. Space, place and health [J]. Annals of GIS, 21 (2): 97-100.

Gómez E. 2002. The ethnicity and public recreation participation model [J]. Leisure Sciences, 24 (2): 123-142.

Hansen W G. 1959. How accessibility shapes land use [J]. Journal of the American Institute of Planners, 25 (2): 73-76.

He S W, Yu S, Wei P, et al. 2019. A spatial design network analysis of street networks and the locations of leisure entertainment activities: a case study of Wuhan, China [J]. Sustainable Cities and Society, 44: 880-887.

Huang B, Wu B, Barry M. 2010. Geographically and temporally weighted regression for modeling spatio-temporal variation in house prices [J]. International Journal of Geographical Information Science, 24: 383-401.

Hägerstraand T. 1970. What about people in regional science? [J]. Papers in Regional Science, 24 (1): 7-21.

Johnston R J. 1986. Philosophy and Human Geography: An Introduction to Contemporary Approaches [M]. 2nd. London, Baltimore: Edward Arnold.

Joseph A E, Phillips D R. 1984. Accessibility and Utilization: Geographical Perspectives on Health Care Delivery [M]. New York: Harper & Row.

Knox P, Marston S. 2015. Human Geography: Places and Regions in Global Context [M]. 7th ed. Upper Saddle River: Pearson.

Kwan M P, Murray A T, O'Kelly M E, et al. 2003. Recent advances in accessibility research: representation, methodology and applications [J]. Journal of Geographical Systems, 5 (1): 129-138.

Lee J. 2007. The developmental period of Korean film industry and the locational characteristics of movie theater: a case study of Daegu city [J]. The Geographical Journal of Korea, 41 (3): 251-263.

Lee W K, Sohn S Y, Heo J. 2018. Utilizing mobile phone-based floating population data to measure the spatial accessibility to public transit [J]. Applied Geography, 92: 123-130.

Lin S Y, Shen Q, Xu J H, et al. 2010. Notice of retraction: a research on urban spatial morphology and land use type based on space syntax: a case study on lujiazui functional area of Shanghai [C]. Chengdu: 2010 2nd International Conference on Computer Engineering and Technology: V1-69-

V1-73.

Love D, Lindquist P. 1995. The geographical accessibility of hospitals to the aged: a geographic information systems analysis within Illinois [J]. Health Services Research, 29 (6): 629-651.

Maxfield D W. 1972. Spatial planning of school districts [J]. Annals of the Association of American Geographers, 62 (4): 582-590.

Miller H. 2007. Place- based versus people- based geographic information science [J]. Geography Compass, 1 (3): 503-535.

Parr M G, Schmalz D. 2019. Leisure studies in the 21st century: challenges and opportunities in our collective identity [J]. Journal of Leisure Research, 50 (4): 372-387.

Pasaogullari N, Doratli N. 2004. Measuring accessibility and utilization of public spaces in Famagusta [J]. Cities, 21 (3): 225-232.

Peponis J, Ross C, Rashid M. 1997. The structure of urban space, movement and co- presence: the case of Atlanta [J]. Geoforum, 28 (3/4): 341-358.

Pingle M, Day R H. 1996. Modes of economizing behavior: experimental evidence [J]. Journal of Economic Behavior & Organization, 29 (2): 191-209.

Ryder A. 2004. The changing nature of adult entertainment districts: between a rock and a hard place or going from strength to strength? [J]. Urban Studies, 41 (9): 1659-1686.

Schlossberg M, Brown N. 2004. Comparing transit-oriented development sites by walkability indicators [J]. Transportation Research Record: Journal of the Transportation Research Board, 1887 (1): 34-42.

Scott A J. 1997. The cultural economy of cities [J]. International Journal of Urban and Regional Research, 21 (2): 323-339.

Scott A J. 2004. Cultural- products industries and urban economic development [J]. Urban Affairs Review, 39 (4): 461-490.

Shen Q, Sanchez T W. 2005. Residential location, transportation, and welfare- to- work in the United States: a case study of Milwaukee [J]. Housing Policy Debate, 16 (3/4): 393-431.

Shi A N, Jian W. 2001. Study on parking demand forecasting and management [J]. Journal of Transportation Systems Engineering and Information Technology, 1 (3): 212.

Silverman B W. 1986. Density Estimation for Statistics and Data Analysis [M]. London: Chapman and Hall.

Smith S L J. 1990. A test of plog's allocentric/psychocentric model: evidence from seven nations [J]. Journal of Travel Research, 28 (4): 40-43.

Song C M, Koren T, Wang P, et al. 2010. Modelling the scaling properties of human mobility [J]. Nature Physics, 6: 818-823.

Stansfield C A, Rickert J E. 1970. The recreational business district [J]. Journal of Leisure Research, 2 (4): 213-225.

Taylor V. 1976. The recreational business district: a component of the east london urban morphology [J]. South African Geographer/Suid-Afrikaanse Geograaf, 5 (2): 139-144.

Vogel H L. 2020. Entertainment Industry Economics: A Guide for Financial Analysis [M]. 10th ed.

Cambridge: Cambridge University Press.

Witten K, Exeter D, Field A. 2003. The quality of urban environments: mapping variation in access to community resources [J]. Urban Studies, 40 (1): 161-177.

Yang W Y, Chen B Y, Cao X S, et al. 2017. The spatial characteristics and influencing factors of modal accessibility gaps: a case study for Guangzhou, China [J]. Journal of Transport Geography, 60: 21-32.

Yang X P, Fang Z X, Yin L, et al. 2019. Revealing the relationship of human convergence-divergence patterns and land use: a case study on Shenzhen City, China [J]. Cities, 95: 102384.